全国高职高专道桥与市政工程专业规划教材

路基路面工程

（修订版）

主　编　田国锋
副主编　刘淑娟　张　涛
主　审　张丽娟

黄 河 水 利 出 版 社
·郑 州·

内 容 提 要

本书是全国高职高专道桥与市政工程专业规划教材,是根据教育部对高职高专教育的教学基本要求及全国水利水电高职教研会制定的路基路面工程课程标准编写完成的。全书共12章,内容包括:绪论,一般路基设计,公路排水设计,路基防护与加固,路基挡土墙及支挡构筑物的设计,土、石路基施工,路面基(垫)层设计与施工,沥青路面设计,沥青路面施工,水泥混凝土路面设计,水泥混凝土路面施工,公路工程质量控制与评定。

本书主要作为高职高专道路桥梁工程技术、公路监理、桥梁隧道工程技术和市政工程技术等专业的教学用书,亦可作为公路、市政行业的岗位培训教材或供广大工程技术人员学习参考。

图书在版编目(CIP)数据

路基路面工程/田国锋主编.—郑州:黄河水利出版社,2014.1 (2022.7 修订版重印)
全国高职高专道桥与市政工程专业规划教材
ISBN 978-7-5509-0714-0

Ⅰ.①路… Ⅱ.①田… Ⅲ.①路基工程-高等职业教育-教材②路面-道路工程-高等职业教育-教材 Ⅳ.①U416

中国版本图书馆CIP数据核字(2014)第016887号

组稿编辑:王路平 电话:0371-66022212 E-mail:hhslwlp@163.com
路夷坦 66022111 hhsllyt@126.com

出 版 社:黄河水利出版社
地址:河南省郑州市顺河路黄委会综合楼14层 邮政编码:450003
发行单位:黄河水利出版社
发行部电话:0371-66026940、66020550、66028024、66022620(传真)
E-mail:hhslcbs@126.com
承印单位:河南承创印务有限公司
开本:787 mm×1 092 mm 1/16
印张:17
字数:390千字 印数:4 101—5 000
版次:2014年1月第1版 印次:2022年7月第2次印刷
2022年7月修订版

定价:35.00元

前　言

本书是根据《教育部关于全面提高高等职业教育教学质量的若干意见》(教高[2006]16号)、《教育部关于推进高等职业教育改革创新引领职业教育科学发展的若干意见》(教职成[2011]12号)等文件精神，由全国水利水电高职教研会拟定的教材编写规划，在中国水利教育协会指导下，由全国水利水电高职教研会组织编写的道桥与市政工程专业规划教材。该套规划教材是在近年来我国高职高专院校专业建设和课程建设不断深化改革和探索的基础上组织编写的，内容上力求体现高职教育理念，注重对学生应用能力和实践能力的培养；形式上力求做到基于工作任务和工作过程编写，便于“教、学、练、做”一体化。该套规划教材是 套理论联系实际、教学面向生产的高职高专教育精品规划教材。

为了不断提高教材质量，编者于2022年7月，根据近年来在教学实践中发现的问题和错误，对全书进行了修订完善。

本书根据“工学结合、校企合作”的高职高专教育教学基本理念编写，其内容吸收了现行公路行业前沿技术，尤其是现行公路技术规范，以及新技术、新材料和新工艺，使内容更适应岗位需要，具有较强的岗位实用性、技术先进性和前瞻性。同时，本书各章后面编写了一定数量的思考题和可操作性强的实训题。全书共12章，内容包括绪论，一般路基设计，公路排水设计，路基防护与加固，路基挡土墙及支挡构筑物的设计，土、石路基施工，路面基(垫)层设计与施工，沥青路面设计，沥青路面施工，水泥混凝土路面设计，水泥混凝土路面施工，公路工程质量控制与评定。本书形式新颖、概念清楚、逻辑性强、内容精练，强化实训，理论联系实际，较符合教学和阅读规律，且兼有工具书的特性。

本书的编写人员及编写分工如下：前言、第二章及附录由河北水利电力学院(原河北工程技术高等专科学校)田国锋编写；第一章、第六章由杨凌职业技术学院刘淑娟编写；第七章、第十二章由内蒙古机电职业技术学院张雄编写；第五章、第八章及第九章由黄河水利职业技术学院张涛编写；第十章、第十一章由安徽水利水电职业技术学院刘天宝编写；第三章、第四章由重庆工贸职业技术学院陈希编写。本书由田国锋担任主编，并负责全书统稿；由刘淑娟、张涛担任副主编；由广东交通职业技术学院张丽娟担任主审。

在本书编写过程中，参考或引用了有关教材、专著和有关规范、标准，编者在此对这些文献的作者致以衷心的感谢！

由于时间仓促和编者水平所限，书中难免有错误或不足之处，恳请各位专家、同行和广大读者提出宝贵意见并指正。

编　者

2022年7月

目　录

第一章　绪　论

学习目标

通过本章的学习，学生要熟悉路基路面工程特点与功能；掌握路基路面构造组成、路面的分类；熟悉行车荷载的基本原理；掌握我国自然因素与公路自然区划划分方法。

第一节　路基路面工程的特点与功能要求

路基路面直接承受行驶车辆荷载和自然因素的作用，是道路工程的重要组成部分。本节主要介绍公路、城市道路和机场跑道路基路面的合理结构、设计原理、设计方法、材料性能要求以及施工养护、维修和管理技术等。

一、路基路面工程的特点

路基是在天然地表面按照道路的设计线形（位置）和设计横断面（几何尺寸）的要求开挖或堆填而成的岩土结构物。路面是指用各种筑路材料铺筑在公路路基顶面的行车部分供车辆行驶的层状构造物。

路基路面具有以下特点：

(1)路线长，通过的地带类型多，技术条件复杂，受地形、气候和水文地质条件影响很大。

(2)土石方工程巨大，沿线分布不均，与路基排水、防护与加固工程相互制约，设计中需要综合考虑。

(3)路基路面的工程数量大，劳动力和机械用量多，涉及面较广，施工工期长。

(4)路基路面工程项目繁杂，涉及土方、石方、圬工砌体等多种结构的设计和施工，施工安排十分不易。

(5)路基路面工程对于原来的生态、水土保持和农田水利等影响巨大，工程方案应该经过仔细权衡并采取一定的技术措施以避免对环境的破坏。

(6)路基是路面结构的基础，路基质量的好坏，必将反映到路面结构上来。路面的损坏往往与路基排水不畅、压实度不够、强度低等有直接关系。路基设计不好，将影响道路的使用质量，修复难度大、费用高。

(7)现代化公路运输不仅要求道路能全天候通行车辆，而且要求车辆能以一定的速度，安全、舒适而经济地在道路上运行。这就要求路面具有良好的使用性能，并提供良好的行驶条件和服务水平。

(8)路基是路面的基础，路面结构层的存在又保护了路基。路基和路面相辅相成。路基路面是一项线形工程，决定了路基与路面工程复杂多变的特点，应综合考虑它们的工程特点，综合解决两者的强度、稳定性等工程技术问题。

二、路基路面工程的功能要求

（一）足够的承载能力

行驶在路面上的车辆通过车轮将荷载传给路面，并由路面传给路基，在路基路面结构内部产生不同大小的应力、应变和位移。如果路基路面结构整体或某一组成部分的强度或抗变形能力不足以抵抗这些应力、应变和位移，则路面会发生开裂，路基路面结构会出现沉陷，路面表面会出现波浪或车辙，使路况恶化、服务水平下降，因此要求路基路面结构整体及其各组成部分都具有与行车荷载相适应的承载能力。

结构承载能力包括强度和刚度两方面：强度反映结构物抵抗外力的能力；刚度反映结构物抵抗外力作用下变形的能力。路基路面的强度和刚度的保证措施主要有正确设计各结构层的厚度、合理选择结构层材料及保证施工质量等。

（二）足够的稳定性

在天然地表面建造的道路结构物改变了自然的平衡，在达到新的平衡状态之前，道路结构物处于一种暂时的不稳定状态。新建的路基路面结构坦露在大气之中，经常受到大气温度、降水与湿度变化的影响，结构物的力学性质随之发生变化，处于另一种不稳定状态。要使路基路面经受这种不稳定状态，需要采取设计和施工措施，保障其稳定性。因此，路基路面稳定性主要表现在达到新的力学平衡之前的稳定性、受水影响的稳定性和温度影响的稳定性等方面。

（三）耐久性

耐久性是指路基路面材料在长期的荷载作用下能保持其材料性能等的性质。耐久性不好，路面在行车荷载和冷热、干湿等自然因素的长期重复作用下，产生疲劳破坏及塑性变形积累、老化，最后导致材料破坏。提高路基路面的耐久性，保持其强度、刚度、几何形态不变，除精心设计、精心施工、精心选材外，还应把长期的养护、维修、恢复路用性能的工作放在重要的位置。

（四）表面平整度

路面表面平整度，反映路面偏离表面的纵向起伏。它是影响行车安全、行车舒适性以及运输效益的重要使用性能指标。不平整的路表面会增大行车阻力，并使车辆产生附加的振动作用，而且不平整的路表面会积滞雨水，加速路面的破坏。

优良的路面平整度，要依靠优良的施工装备、精细的施工工艺、严格的施工质量控制以及经常和及时的养护来保证。

（五）表面抗滑性能

抗滑性能通常用摩擦系数来表征。摩擦系数小，则抗滑能力低，容易引起滑溜交通事故。

通过采用坚硬、耐磨、表面粗糙的粒料组成路面表层材料来实现，或采用一些工艺措施来实现，如混凝土路面的刷毛或刻槽等。

（六）低扬尘性

汽车在砂石路面上行驶时，车身后产生的真空吸力会将面层或细微颗粒吸起造成扬尘,甚至产生路面松散、脱落和坑洞等病害。此外,扬尘还会加速汽车机件损坏,影响行车视距和产生环境污染。因此,路基路面应具有尽可能低的扬尘性。

第二节　路基路面的构造组成与路面分类、分级

一、路基路面的构造组成

(一)路基

1. 路床

路床是指路面底面(路床顶面)以下 80 cm 范围内的路基部分,承受由路面传来的荷载。路床在结构上分为上路床(0 ~ 30 cm)、下路床(30 ~ 80 cm)两层。路面直接铺设在路床上。

2. 路堤

路堤是设计标高高于原地面标高的填方路基,其作用是支承路床和路面。路床以下的路堤分为上路堤和下路堤两部分。上路堤是指路面底面以下 80 ~ 150 cm 范围内的填方部分,下路堤是指上路堤以下的填方部分。

3. 路堑

路堑是设计标高低于原地面标高、通过开挖天然地面而成的路基。路堑通过的地层,在长期的生成和演变过程中,一般具有复杂的地质结构。路堑边坡处于地壳表层,开挖暴露后,受各种条件与自然因素的作用,容易发生变形和破坏,应慎重对待。路堑按通过的地层一般分为土质路堑和石质路堑。

根据天然地面坡度,可修筑半挖半填式的路基,称为半路堤半路堑式路基。

(二)路面

绝大部分路面的结构是多层次的,按使用要求、受力状况、土基支承条件和自然因素影响程度的不同,在路基顶面采用不同规格和要求的材料分别铺设垫层、基层和面层等结构层。

1. 面层

面层是直接同行车和大气相接触的层位,承受行车荷载引起的竖向力、水平力和冲击力的作用,同时又受降水的侵蚀作用和温度变化的影响。因此,面层应具有较高的强度、刚度及较强耐磨性、不透水性和高低温稳定性,并且其表面层还应具有良好的平整度和粗糙度。面层可由一层或数层组成,高等级路面面层可划分为磨耗层、面层上层、面层下层,或称之为上(表)面层、中面层、下(底)面层。常用的面层种类有沥青类、水泥类、块石类,以及砂石或碎砾石掺土或不掺土的混合料等。

2. 基层

基层位于面层之下,底基层或垫层之上,是路面结构中的承重层,主要承受车辆荷载的竖向力,并把由面层下传的应力扩散到垫层或土基。所以,基层应具有足够的、均匀一致的承载力和刚度、稳定性及耐久性,要求抗裂性和抗冲刷性好。基层受自然因素的影响虽不如面层强烈,但沥青类面层下的基层应具有足够的水稳定性,以防基层湿软后变形大

导致面层损坏。基层可以是一层或两层,称为上基层和下基层。用于基层的材料主要有以下几大类。

1)半刚性基层

半刚性基层是指用无机结合料稳定粒料做基层。无机结合料稳定粒料,如石灰粉煤灰稳定土、石灰稳定砂砾、石灰煤渣、水泥稳定碎(砾)石等,其强度高,整体性好,在公路和各类道路中得到了广泛应用。水泥稳定粒料、石灰粉煤灰稳定粒料适用于各级公路的基层、底基层,石灰稳定类材料适用于各级公路的底基层和三、四级公路的基层。

2)柔性基层

柔性基层主要是指沥青类柔性基层和碎(砾)石类柔性基层。

沥青类柔性基层近年来应用较多,主要包括热拌沥青碎石、沥青贯入式碎石,其特点是强度高、施工速度快。碎(砾)石类柔性基层包括级配碎(砾)石、泥灰结碎(砾)石和填隙碎石。

3)刚性基层

刚性基层是指用水泥混凝土做基层,其特点是强度高、刚度大。近年来我国常利用水泥混凝土基层修筑复合式沥青路面结构。

3. 垫层

垫层是在排水不良及有冰冻的路段设置的路面结构层,介于基层和土基之间。其作用为改善土基的湿度和温度状况,保证面层和基层的强度稳定性与抗冻胀能力,扩散由基层传来的荷载应力,以减小土基所产生的变形。因此,通常在土基湿度、温度状况不良时设置。

修筑垫层的材料强度不一定高,但是要求水稳定性和隔热性好。常用材料主要有两类:一类是整体性材料,如石灰土、炉渣土及各类改善土;另一类是松散粒料类,如砂、碎石或砾石、炉渣、片石、块石或圆石。垫层厚度可按当地经验确定,一般宜大于或等于150 mm。

二、路面分类

路面类型可以从不同角度来划分,但是一般都按面层所用的材料划分,如水泥混凝土路面、沥青路面、砂石路面等。但是在工程设计中,主要从路面结构的力学特性和设计方法的相似性出发,将路面划分为柔性路面、刚性路面和半刚性路面三类。

(一)柔性路面

柔性路面主要包括由除各种水泥混凝土外的各类基(垫)层和各类沥青面层、碎(砾)石面层或块石面层组成的路面结构。

柔性路面刚度较小,在车辆荷载作用下产生的弯沉较大,路面结构本身抗弯拉强度较低,通过各结构层将荷载传递给路基,使路基承受较大的单位压力。柔性路面通常在柔性基层、半刚性基层上铺筑一定厚度的沥青混合料及砂石材料做面层。

(二)刚性路面

刚性路面面层板刚性较大,抗弯拉强度较高,一般是指水泥混凝土做面层或基层的路面结构类型。水泥混凝土的强度高,与其他筑路材料相比,它的抗弯拉强度高,并且有较高的弹性模量,故呈现出较大的刚性。在车辆荷载作用下,水泥混凝土结构层处于板体工作状态，竖向弯沉较小。路面结构主要靠水泥混凝土板的抗弯拉强度承受车辆荷载，通过板体的扩散分布作用，传递给基础的单位压力较柔性路面小得多。

（三）半刚性路面

用水泥、石灰等无机结合料处治的土或碎（砾）石及含有水硬性结合料的工业废渣修筑的基层，在前期具有柔性路面的力学性质，后期的强度和刚度均有较大幅度的增长，但是最终的强度和刚度仍远小于水泥混凝土。由于这种材料的刚性处于柔性路面与刚性路面之间，因此把这种基层和铺筑在它上面的沥青面层统称为半刚性路面。这种基层称为半刚性基层。

以上这种以力学特性为标准的分类方法主要是为了便于从功能原理和设计方法出发进行区分，并没有绝对的定量分界界限。

另外，可从施工方法和材料角度对各类路面分类，如材料主要包括碎（砾）石类、结合料稳定类、沥青类、水泥混凝土类、块石及其他块料类等，这里不再叙述。

三、路面分级

我国长期以来将路面分成高级、次高级、中级和低级四个等级，并与公路等级对应。随着近年来路面工艺技术的发展，这种分级方法已经不适应当前公路路面发展状况，比如作为高级路面的沥青混凝土路面可修筑在三、四级公路上，因此《公路工程技术标准》（JTG B01—2003）中不再提路面分级，而是列出了各类型路面适用的公路等级范围，见表1-1。

表1-1　路面面层类型及适用范围

面层类型	适用范围
沥青混凝土	高速公路、一级公路、二级公路、三级公路、四级公路
水泥混凝土	高速公路、一级公路、二级公路、三级公路、四级公路
沥青贯入、沥青碎石、沥青表面处治	三级公路、四级公路
砂石	四级公路

第三节　行车荷载

汽车是路基路面的服务对象，路基路面的主要功能是长期保证车辆快速、安全、平稳地通行。汽车荷载又是造成路基路面结构损伤的主要成因。因此，应对行驶的汽车进行分析，包括汽车轮重和轴重的大小与特性，不同车型车轴的布置，设计期限内汽车轴型的分布以及车辆通行量逐年变化的规律，汽车静态荷载与动态荷载特性比较等。

一、车辆的种类

道路上通行的汽车车辆主要分为客车与货车两大类。

客车又分为小客车、中客车与大客车。小客车自身质量与满载总重都比较轻；中客车一般是指 6 ~ 20 个座位的中型客车;大客车一般是指 20 个座位以上的大型客车(包括铰接车和双层客车),主要用于长途客运与城市公共交通。

货车又分为整车、牵引式挂车和牵引式半挂车。整车的货厢与汽车发动机为一整体;牵引式挂车的牵引车与挂车是分离的,牵引车提供动力,牵引后挂的挂车,有时可以拖挂两辆以上的挂车;牵引式半挂车的牵引车与挂车也是分离的,但是通过铰接相互连接,牵引车的后轴也担负部分货车的重量,货车厢的后部有轮轴系统,而前部通过铰接悬挂在牵引车上。货车总的发展趋向是向大吨位发展,特别是集装箱运输水陆联运业务开展之后,货车最大吨位已超过 40 ~ 50 t。

二、汽车的轴型

汽车的总重量通过车轴与车轮传递给路面,所以路面结构的设计主要以轴重作为荷载标准,重型货车和大客车起到主要作用。考虑到小汽车行驶速度较高,要求路面结构具有良好的平稳性与安全性。

轴重的大小直接关系到路面结构的设计承载力与结构强度,为了统一设计标准和便于交通管理,各个国家对轴重的最大限度均有明确的规定。据国际道路联合会 1989 年公布的统计数据,在 141 个成员国和地区中,轴限最大的为 140 kN,近 40% 执行 100 kN 轴限,我国公路与城市道路路面设计规范中均以 100 kN 作为设计标准轴重。通常认为我国的道路车辆轴限为 100 kN。

我国常用汽车路面设计参数如表 1-2 所示。

表 1-2　我国常用汽车路面设计参数

序号	汽车型号	总重(kN)	载重(kN)	前轴重(kN)	后轴重(kN)	后轴数	轮组数
1	解放 CA10B	80.25	40.00	19.40	60.85	1	双
2	解放 CA15	91.35	50.00	20.97	70.38	1	双
3	解放 CA30A *	99.90	46.50	26.50	2 × 36.70	2	双
4	解放 CA30A	103.00	46.50	29.50	2 × 36.75	2	双
5	解放 CA50	92.90	50.00	28.70	68.20	1	双
6	解放 CA340	78.70	36.60	22.10	56.60	1	双
7	解放 CA390	105.15	60.15	35.00	70.15	1	双
8	东风 EQ140	92.90	50.00	23.70	69.20	1	双
9	黄河 JN150	150.60	82.60	49.00	101.60	1	双
10	黄河 JN162	174.50	100.00	59.50	115.00	1	双

由于汽车货运向大型重载方向发展,货车的总重有增加的趋势。为了满足各个国家对汽车轴限的规定,趋向于增加轴数以提高汽车总重,因此出现了各种多轴货车。有些运输专用设备的平板挂车,采用多轴多轮,以减轻对路面的压力。各种不同轴型的货车如图 1-1所示。

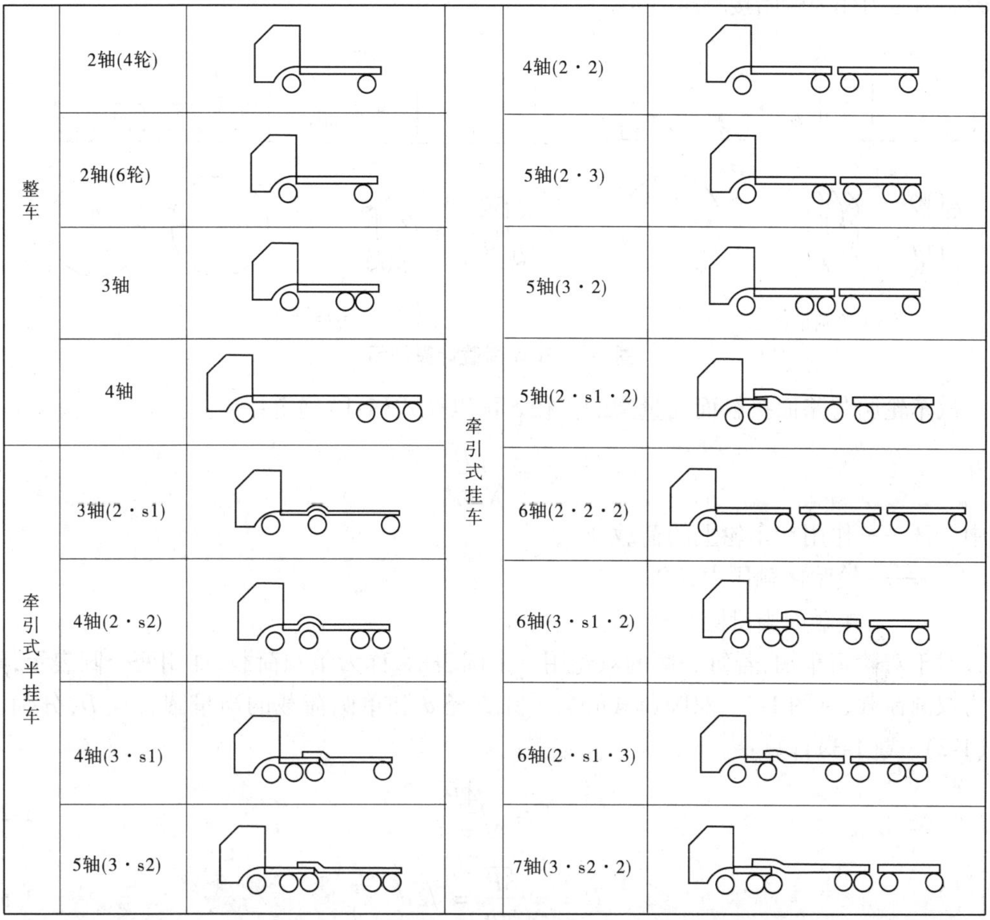

注：图中括号内符号及数字代表货车轴数，例如6轴(3·s1·2)含义是该货车共6根轴，括号中3代表牵引车3轴，s1代表半拖挂铰挂车1轴，2代表牵引式半挂车后挂车2轴。

图 1-1　不同轴型的货车示意

三、汽车对道路的静态压力

汽车对道路的作用可分为停驻状态和行驶状态。当汽车处于停驻状态时，对路面的作用力为静态压力，主要是由轮胎传给路面的垂直压力 P，它的大小受汽车轮胎的内压力 p_i 、轮胎的刚度和轮胎与路面接触的形态，以及轮载的大小 3 个因素的影响。

货车轮胎的标准静内压力 p_i 一般在 0.4 ~0.7 MPa 范围内。通常轮胎与路面接触面上的压力 p 略小于内压力 p_i ，为(0.8 ~0.9) p_i 。在行驶过程中，车轮内压力会因轮胎充气温度升高而增加，因此滚动的车轮接触压力也有所增加，达到(0.9 ~1.1) p_i 。

轮胎的刚度随轮胎的新旧程度而有不同，接触面的形态和轮胎的花纹也会影响接触压力的分布，一般情况下，接触面上的压力分布是不均匀的。不过在路面设计中，通常忽略上述因素的影响，而直接取内压力作为接触压力，并假定在接触面上压力是均匀分布的。

轮胎与路面的接触面形状如图 1-2 所示，它的轮廓近似于椭圆形，因其长轴与短轴的差别不大，在工程设计中以圆形接触面来表示。将车轮荷载简化成当量的圆形均布荷载，并采用轮胎内压力作为轮胎接触压力 p 。

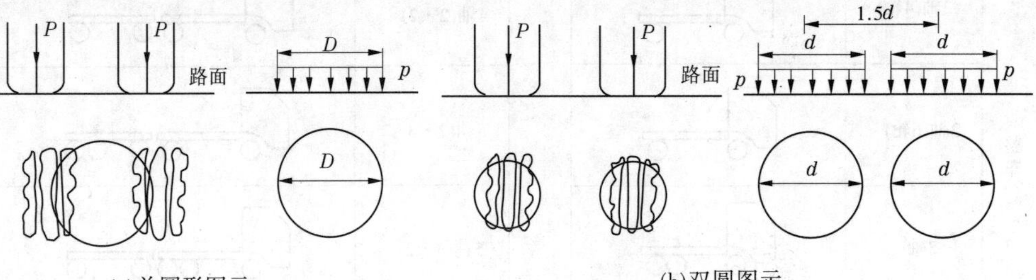

(a)单圆形图示　　(b)双圆图示

图 1-2　车轮荷载计算图示

汽车轮胎与路面接触面当量圆的半径 δ 可以按式(1-1)确定：

$$\delta = \sqrt{\frac{P}{\pi p}} \tag{1-1}$$

式中　P ——作用在车轮上的荷载，kN；

p ——轮胎接触压力，kPa；

δ ——接触面当量圆半径，m。

对于双轮组车轴，若每一侧的双轮用一个圆表示，称为单圆荷载；如用两个圆表示，则称为双圆荷载，见图 1-2。双圆荷载的当量圆直径 d 和单圆荷载的当量圆直径 D，分别按式(1-2)、式(1-3)计算：

$$d = \sqrt{\frac{4P}{\pi p}} \tag{1-2}$$

$$D = \sqrt{\frac{8P}{\pi p}} = \sqrt{2}d \tag{1-3}$$

我国现行路面设计规范中规定的标准轴载 BZZ－100 的单轮轮载 $P = 100$ kN/4 = 25 kN，$p = 0.7$ MPa，用式(1-2)、式(1-3)计算，可分别得到相应的当量直径：$d = 0.213$ m，$D = 0.302$ m。

四、运动车辆对道路的动态影响

行驶状态的汽车除施加给路面垂直静压力外，还给路面施加水平力、振动力。此外，由于汽车以较快的速度通过，这些动力影响还有瞬时性的特性。

（一）水平力

汽车在道路上等速行驶，车轮受到路面给它的滚动摩阻力，路面也相应受到车轮施加于它的一个向后的水平力；汽车在上坡行驶或者在加速行驶过程中，为了克服重力与惯性力，需要给路面施加向后的水平力，相应在下坡行驶或者在减速行驶过程中，为了克服重力与惯性力的作用，需要给路面施加向前的水平力。汽车在弯道上行驶，为了克服离心力，保护车身稳定不产生侧滑，需要给路面施加侧向水平力。特别是在汽车起动和制动过程中，施加于路面的水平力相当大。

车轮施加于路面的各种水平力 Q 值和车轮的垂直压力 P，以及路面与车轮之间的附

着系数 φ 有关(见图1-3),其最大值 Q_{max} 不会超过 P 与 φ 的乘积,即

$$Q_{max} \leqslant P\varphi \tag{1-4}$$

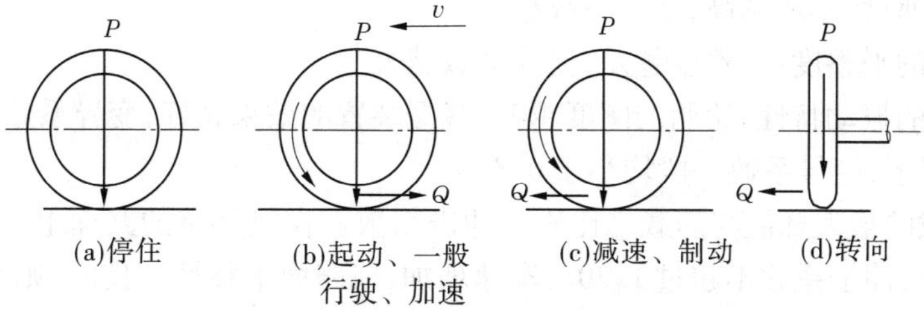

图1-3　车轮作用于路面的垂直压力和水平力

若以 q 和 p 分别表示接触面上的单位水平力和单位垂直接触压力,则 q_{max} 应满足:

$$q_{max} \leqslant p\varphi \tag{1-5}$$

根据实地测量的资料,φ 值与路面类型和湿度以及行车速度有关,其最大值一般不超过0.7~0.8,见表1-3。

表1-3　纵向路面附着系数

路面状况	路面类型	行车速度(km/h)		
		12	32	64
干燥	碎石	—	0.60	—
	沥青混凝土	0.70~1.00	—	0.50~0.65
	水泥混凝土	0.70~0.85	—	0.60~0.80
潮湿	碎石	—	0.40	—
	沥青混凝土	0.40~0.65	—	0.10~0.50
	水泥混凝土	0.60~0.70	—	0.35~0.55

(二)动载特性

汽车在道路上行驶时,由于车身自身的振动和路面的不平整,其车轮实际上以一定的频率和振幅在路面上跳动,作用在路面上的轮载时而大于静态轮载,时而小于静态轮载,呈波动状态。图1-4为轴载动态波动的实例。

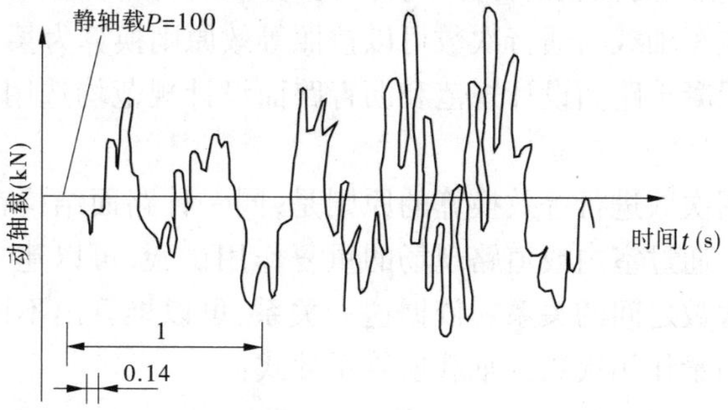

注:车速60 km/h,路面平整度中等,轮胎着地长23 cm,通过时间0.013 8 s。

图1-4　轴载动态波动

轮载的这种波动,可近似地看作正态分布,其变异系数(标准离差与轮载静载之比)主要随下述三因素而变化:

(1)行车速度:车速越高,变异系数越大。

(2)路面的平整度:平整度越差,变异系数越大。

(3)车辆的振动特性:轮胎的刚度越低,减振装置的效果越好,变异系数越小。

正常情况下,变异系数一般均小于0.3。

振动轮载的最大峰值与静载之比称为冲击系数。在较平整的路面上,行车速度不超过50 km/h时,冲击系数不超过1.30。车速增加,或路面平整性不良时,则冲击系数还要增大。在设计路面时,有时以静轮载乘以冲击系数作为设计荷载。

(三)瞬时性

行驶的汽车对路面施加的荷载有瞬时性,车轮通过路面上任一点,路面承受荷载的时间很短,只有0.01~0.10 s。在路面以下一定深度处,应力作用的持续时间略长一点,但仍然是十分短暂的。由于路面结构中应力传递是通过相邻的颗粒来实现的,若应力出现的时间很短,则来不及传递分布,其变形特性便不能像静载那样呈现得完全。美国各州公路工作者协会(AASHO)试验路曾对不同车速下沥青路面和水泥混凝土路面的变形进行量测(见图1-5),结果表明,当行车速度由3.2 km/h提高到56 km/h时,沥青路面的总弯沉减小36%;当行车速度由3.2 km/h提高到96.7 km/h时,水泥混凝土路面的板角和板边应变量减小29%左右。

五、交通分析

道路上通行的车辆不仅具有不同的类型和不同的轴重,而且通行的车辆数目也是变化的。在路面结构设计中,要考虑设计年限内,车辆对路面的综合累计损伤作用,必须对现有的交通量、轴载组成以及增长规律进行调查和预估,并通过适当的方式将它们换算成当量标准轴载的累计作用次数。

(一)车辆的轴载组成与等效换算

不同重力的轴载给路面结构带来的损伤程度是不同的。对于路面结构设计,除设计期限内的累计交通量外,另一个重要的交通因素便是各级轴载所占的比例,即轴载组成或轴载谱。道路通行的各级轴载的典型轴载谱,见图1-6。由交通调查得到某类车辆每日通行的轴载数,乘以相应的轴载谱百分率,即可推算出所有车辆各级轴载的作用次数。

道路上行驶的汽车轴载与通行次数可以按照等效原则换算为某一标准轴载的当量通行次数。我国水泥混凝土路面设计规范和沥青路面设计规范均选用双轮组单轴轴载100 kN作为标准轴载。

各种轴载的作用次数进行等效换算的原则是,同一种路面结构在不同轴载作用下达到相同的损伤程度。通过室内或道路现场的重复作用试验,可以建立荷载量级与达到相同程度损伤的作用次数之间的关系。依据这一关系,可以推算出不同轴载的作用次数等效换算成标准轴载当量作用次数的轴载换算系数式:

$$\eta_i = \frac{N_s}{N_i} = \alpha\left(\frac{P_i}{P_s}\right)^n \tag{1-6}$$

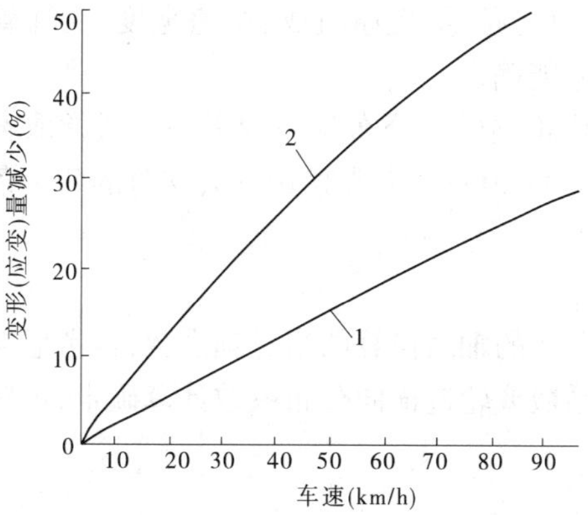

1—刚性路面,板角和板边应变量随车速的变化;

2—柔性路面,表面总弯沉量随车速的变化

图 1-5　车速与路面变形的关系

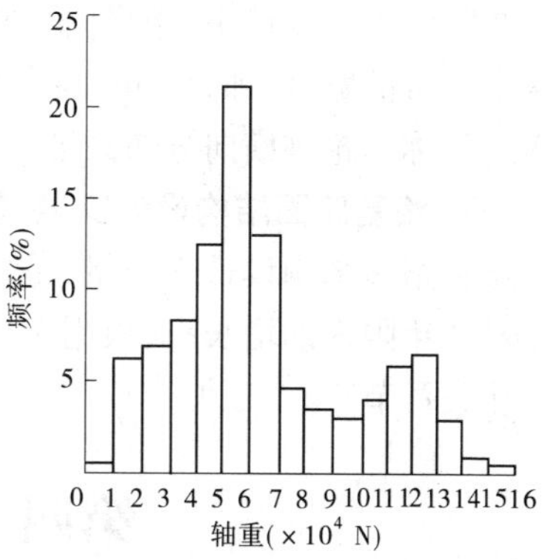

图 1 6　轴载谱

式中　η_i——i 级轴载换算为标准轴载的换算系数;

P_s——标准轴载重,kN,一般取 100 kN;

N_s——标准轴载作用次数;

P_i——i 级轴载重,kN;

N_i——i 级轴载作用次数;

α——反映轴型(单轴、双轴或三轴)和轮组轮胎数(单轮或双轮)影响的系数;

n——与路面结构特性有关的系数。

沥青路面、水泥混凝土路面和半刚性路面的结构特性不同,损伤的标准也不相同,因而系数 α 和 n 取值各不相同,具体数值在有关章节分别作介绍。

(二)轮迹横向分布

车辆在道路上行驶时,车轮的轨迹总是在横断面中心线附近一定范围内左右摆动,由于轮迹的宽度远小于车道的宽度,因而总的轴载通行次数既不会集中在横断面上某一固定位置,也不可能平均分配到每一点上,而是按一定规律分布在车道横断面上,称为轮迹的横向分布。图 1-7 为单向行驶时一个车道内的轮迹横向分布频率曲线,图 1-8 为混合行驶时双车道内的轮迹横向分布频率曲线。

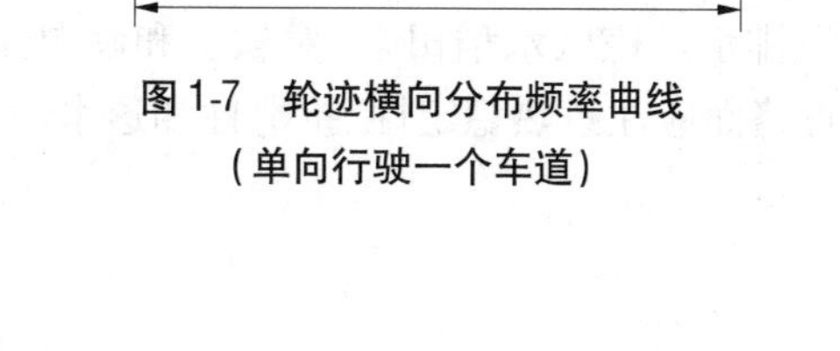

图 1-7　轮迹横向分布频率曲线
(单向行驶一个车道)

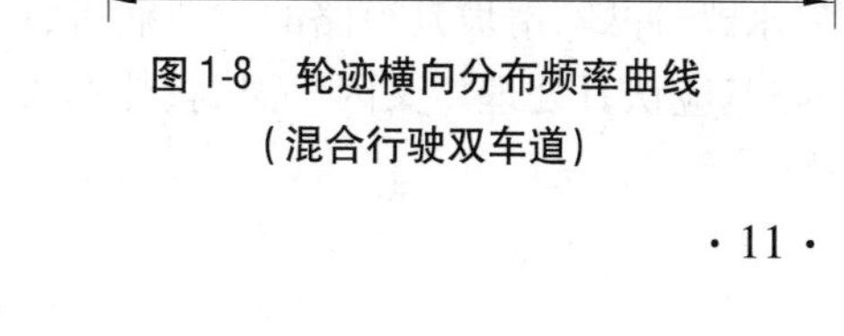

图 1-8　轮迹横向分布频率曲线
(混合行驶双车道)

轮迹横向分布频率曲线图形随许多因素(如交通量、交通组成、车道宽度、交通管理规则等)而变化,需分不同情况,通过实地调查才能确定。

在路面结构设计中,用横向分布系数来反映轮迹横向分布频率的影响。通常取宽度为两个条带的宽度,即50 cm,因为双轮组每个轮宽20 cm、轮隙宽10 cm,这时的两个条带频率之和称为轮迹横向分布系数。

(三)路基路面结构设计交通量

路基路面结构设计交通量,是根据设计第一年的轴载换算的当量轴次数,再考虑交通量在设计年限内的增长率,根据车道轴数分布系数或轮迹横向分布系数计算确定,可参见本书相关章节。

第四节　公路自然区划

公路自然区划指的是根据全国各地气候、水文、地质、地形等条件对公路工程的影响而划分的地理区域。

我国地域辽阔,各地气候、地形、地貌、工程地质和水文地质等自然条件差异很大,而这些自然条件与公路建设密切相关。为区分不同地理区域自然条件对公路工程影响的差异性,并在路基路面的设计、施工和养护中采取适当的技术措施与合适的设计参数,以保证路基路面的强度和稳定性,具有相同自然条件的地区归类,交通部1987年发布了《公路自然区划标准》(JTJ 003—86)。

一、一级区划

一级区划首先将全国划分为多年冻土、季节冻土和全年不冻三大地带,再根据水热平衡和地理位置,将全国共划分为冻土、湿润、干湿过渡、湿热、潮暖、干旱和高寒七个大区。

Ⅰ区:北部多年冻土区

冻胀、雪害、延流水等病害严重,对冰、水含量较大的冻土路基设计,应采用保护多年冻土的原则,宁填不挖,路面结构应采取保温措施,以防路基热隔沉陷,对非多年冻土还要注意翻浆问题。

Ⅱ区:东部温润季冻区

该区路面结构突出的问题是防止翻浆和冻胀,夏季水毁及地震也有一定影响。为防止冻胀和翻浆,路基路面结构应注意采取隔温、排水和截断毛细水上升等措施。

Ⅲ区:黄土高原干湿过渡区

该区特点是黄土对水分的敏感性,路基应注意排水,路面结构必须选择不透水的面层或封闭层,以防雨水下渗。

Ⅳ区:东南湿热区

该区因春、夏东南季风造成的梅雨和夏雨,形成明显的不利季节。东南沿海台风暴雨多,水毁、冲毁、滑坡是道路的主要病害,应加强排水。该区水稻田多,对软土和潮湿路段的路基应认真处理。又因气温高、热季长,沥青路面应注意热稳定性、抗滑性和透水性。

Ⅴ区：西南潮暖区

该区山多，筑路材料丰富，应充分利用当地筑路材料，对于水文不良地段，必须采取措施，稳定路基。

Ⅵ区：西北干旱区

该区气候干旱，除灌区和绿洲外，一般道路冻害较轻，砂石路面经常出现搓板、松散和扬尘。改铺沥青路面为有效的解决办法，高山区有风雪流危害，沙漠地区应注意风蚀和沙埋等的防治。

Ⅶ区：青藏高寒区

该区地处高原，气候寒冷，分布有高原多年时土和现代冰川，东南部由于新构造运动活跃，地形破碎和地震强烈，雪害、滑坡、崩塌、泥石流等自然病害均较严重，应采取措施保证路基的整体稳定。另外，昼夜温差大，日照时间长，沥青老化很快。柴达木盆地气候较干旱，氯化盐可做筑路材料。

二、二级区划

二级区划是在一级区划的基础上以潮湿系数为主进一步划分，在全国七个一级自然区划基础上又分为33个二级区和19个副区（亚区），共有52个二级自然区。

潮湿系数 K 为年降水量（mm）与同年蒸发量（mm）之比，按区内的 K 值大小分为6个等级：

过湿区：$K>2.00$；

中湿区：$2.00 \geqslant K>1.50$；

湿润区：$1.50 \geqslant K>1.00$；

润干区：$1.00 \geqslant K>0.50$；

中干区：$0.50 \geqslant K>0.25$；

过干区：$K<0.25$。

有关潮湿系数 K 值和蒸发力的计算公式规定如下：

$$K = R/Z \tag{1-7}$$

式中 R——年降水量，mm；

Z——年蒸发量，mm。

二级区划的划分情况如下：

Ⅰ 北部多年冻土区中有：$Ⅰ_1$连续多年冻土区，$Ⅰ_2$ 岛状多年冻土区。

Ⅱ 东部温润季冻区中有：$Ⅱ_1$ 东北东部山地润湿冻区，$Ⅱ_{1a}$三江平原副区，$Ⅱ_2$ 东北中部山前平原重冻区，$Ⅱ_{2a}$辽河平原冻融交替副区，$Ⅱ_3$ 东北西部润干冻区，$Ⅱ_4$ 海滦中冻区，$Ⅱ_{4a}$冀热山地副区，$Ⅱ_{4b}$旅大丘陵副区，$Ⅱ_5$ 鲁豫轻冻区，$Ⅱ_{5a}$山东丘陵副区。

Ⅲ 黄土高原干湿过渡区中有：$Ⅲ_1$山西山地、盆地中冻区，$Ⅲ_{1a}$雁北张宣副区，$Ⅲ_2$ 陕北典型黄土高原中冻区，$Ⅲ_{2a}$榆林副区，$Ⅲ_3$ 甘东黄土山地区，$Ⅲ_4$ 黄渭间山地、盆地轻冻区。

Ⅳ 东南湿热区中有：$Ⅳ_1$ 长江下游平原润湿区，$Ⅳ_{1a}$盐城副区，$Ⅳ_2$ 江淮丘陵润湿区，$Ⅳ_3$ 长江中游平原中湿区，$Ⅳ_4$ 浙闽沿海山地中湿区，$Ⅳ_5$ 江南丘陵过湿区，$Ⅳ_6$ 武夷南岭山地过湿区，Ⅳ$_{6a}$武夷副区，Ⅳ$_{7}$华南沿海台风区，Ⅳ$_{7a}$台湾山地副区 ，Ⅳ$_{7b}$海南岛西部润干副区，Ⅳ$_{7c}$南海诸岛副区。

Ⅴ 西南潮暖区中有：Ⅴ$_{1}$秦巴山地润湿区，Ⅴ$_{2}$四川盆地中湿区，Ⅴ$_{2a}$雅安、乐山过湿副区，Ⅴ$_{3}$三西、贵州山地过湿区，Ⅴ$_{3a}$滇南、桂西润湿副区，Ⅴ$_{4}$川、滇、黔高原干湿交替区，Ⅴ$_{5}$滇西横断山地区，Ⅴ$_{5a}$大理景洪副区。

Ⅵ 西北干旱区中有：Ⅵ$_{1}$内蒙草原中干区，Ⅵ$_{1a}$河套副区，Ⅵ$_{2}$绿洲—荒漠区，Ⅵ$_{3}$阿尔泰山地冻土区，Ⅵ$_{4}$天山—界山山地区，Ⅵ$_{4a}$塔城副区，Ⅵ$_{4b}$伊犁河谷副区。

Ⅶ 青藏高寒区中有：Ⅶ$_{1}$祁连—昆仑山地区，Ⅶ$_{2}$柴达木荒漠区，Ⅶ$_{3}$河源山原草甸区，Ⅶ$_{4}$羌塘高原冻土区，Ⅶ$_{5}$川藏高山峡谷区，Ⅶ$_{6}$藏南高山台地区，Ⅶ$_{6a}$拉萨副区。

三、三级区划

三级区划是二级区划的进一步划分。三级区划的方法有两种：一种是按照地貌、水温和土质类型将二级区进一步划分为若干类型单位的类型区别；另一种是以水热、地理和地貌等为标志，将二级区进一步划分为若干更低级区域的区域划分。各地可根据当地的具体情况选用。

中华人民共和国公路自然区划分布如图 1-9 所示，运用此图，可以方便地查询到公路工程项目所在地的自然区划分区，以便得到设计施工的指导信息。

图 1-9 全国公路自然区划分布

思考题

1. 路基路面有哪些工程特性和功能要求?
2. 路基路面结构组成有哪些内容?
3. 路面是如何分类的?
4. 试分析说明汽车轴型和车轮轮迹分布情况。
5. 汽车对路面如何进行作用?
6. 试说明汽车轴载换算的基本原则和方法。

实训题

郑州至开封高速公路路基路面综合设计 K0 +000 ~ K2 +505.248 段,全长 2.505 km,双向四车道,路基宽 28 m,行车道宽 3.45 m,土路肩宽 0.75 m,中央分隔带宽 4.5 m,设计行车速度 120 km/h。路面结构面层采用沥青混凝土,厚 15 cm,基层采用水泥碎石,厚 25 cm,底基层采用石灰土,厚 15 cm。

请根据此案例,解决以下问题:

(1)路基路面在道路上各起什么作用? 各有哪些基本要求?

(2)郑州至开封高速公路路面结构主要分为哪些层次? 各有什么作用?

(3)郑州至开封高速公路沿线经过哪些公路自然区划分区? 根据自然区划在设计和施工方面有哪些要求?

第二章　一般路基设计

学习目标

熟悉土的工程分类方法；掌握一般路基的概念、设计要求，路基横断面形式的选定、设计的基本要素与要点；了解路基附属设施的设计与作用。

第一节　路基土的工程分类与性质

土是岩石风化（物理风化、化学风化和生物风化）的产物，是各种颗粒粒径的集合体。

土的工程分类就是将颗粒粒径相近、工程性质相似的土划分为同一类型（称为粒组），并为“土”分类定名奠定基础。公路土的工程分类目的是统一公路工程用土的名称，并对土的工程性质加以定性。本节根据《公路土工试验规程》（JTG E40—2007）中土的分类方法，简要阐述土的工程分类方法与性质。

一、土的分类依据

土的分类应以土的颗粒组成特征，土的液限（ω_L）、塑限（ω_P）和塑性指数（I_P），以及土中有机质存在情况为依据，将其分成巨粒土、粗粒土、细粒土和特殊土四类。

（一）土的粒组范围及划分

土的颗粒应根据图 2-1 所列粒组范围划分粒组。

200　60　20　5　2　0.5　0.25　0.075　0.002(mm)

<table>
<tr><td colspan="2">巨粒组</td><td colspan="6">粗粒组</td><td colspan="2">细粒组</td></tr>
<tr><td rowspan="2">漂石
(块石)</td><td rowspan="2">卵石
(小块石)</td><td colspan="3">砾(角砾)</td><td colspan="3">砂</td><td rowspan="2">粉粒</td><td rowspan="2">黏粒</td></tr>
<tr><td>粗</td><td>中</td><td>细</td><td>粗</td><td>中</td><td>细</td></tr>
</table>

图 2-1　土的粒组划分

粗粒土的性质主要取决于土颗粒的粒径分布和特征，而细粒土的性质却主要取决于土粒和水相互作用的状态，即土的塑性。土中有机质对土的工程性质也有影响。土颗粒的分布特征可用筛分法确定，土的塑性指标易于用常规试验测定。

（二）土的级配指标的不均匀系数（C_u）和曲率系数（C_c）

土颗粒组成特征应以土的级配指标的不均匀系数（C_u）和曲率系数（C_c）表示。反映粒径分布曲线上的土粒分布范围的指标，叫作不均匀系数，用 C_u 表示；反映土的粒径分布曲线上土粒分布形状的指标，叫作曲率系数，用 C_c 表示。

$$C_u = \frac{d_{60}}{d_{10}} \tag{2-1}$$

$$C_c = \frac{d_{30}^2}{d_{10} \times d_{60}} \tag{2-2}$$

式中　d_{10}、d_{30}、d_{60}——土的特征粒径，mm，在土的粒径分布曲线上，小于该粒径的土粒质量分别为总土质量的 10%、30%、60%。

粗粒土的可压实性、强度、压缩性和渗透性等均与土的级配有关。C_u、C_c 两指标是国际通用指标。

（三）细粒土的塑性图

细粒土应根据塑性图（见图 2-2）分类。土的塑性图以液限 ω_L 为横坐标、塑性指数 I_P 为纵坐标构成。

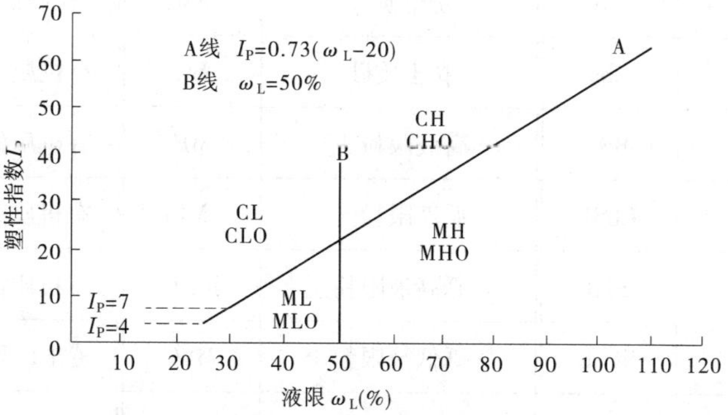

图 2-2　土的塑性图

在土的塑性图上，以 B 线为分界线，划分成低液限和高液限两个分区，即低液限 ω_L < 50%，高液限 $\omega_L \geqslant 50\%$。A 线和 B 线将细粒土分区划分成四部分，然后分别根据条件分类定名。

（四）土的成分、级配、液限和特殊土等基本代号

土的成分代号与名称见表 2-1。

表 2-1　土的成分代号与名称

土的名称	漂石	块石	卵石	小块石	砾	角砾	砂	粉土	黏土	有机质土	细粒土	土的合称（混合土）
代号	B	Ba	Cb	Cba	G	Ga	S	M	C	O	F	Sl

土的级配分为级配良好 W 和级配不良 P 两种情况；低液限表示为 L，高液限表示为 H；特殊土符号表示分别是：黄土 Y，膨胀土 E，红黏土 R，盐渍土 St 和冻土 Ft。

（五）土的名称

土的名称可用一个基本代号表示，也可由两个或三个基本代号表示。当由两个基本代号构成时，第一个代号表示土的主成分，第二个代号表示副成分（土的液限或土的级配）。当由三个基本代号构成时，第一个代号表示土的主成分，第二个代号表示液限的高低（或级配的好坏），第三个代号表示土中所含次要成分。例如，GM 表示粉土质砾；MHG 表示含砾高液限粉土。土的名称详见表 2-2。

二、土的工程分类与性质

公路工程用土分为巨粒土、粗粒土、细粒土和特殊土，土的总体分类体系见图2-3。

表2-2　土的名称

名称	代号	名称	代号	名称	代号
漂石	B	级配良好砂	SW	含砾低液限黏土	CLG
块石	Ba	级配不良砂	SP	含砂高液限黏土	CHS
卵石	Cb	粉土质砂	SM	含砂低液限黏土	CLS
小块石	Cba	黏土质砂	SC	有机质高液限黏土	CHO
漂石夹土	BS1	高液限粉土	MH	有机质低液限黏土	CLO
卵石夹土	CbS1	低液限粉土	ML	有机质高液限粉土	MHO
漂石质土	S1B	含砾高液限粉土	MHG	有机质低液限粉土	MLO
卵石质土	S1Cb	含砾低液限粉土	MLG	黄土(低液限黏土)	CLY
级配良好砾	GW	含砂高液限粉土	MHS	膨胀土(高液限黏土)	CHE
级配不良砾	GP	含砂低液限粉土	MLS	红土(高液限粉土)	MHR
细粒质砾	GF	高液限黏土	CH	红黏土	R
粉土质砾	GM	低液限黏土	CL	盐渍土	St
黏土质砾	GC	含砾高液限黏土	CHG	冻土	Ft

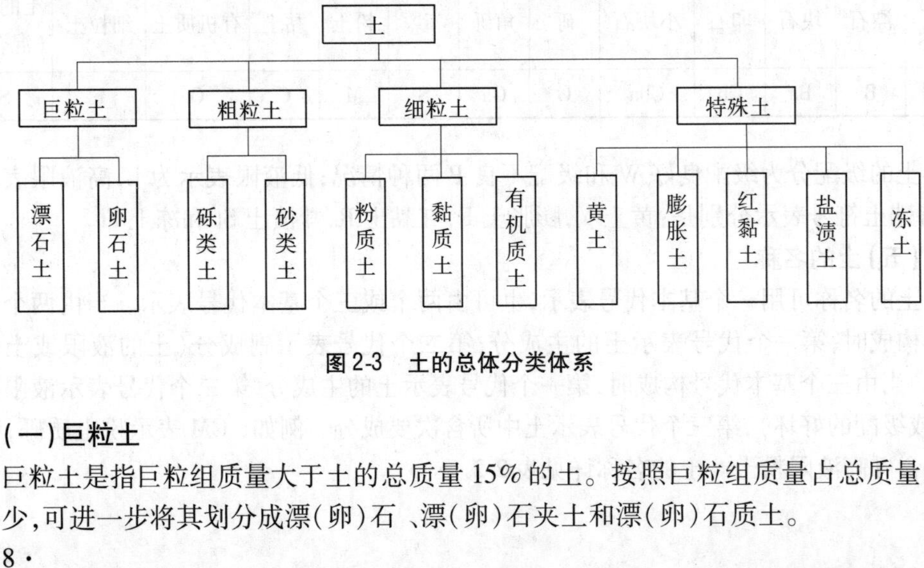

图2-3　土的总体分类体系

(一)巨粒土

巨粒土是指巨粒组质量大于土的总质量15%的土。按照巨粒组质量占总质量的比例多少，可进一步将其划分成漂(卵)石、漂(卵)石夹土和漂(卵)石质土。

(1)巨粒组质量大于总质量 75% 的土称为漂(卵)石,即漂石、卵石,记为 B、Cb。

(2)巨粒组质量为总质量 50% ~75%(含 75%)的土称为漂(卵)石夹土,包括漂石夹土、卵石夹土,记为 BS1、CbS1。

(3)巨粒组质量为总质量 15% ~50%(含 50%)的土称为漂(卵)石质土,包括漂石质土和卵石质土,记为 S1B、S1Cb。

巨粒组质量小于或等于总质量 15% 的土,可扣除巨粒,按粗粒土或细粒土的相应规定分类定名。

巨粒土具有很高的强度和稳定性,使用场合和施工季节均不受限制,是填筑路基的很优良的筑路材料。漂石还可以用于砌筑路基边坡。

(二)粗粒土

试样中巨粒组土粒质量小于或等于总质量 15%,且巨粒组土粒与粗粒组土粒质量之和大于总土质量 50% 的土称为粗粒土。粗粒土中砾粒组质量大于砂粒组质量的土称为砾类土。粗粒土中砾粒组质量小于或等于砂粒组质量的土称为砂类土。

1. 砾类土

砾类土可划分为砾、含细粒土砾和细粒土质砾三类。

(1)砾类土中细粒组质量小于或等于总质量 5% 的土称为砾。当 $C_u > 5$ 和 $C_c = 1 \sim 3$ 时,称为级配良好砾(GW),不满足前述条件时称为级配不良砾(GP)。

(2)砾类土中细粒组质量为总质量 5% ~15%(含 15%)的土称为含细粒质砾,记为 GF。

(3)砾类土中细粒组质量大于总质量 15%,并小于或等于总质量 50% 的土称为细粒土质砾。按细粒土在塑性图中的位置定名:当细粒土位于塑性图 A 线以下时,称为粉土质砾,记为 GM;当细粒土位于塑性图 A 线及 A 线以上时,称为黏土质砾,记为 GC。

砾类土粒径较大,内摩擦力大,有很高的强度和稳定性,是良好的路基填筑材料。

2. 砂类土

砂类土可分为砂、含细粒土砂和细粒土质砂三类。

(1)砂类土中细粒组质量小于或等于总质量 5% 的土称为砂。当 $C_u > 5$ 和 $C_c = 1 \sim 3$ 时,称为级配良好砂(SW),不满足前述条件时称为级配不良砂(SP)。

(2)砂类土中细粒组质量为总质量 5% ~15%(含 15%)的土称为含细粒土砂,记为 SF。

(3)砂类土中细粒组质量大于总质量 15%,并小于或等于总质量 50% 的土称为细粒土质砂。按细粒土在塑性图中的位置定名:当细粒土位于塑性图 A 线以下时,称为粉土质砂,记为 SM;当细粒土位于塑性图 A 线及 A 线以上时,称为黏土质砂,记为 SC。

砂类土中,砂和含细粒土砂,无塑性,透水性强,毛细水上升高度小,具有较大的摩擦系数,强度和水稳定性均较好;但由于黏性小,易松散,故压实困难,需要用振动法或灌水法才能压实。为克服这一缺点,可添加一些黏质土,以改善其使用质量。细粒土质砂既含有一定数量的粗颗粒,使路基具有一定的强度和水稳性,又含有一定数量的细粒土,使其具有一定的黏性,不致过分松散,且一般遇水疏散快,不膨胀,干时有相当的黏结性,扬尘少,容易被压实。因此,细粒土质砂是修筑路基的良好材料。

（三）细粒土

土的试样中细粒组的质量大于或等于总质量50%的土称为细粒土。其组成包含粉质土、黏质土和有机土三类，并可进一步划分土类，可参见表2-2。

（1）细粒土中粗粒组质量小于或等于总质量25%的土称为粉质土或黏质土。

（2）细粒土中粗粒组质量为总质量25%～50%（含50%）的土称为含粗粒的粉质土或含粗粒的黏质土。

（3）试样中有机质含量大于或等于总质量5%，且小于总质量10%的土称有机质土。试样中有机质含量大于或等于10%的土称为有机土。

细粒土按照图2-2所示的土的塑性图分类。当土样指标位于塑性图A线或A线以上时，在B线或B线以右，称为高液限黏土，记为CH；在B线以左，$I_P=7$线以上，称为低液限黏土，记为CL。当土样指标位于塑性图A线以下时，在B线或B线以右，称为高液限粉土，记为MH；在B线以左，$I_P=4$线以下，称为低液限粉土，记为ML。黏土—粉土过渡区（CL—ML）的土可以按相邻土层的类别考虑细分。

土中有机质包括未完全分解的动植物残骸和完全分解的无定形物质。无定形物质多呈黑色、青黑色或暗色，有臭味，有弹性和海绵感。有机质土作为细粒土的组成类型之一，定名方法与上述黏质土和粉质土基本相同，但需加上有机土符号加以表明。例如，当位于塑性图A线或A线以上时，在B线或B线以右，称为有机质高液限黏土，记为CHO；在B线以左，$I_P=7$线以上，称为有机质低液限黏土，记为CLO。

粉质土为最差的筑路材料。它含有较多的粉土粒，干时稍有黏性，但易被压碎，扬尘性大，浸水时很快被湿透，易成稀泥。粉质土的毛细作用强烈，上升速度快，毛细水上升高度一般可达0.9～1.5 m，在季节性冰冻地区，水分积聚现象严重，造成严重的冬季冻胀，春融期间出现翻浆，故又称翻浆土。如遇粉质土，特别是在水文条件不良时，应采取一定的措施，改善其工程性质，在达到规定的要求后进行使用。

黏质土透水性很差，黏聚力大，因而干时坚硬，不易挖掘。它具有较大的可塑性、黏结性和膨胀性，毛细管现象也很显著，用来填筑路基比粉质土好，但不如砂性土。浸水后黏质土能较长时间保持水分，因而承载能力小。对于黏质土，如在适当的含水量时加以充分压实和有良好的排水设施，筑成的路基也能具有稳定性。

有机质土（如泥炭、腐殖土等）不宜做路基填料，如遇有机质土均应在设计和施工上采取适当措施。

（四）特殊土

1. 黄土

黄土主要由粉粒组成，呈棕黄或黄褐色，是具有大孔隙和垂直节理特征的土。受水浸湿后产生湿陷的黄土，称为湿陷性黄土。

黄土在我国的西北、华北与东北的部分地区均有广泛的分布，它是具有某些特殊性质的黄色或褐黄色黏性土类。黄土中粉粒含量较多（大多在60%以上），黏粒含量较少。黄土在天然状态下土质坚硬，压缩性较小，抗剪强度较高，承载能力较高。但有些黄土层中含有大量肉眼可见的大孔隙和竖向孔道，一旦浸水后土粒之间的大量可溶性盐类（如碳酸钙和硫酸钙等）被溶解或软化，土粒薄膜水厚度加大，使粒间原有的连接受到破坏，土体突然发生明显变形。这种性质称为黄土的湿陷性,具有湿陷性的黄土称为湿陷性黄土。

2. 膨胀土

膨胀土是一种富含亲水性矿物并具有明显的吸水膨胀与失水收缩特性的高塑性黏土。

膨胀土最显著的特征是遇水膨胀、失水收缩,也称为胀缩土。一般黏性土多具有程度不同的胀缩性。在实际工作中,要注意将膨胀性土与具有明显收缩性但无膨胀性或膨胀性极小的高含水量淤泥质土等软弱黏性土加以区别。

3. 红黏土

红黏土是指石灰岩或其他岩浆岩经风化后形成的富含铁铝氧化物的褐红色粉土或黏土。

红黏土的矿物成分以石英和水云母为主。土的天然含水量接近于塑限,粒间连接较强,因而这种土的天然孔隙比虽较大,但压缩性小、承载力高。许多红黏土的塑性指数较高,黏粒含量较多,有些地区的红黏土具有胀缩性。

4. 盐渍土

盐渍土是不同程度盐渍化土的总称。在公路工程中,一般指地表下 1.0 m 内土中易溶盐含量平均大于 0.3% 的土。按照土中含盐量不同,划分为弱盐渍土、中盐渍土、强盐渍土、过盐渍土,见表 2-3。

表 2-3　盐渍土分类

名称	土层中平均总盐量(质量百分比,%)			
	氯盐渍土的 Cl^-/SO_4^{2-} 比值	亚氯盐渍土的 Cl^-/SO_4^{2-} 比值	亚硫酸盐渍土的 Cl^-/SO_4^{2-} 比值	硫酸盐渍土的 Cl^-/SO_4^{2-} 比值
	>2.0	1.0~2.0	0.3~1.0	<0.3
弱盐渍土	0.3~1.5	0.3~1.0	0.3~0.8	0.3~0.5
中盐渍土	1.5~5.0	1.0~4.0	0.8~2.0	0.5~1.5
强盐渍土	5.0~8.0	4.0~7.0	2.0~5.0	1.5~4.0
过盐渍土	>8.0	>7.0	>5.0	>4.0

多数盐渍土的形成是由于当地地下水位过高、气候偏干、土壤水分蒸发量较大,水汽蒸发后留下大量可溶性盐分,导致地表土体富集盐,成为盐渍土,其承载力很低。

我国盐渍土面积约为 1.0×10^8 hm^2,其中现代盐渍土约占 37%,残积盐渍土约占 45%,潜在盐渍土约占 18%。

5. 冻土

冻土是指具有负温度或零温度,并含有冰晶的土(石)。根据冻结状态持续时间,冻土分为多年冻土(或永冻土)、隔年冻土和季节冻土(或季冻土),见表 2-4。

表 2-4 冻土分类

类型	持续时间 t(年)	地面温度(℃)特征	冻融特征
多年冻土	$t \geqslant 2$	年平均地面温度≤0	季节融化
隔年冻土	$2 > t \geqslant 1$	最低月平均地面温度≤0	季节冻结
季节冻土	$t < 1$	最低月平均地面温度≤0	季节冻结

黄土属于大孔和多孔结构,具有湿陷性;膨胀土受水浸湿发生膨胀,失水则收缩;红黏土失水后体积收缩量较大;盐渍土潮湿时承载力很低。因此,特殊土不宜做路基填料。

三、土的简易鉴别

土的简易鉴别、分类方法主要是为现场勘察制定的,也可供实验室开启试样时初步判别土类。其主要方法是指用目测法代替筛分法确定土粒组成及其特征的方法,用干强度、手捻、搓条、韧性和摇振反应等定性方法代替用液限仪测定细粒土塑性的方法。

巨粒土、粗粒土可将研散的风干试样摊成一薄层,凭目测估计土中巨粒、粗粒、细粒组所占的比例,然后按照其分类方法定名为巨粒土、粗粒土或细粒土。

细粒土可按照干强度、手捻、搓条、韧性和摇振反应等定性试验的结果,参照表 2-5 确定土类。

表 2-5 细粒土简易分类

半固态时的干强度	硬塑—可塑态时的手捻感和光滑度	土在可塑态时		软塑—流塑态时的摇振反应	土类代号
		可搓成最小直径(mm)	韧性		
低—中	灰黑色,以粉粒为主,稍黏,捻面粗糙	3	低	快—中	MLO
中	砂粒稍多,有黏性,捻面较粗糙,无光泽	2~3	低—中	快—中	ML
中—高	有砂粒,稍有滑腻感,捻面稍有光泽,灰黑色者为 CLO	1~2	中	无—很慢	CL CLO
中	粉粒较多,有滑腻感,捻面较光滑	1~2	中	无—慢	MH
中—高	灰黑色,无砂,滑腻感强,捻面光滑	<1	中—高	无—慢	MHO
高—很高	无砂感,滑腻感强,捻面有光泽,灰黑色者为 CHO	<1	高	无	CH CHO

第二节　路基土的湿度状况

一、路基土的湿度来源

路基的强度与稳定性在很大程度上与路基的湿度，以及大气温度引起的路基的水温状况有密切的关系，见图 2-4。路基在使用过程中，受到各种外界因素的影响，其湿度发生变化。路基湿度的水源有以下几个方面：

(1)大气降水——大气降水通过路面、路肩边坡和边沟渗入路基。

(2)地面水——边沟的流水、地表径流水因排水不良，形成积水、渗入路基。

(3)地下水——路基下面一定范围内的地下水浸入路基。

(4)毛细水——路基下的地下水，通过毛细管作用，上升到路基。

(5)水蒸气凝结水——在土的空隙中流动的水蒸气，遇冷凝结成水。

(6)薄膜移动水——在土的结构中水以薄膜的形式从含水量较高处向含水量较低处流动，或由温度较高处向冻结中心周围流动。

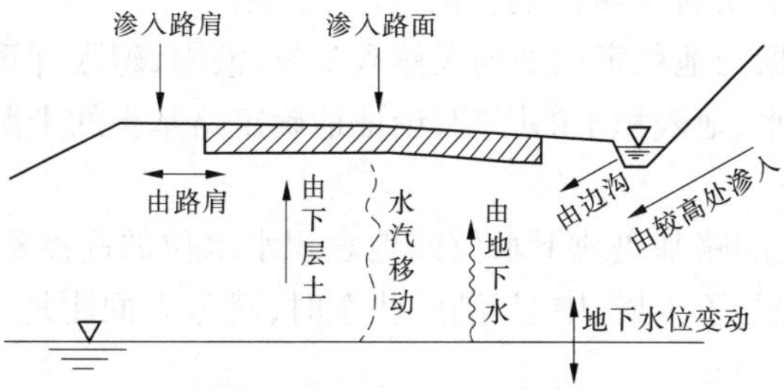

图 2-4　路基土水的来源

二、路基土干湿类型及其划分

(一)路基土干湿类型

路基土的干湿类型表示路基在最不利季节的干湿状态，划分为干燥、中湿、潮湿和过湿四类。原有公路路基土的干湿类型，可以根据路基的分界相对含水量或分界稠度划分；新建公路路基土的干湿类型可用路基临界高度来判别。

路基土的湿度状况直接影响路基的强度和稳定性，并在很大程度上影响路面结构设计。为保证路基路面结构的稳定性，一般要求路基土处于干燥或中湿状态。过湿状态的路基必须经过处理后方可铺筑路面。

(二)路基土干湿类型划分方法

1. 平均稠度划分法

对于原有公路，路基土的干湿类型可以通过实测不利季节路床表面以下 800 mm 深度内土的平均稠度 ω_c，即在路床表面以下 80 cm 范围内，每隔 10 cm 取土样，分别测定其天然含水量、塑限及液限，再根据表 2-6 确定。

表 2-6 路基土干湿类型的稠度建议值

土组	干燥状态	中湿状态	潮湿状态	过湿状态
	$\omega_c \geqslant \omega_{c1}$	$\omega_{c1} > \omega_c \geqslant \omega_{c2}$	$\omega_{c2} > \omega_c \geqslant \omega_{c3}$	$\omega_c < \omega_{c3}$
土质砂	$\omega_c \geqslant 1.20$	$1.20 > \omega_c \geqslant 1.00$	$1.00 > \omega_c \geqslant 0.85$	$\omega_c < 0.85$
黏质土	$\omega_c \geqslant 1.10$	$1.10 > \omega_c \geqslant 0.95$	$0.95 > \omega_c \geqslant 0.80$	$\omega_c < 0.80$
粉质土	$\omega_c \geqslant 1.05$	$1.05 > \omega_c \geqslant 0.90$	$0.90 > \omega_c \geqslant 0.75$	$\omega_c < 0.75$

注：ω_{c1}、ω_{c2}、ω_{c3}分别为干燥和中湿、中湿和潮湿、潮湿和过湿状态路基的分界稠度，ω_c 为路床表面以下 800 mm 深度内的平均稠度。

路基土的平均稠度 ω_c 按式(2-3)计算：

$$\omega_c = \frac{\omega_L - \overline{\omega}}{\omega_L - \omega_P} \tag{2-3}$$

式中 ω_c—— 土的平均稠度；

$\overline{\omega}$—— 路床以下 800 mm 内土的平均含水量，$\overline{\omega} = \frac{\sum_{i=1}^{8}\omega_i}{8}$；

ω_L、ω_P——按照有关标准测定的土的液限、塑限。

对新建公路，可根据当地稳定的平均天然含水量、液限、塑限计算平均稠度，并考虑路基填土高度，有无地下水、地表积水的影响，论证地确定路基土的干湿类型。

2. 临界高度判断法

与分界稠度相对应的路基离地下水位或地表积水水位的高度称为路基临界高度 H，即在不利季节路基分别处于干燥、中湿、潮湿状态时，路床表面距地下水位或地表积水水位的最小高度。

H_1 相对应于 ω_{c1}，为干燥和中湿状态的分界标准。

H_2 相对应于 ω_{c2}，为中湿与潮湿状态的分界标准。

H_3 相对应于 ω_{c3}，为潮湿和过湿状态的分界标准。

临界高度与稠度的对照见图 2-5。

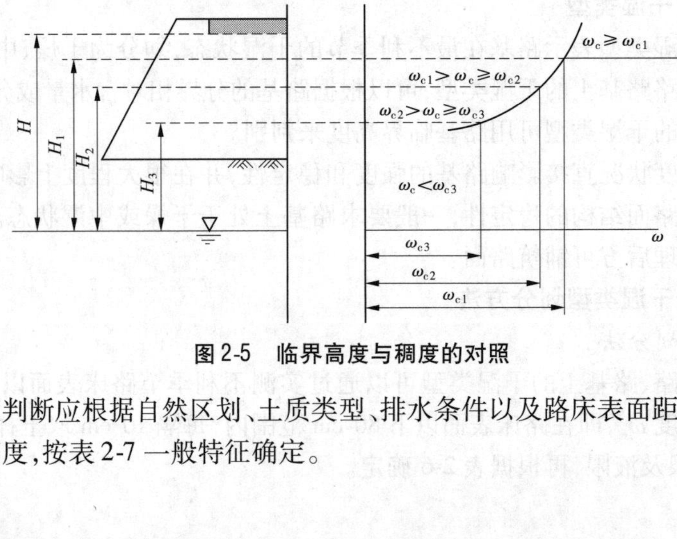

图 2-5 临界高度与稠度的对照

临界高度判断应根据自然区划、土质类型、排水条件以及路床表面距地下水位或地表积水水位的高度，按表 2-7 一般特征确定。

表 2-7　路基干湿类型

路基土干湿类型	路床表面以下 800 mm 深度内平均稠度 ω_c 与分界稠度 ω_{ci} 的关系	一般特征
干燥	$\omega_c \geqslant \omega_{c1}$	土基干燥稳定，路面强度和稳定性不受地下水和地表积水影响。路基高度 $H_0 \geqslant H_1$
中湿	$\omega_{c1} > \omega_c \geqslant \omega_{c2}$	土基上部土层处于地下水或地表积水影响的过渡带区内。路基高度 $H_2 \leqslant H_0 < H_1$
潮湿	$\omega_{c2} > \omega_c \geqslant \omega_{c3}$	土基上部土层处于地下水或地表积水毛细影响区内。路基高度 $H_3 \leqslant H_0 < H_2$
过湿	$\omega_c < \omega_{c3}$	路基极不稳定，冰冻区春融翻浆，非冰冻区软弹土基经处理后方可铺筑路面。路基高度 $H_0 < H_3$

注：1. H_0 为不利季节路床表面距地下水位或地表积水水位的高度。

2. 地表积水指不利季节积水 20 d 以上。

3. H_1、H_2、H_3 分别为干燥、中湿和潮湿状态的路基临界高度，参见附表 1。

4. 划分土基干湿类型以平均稠度 ω_c 为主，缺少资料时可参照表中一般特征确定。

第三节　路基土的抗变形能力

直接位于路面结构层下面的那部分路基须支撑路面经受的行车荷载和路面自重的作用。如果土基松软，不但会引起路面不均匀沉陷，影响路面平整度，行车不舒适，降低车速，而且会导致路面过早破坏。如土基坚强，会提高道路的使用品质，延长使用寿命，还可减小路面厚度，降低路面造价。所以，须考虑路基的抗变形能力。

一、路基受力与工作区

路基承受两种荷载：一种是路面路基自重产生的荷载；另一种是车辆轴重而产生的荷载。在两种荷载的共同作用下，路基土在一定范围内处于受力状态。正确的设计应使路基土在轮载作用下只产生弹性变形，当车辆驶过后，路基可以恢复原状，这样可以保证路基的相对稳定，而不致引起路面的破坏。

若假定车轮荷载为一圆形均布垂直荷载，路基为一弹性均质半空间体，则路基土在车轮荷载作用下所引起的垂直应力 σ_Z 可以用式(2-4)计算：

$$\sigma_Z = \frac{P}{Z^2}\frac{3}{2\pi\left[1+\left(\frac{r}{Z}\right)^2\right]^{\frac{5}{2}}} = K\frac{P}{Z^2} \tag{2-4}$$

式中　r——车轮荷载应力计算点与圆形均布荷载垂直作用线之间的水平距离，m。

路基土本身自重在路基内深度为 Z 处所引起的垂直压应力 σ_B，可按式(2-5)计算：

$$\sigma_B = \gamma Z \tag{2-5}$$

路基内任一点处的垂直应力，应是由车辆荷载引起的垂直应力（附加应力）σ_Z 和由土基自重引起的垂直应力（自重应力）σ_B 的叠加。

在路基的某一深度处，车辆荷载引起的应力与路基自重引起的应力相比只占一小部分（1/5～1/10），在此深度以下，车辆荷载对土基的作用影响很小，可以忽略不计。将此深度 Z_a 范围内的路基称为路基工作区。

路基工作区深度 Z_a 可以用式（2-6）计算：

$$Z_a = \sqrt[3]{\frac{KnP}{\gamma}} \tag{2-6}$$

式中 Z_a——路基工作区深度，m；

P——车轮荷载，kN；

K——系数，取0.5；

γ——土的重度，kN/m^3；

n——系数，$n=5\sim10$。

由式（2-6）可知，路基工作区深度 Z_a 随车轮荷载的增大而加深，也随土的容重、路面的刚度变化而异，一般为0.9～2.4 m。在路基工作区内，土基的强度和稳定性对保证路面结构的强度和稳定性尤为重要。在工作区深度内，土质的选择及路基的压实度应满足设计要求。

当路基工作区深度大于路基填土高度 H 时（见图2-6），行车荷载的作用不仅施加于路堤，而且施加于地基的上部土层，因此天然地基上部土层和路堤应同时满足路基工作区的要求，均应充分压实。

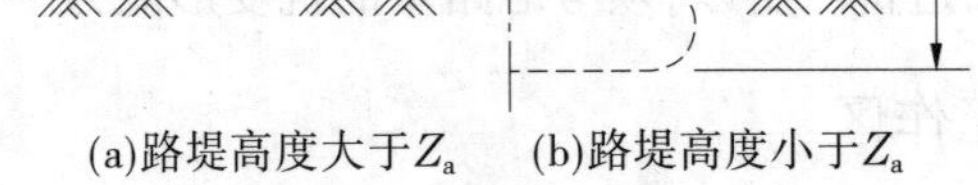

(a)路堤高度大于Z_a　(b)路堤高度小于Z_a

Z_e——路面折算为路基土层的当量厚度

图2-6　路基工作区深度

二、土基回弹模量

土基回弹模量是指土体在部分侧限条件下，卸载过程中的竖向压力与回弹应变的比值，用 E_0 表示，反映土基在弹性变形阶段内，在垂直荷载作用下，抵抗竖向变形的能力。如果垂直荷载为定值，土基回弹模量值愈大，则产生的垂直位移就愈小；如果竖向位移是定值，回弹模量值愈大，则土基承受外荷载作用的能力就愈大。因此，土基回弹模量是路面结构设计中唯一反映土路基抗压强度的指标。

车辆荷载通过路面传至土基的垂直压力，使土基产生一定程度的竖向位移变形。假定土基为均质的弹性体，在圆形垂直均布荷载作用下，在应力与应变成直线关系时，可用弹性理论来建立荷载与变形之间的关系。刚性承载板的荷载—变形关系见图2-7。

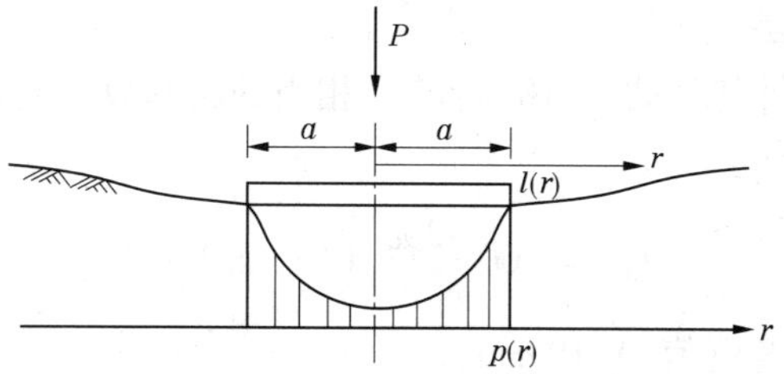

图 2-7　刚性承载板的荷载—变形

土基在刚性承载板测试状态下,荷载—变形关系可表示为:

$$l_r = \frac{2p\delta(1-\mu^2)}{E_0}\alpha \tag{2-7}$$

式中　l_r——路表距离荷载中心轴为 r 某点处的垂直位移,亦称为弯沉值,cm;

p——圆形垂直均布荷载,MPa;

E_0——土基回弹模量,MPa;

δ——圆形均布荷载半径,m;

μ——土的泊松系数,取 0.35;

α——竖向位移系数,均布荷载 p 作用在刚性承载板 $\alpha=\frac{\pi}{4}$,两个均布荷载 p(相当于双轮荷载作用)时 $\alpha=0.716$。

(一)已建成路基回弹模量检验

当路基建成后,应在不利季节路基最不利状况实测各路段路基回弹模量代表值,以检验是否符合设计值的要求。现场实测方法宜采用承载板法,也可采用贝克曼梁弯沉仪法。若现场实测路基回弹模量代表值小于设计值,应采取翻晒补压、掺灰处理等加强路基或调整路面结构厚度的措施,以保证路基路面的强度和稳定性。

1. 承载板法

测点处路基回弹模量值 E_{0b} 利用式(2-8)计算:

$$E_{0b} = 10\,000\frac{\sum P_i}{D\sum l_i}(1-\mu_0^2) \tag{2-8}$$

式中　D——承载板直径,mm;

P_i, l_i——第 i 级荷载,kN,以及其检测的回弹变形,0.01 mm;

μ_0——路基的泊松系数,取 0.35。

路段路基回弹模量设计值应按式(2-9)计算:

$$E_{0D} = (\overline{E}_0 - Z_a S)/K_1 \tag{2-9}$$

式中　E_{0D}——路基回弹模量设计值,MPa;

$\overline{E}_0, S$——实测土基回弹模量的平均值和均方差;

Z_a——保证率系数,高速公路、一级公路为 2,二、三级公路为 1.645,四级公路为 1.5;

K_1——不利季节影响系数,可根据当地经验确定。

2. 贝克曼梁弯沉仪法

将路基回弹模量设计值按式(2-10)计算其相当的路基设计弯沉值 l_{0D},作为检验路基强度和均匀性的简便方法。

$$l_{0D} = 100\frac{2p\delta}{K_1 E_{0D}}(1 - \mu_0^2)\alpha_0 \tag{2-10}$$

式中 l_{0D}——路基设计弯沉值,0.01 mm;

p, δ——标准轴载轮胎接地压强,MPa,以及当量圆半径,mm;

α_0——均匀体弯沉系数,取0.712。

某路段实测的弯沉代表值 l_0 应不大于路基弯沉设计值 l_{0D}。

$$l_0 = \bar{l}_0 + Z_a S \leqslant l_{0D} \tag{2-11}$$

式中 $\bar{l}_0$,S——该路段实测路基弯沉平均值(0.01 mm)与均方差(0.01 mm);

其他符号含义同前。

(二)新建道路路基土基回弹模量

1. 室内试验法测定土的回弹模量

应选择土料场,取土样,按照《公路土工试验规程》(JTG E40—2007)中T0135小承载板法试验要求进行,宜采用100 mm直径承载板。回弹模量测试结果应采用下式修正:

$$E_{0S} = \lambda E \tag{2-12}$$

式中 E_{0S}——修正后的回弹模量,MPa;

λ——试筒尺寸约束修正系数,50 mm直径承载板取0.78,100 mm直径承载板取0.59;

E——室内试验法回弹模量实测值,MPa。

路基回弹模量设计值,应考虑公路等级、不利季节和路基干湿类型的影响,采用下式计算:

$$E_{0D} = \frac{Z}{K}E_{0S} \tag{2-13}$$

式中 E_{0D}——路基回弹模量设计值,MPa;

E_{0S}——室内承载板法考虑试筒尺寸约束修正后的回弹模量,MPa;

Z——保证率系数,高速公路、一级公路为0.66,二级公路、三级公路为0.59,四级公路为0.42;

K——考虑不利季节和路基干湿类型的综合影响系数,当 $\omega_c \geqslant \omega_{c1}$ 时,$k = 1.3$,当 $\omega_{c1} > \omega_c \geqslant \omega_{c2}$ 时,$K = 1.6$,当 $\omega_c < \omega_{c2}$ 时,$K = 1.9$,或者根据室内承载板法回弹模量与稠度的关系分析确定。

2. 经验公式换算法

通过积累不同现场实测法测定的路基回弹模量值与压实度 K、路基稠度 ω_c 或室内试验测定的路基土回弹模量值与室内路基土CBR值等资料,建立可靠的换算关系,利用换算关系估算现场路基回弹模量。

土的CBR值,又称加州承载比,是表征路基土、粒料、稳定土强度的一种指标。它是指标准试件在贯入量为2.5 mm,施加的试验荷载与标准碎石材料在相同贯入量时所施加的荷载之比值，以百分率表示。我国已将 CBR 值作为路基填料选择的重要依据。

3. 查表法

用查表法估计路基回弹模量设计值，应按以下步骤进行：

（1）确定临界高度。

临界高度指在不利季节，路基分别处于干燥、中湿或潮湿状态时，路床表面距地下水位或地表积水水位的最小高度，可根据土质、气候条件按当地经验确定。当缺乏实际资料时，路基临界高度（H_1、H_2、H_3）可参考附表 1 选用。

（2）拟定路基土的平均稠度。

在新建公路的初步设计中，因无法实测求得土的平均稠度，可根据当地经验或路基临界高度，判断各路段路基的干湿类型，利用表 2-6 和表 2-7 及附表 2 论证得到各路段土的平均稠度 ω_c 值。

（3）估计路基回弹模量设计值。

根据土类和自然区划以及拟定的路基土的平均稠度，可参考附表 2 估计路基回弹模量设计值。当采用重型击实标准时，路基回弹模量设计值可较表列数值提高 20% ~ 35%。

第四节　路基的构造型式与组成

路基是路面的基础，是按照路线位置和一定技术要求修筑的带状构造物，承受由路面传来的行车荷载。根据路基填挖状况的不同，路基的基本构造型式分为路堤、路堑和半挖半填路基 3 种典型构造型式。其构造组成主要包括路基宽度、路基高度、路基边坡及地基等。

一、路基构造型式

（一）路堤

路堤是指设计标高高于原地面标高的填方路基。路堤在结构上分为上路堤和下路堤，上路堤是指路槽底面以下 0.80 ~ 1.50 m 范围内的填方部分；下路堤是指上路堤以下的填方部分。

路床是指路面底面以下 0.80 m 范围内的路基部分。路床在结构上分为上路床（0 ~ 0.30 m）及下路床（0.30 ~ 0.80 m）两层。路堤的路床在路槽底面以下和上路堤顶面之间，即0 ~ 80 cm。

路堤按填土高度划分为矮路堤（$H < 1.0 \sim 1.5$ m）、一般路堤（$H = 1.5 \sim 18$ m）、高路堤（$H > 18 \sim 20$ m）。路堤按所处条件和加固类型分为浸水路堤、护脚路堤、挖沟填筑路堤等。路堤的常见横断面形式见图 2-8。

高路堤及浸水路堤的构造必须进行个别设计，边坡可采用上陡下缓的折线形式或台阶形式，边坡表面须采取适当的防护或加固措施。

（二）路堑

路堑是指设计标高低于原地面标高的挖方路基。其作用是缓和道路纵坡或越岭线穿

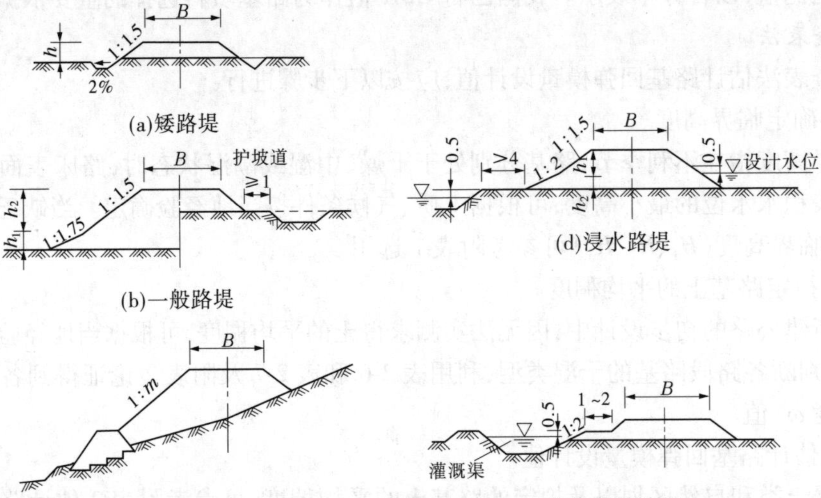

(a)矮路堤　(b)一般路堤　(c)护脚路堤　(d)浸水路堤　(e)挖沟填筑路堤

图 2-8　路堤的常见横断面型式　（单位：m）

越岭口控制标高。其危害是破坏了原地层的天然平衡状态，不利于排水、通风。路堑的典型横断面型式有全挖路堑、台口式路堑、半山洞式路堑，见图 2-9。

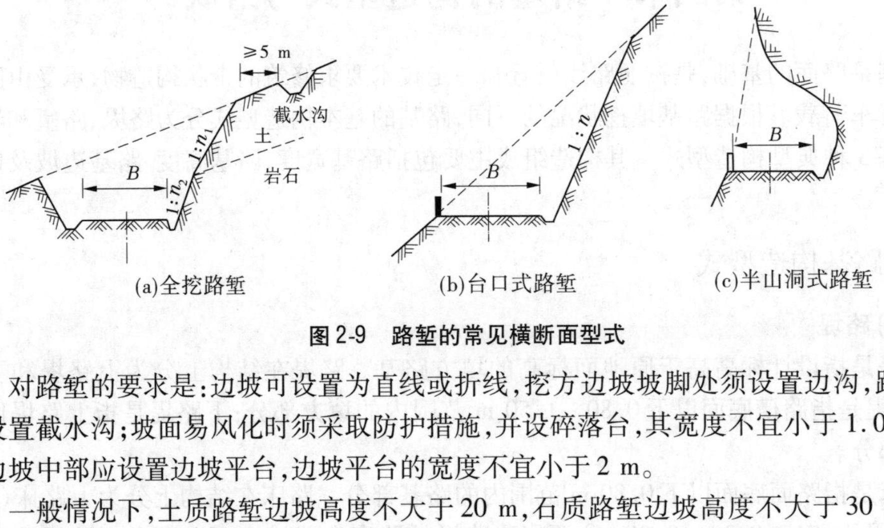

(a)全挖路堑　(b)台口式路堑　(c)半山洞式路堑

图 2-9　路堑的常见横断面型式

对路堑的要求是：边坡可设置为直线或折线，挖方边坡坡脚处须设置边沟，路堑上方应设置截水沟；坡面易风化时须采取防护措施，并设碎落台，其宽度不宜小于 1.0 m；台阶式边坡中部应设置边坡平台，边坡平台的宽度不宜小于 2 m。

一般情况下，土质路堑边坡高度不大于 20 m，石质路堑边坡高度不大于 30 m。当土质挖方边坡高度超过 20 m、岩石挖方边坡高度超过 30 m 和不良地质地段路堑边坡，应按照高填方边坡的有关规定，进行路基高边坡个别处理设计。

路堑组成中除开挖后形成的行车道部分外，还有碎落台、边坡平台，以及边沟、截水沟等路基排水设施等。

（三）半填半挖路基

半填半挖路基是指在一个横断面内，部分为路堤、部分为路堑的路基，有的称为半路堤半路堑，通常出现在地面横坡较陡处，兼有路堤和路堑的特点，见图 2-10。这类路基可减小工程量，如应用得当是比较经济的。

半填半挖路基用于压缩用地宽度及减小填方量时，可在填方侧设护坡或护墙，也可设置护肩墙或路堤墙，特殊情况时可设半山桥路基。

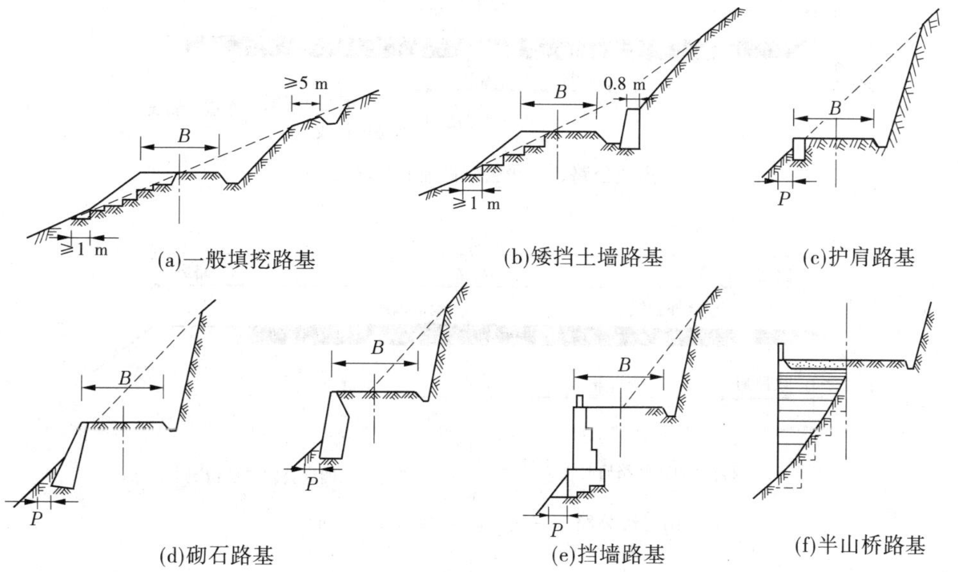

图 2-10　半填半挖路基横断面形式

二、路基构造组成

（一）路基高度

路基高度是指路堤的填筑高度或路堑的开挖深度，一般为路基设计标高与原地面标高的差值，路堤为填筑高度，路堑为开挖深度。通常路基高度是指中心线处路基顶面和原地面高差；由于原地面不平整，路基两侧的边坡高度是指路基边缘和原地面的高差，因此路基高度有中心高度和边坡高度之分。

路基高度的设计应注意以下几点：

（1）路基高度应结合公路路线纵断面、排水及防护措施确定，同时与路基临界高度结合，应使路肩边缘高出地面积水，并考虑地面水、地下水、毛细水和冰冻作用对路基强度和稳定性的影响。

（2）高路堤及深路堑的判别标准以边坡高度为依据；路基高度应受限制，一般土质路基填筑高度不宜超过 20 m，岩质路基不宜超过 30 m。

（3）沿河及受水浸淹路基的高度应大于设计洪水位 + 壅水高度 + 波浪侵袭高度 +0.5 m。当路基高度不符合规定时，可采取降低水位、设置毛细水隔断层等措施。

各级公路路基设计洪水频率应满足：高速公路、一级公路 1%，二级公路 2%，三级公路 4%。

（二）路基宽度

路基宽度为行车道路面及其两侧路肩宽度之和。当设有中间带、紧急停车带、爬坡车道、变速车道、错车道时，还包括这些部分的宽度。一般可理解为土路肩外边缘之间的距离，见图 2-11。

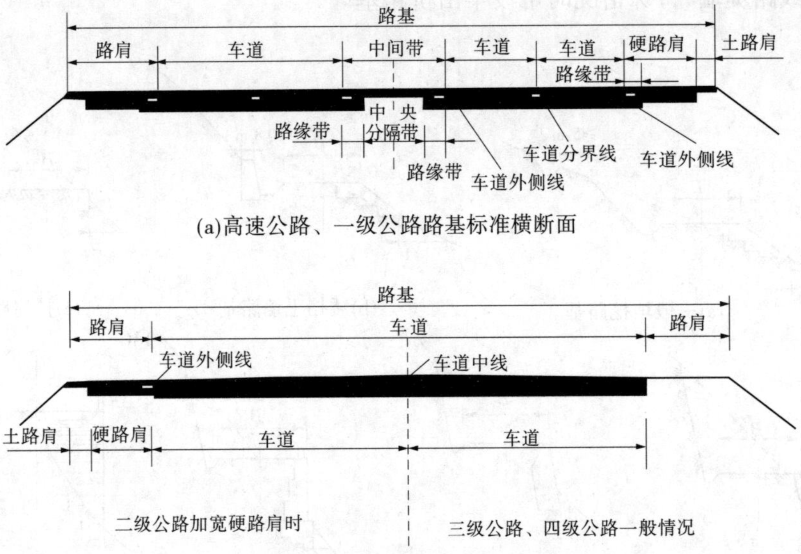

(a)高速公路、一级公路路基标准横断面

(b)二级公路、三级公路路基标准横断面

图 2-11　公路路基宽度

路基宽度应根据《公路工程技术标准》(JTG B01—2003)规定设计。各级公路路基宽度见表 2-8。

表 2-8　各级公路路基宽度

项目		高速公路、一级公路								
设计速度(km/h)		120			100			80		60
车道数		8	6	4	8	6	4	6	4	4
路基宽度(m)	一般值	45.00	34.50	28.00	44.00	33.50	26.00	32.00	24.50	23.00
	最小值	42.00	—	26.00	41.00	—	24.50	—	21.50	20.00

项目		二级公路、三级公路、四级公路					
设计速度(km/h)		80	60	40	30	20	
车道数		2	2	2	2	2 或 1	
路基宽度(m)	一般值	12.00	10.00	8.50	7.50	6.50(双车道)	4.50(单车道)
	最小值	10.00	8.50	—	—		

注:1. "一般值"为正常情况下采用值,"最小值"为条件受限制时的采用值。

2. 八车道高速公路路基宽度"一般值"为设置左侧硬路肩、内侧车道采用 3.50 m 时的宽度,八车道高速公路路基宽度"最小值"为不设置左侧硬路肩、内侧车道采用 3.75 m 时的宽度。

(三)路基的边坡坡率

路基边坡坡率用边坡高度与边坡宽度之比 $H:b$ 的形式表示。习惯上取 $H=1$ 计算,边坡坡率表示为 $1:m$(路堤)或 $1:n$(路堑)的形式。

边坡坡率的大小，取决于边坡的高度、填料的物理力学性质，以及土质、岩石的性质及水文地质条件等自然因素。路基边坡坡率的大小直接影响路基的整体稳定性及土石方量和施工难易程度，是路基整体稳定的关键因素。

一般路基的边坡坡率可根据多年工程实践经验确定或采用设计规范推荐的数值。

特殊情况下路基边坡，应进行个别设计，通过设计验算确定：对于高边坡路堤和陡坡路堤，路堤稳定性分析包括路堤堤身的稳定性、路堤和地基的整体稳定性、路堤沿斜坡地基或软弱层带滑动的稳定性等内容，并宜采用简化 Bishop 法分析计算稳定系数；对于挖方高边坡，应进行工程勘探，边坡稳定性评价宜综合采用工程地质类比法、图解分析法、极限平衡法和数值分析法进行。详见《公路路基设计规范》(JTG D30—2004)，这里不再叙述。

1. 路堤边坡坡率

1) 一般填方路堤

当地质条件良好，填方路堤边坡高度不大于 20 m 时，其边坡坡率不宜陡于表 2-9 的规定。对边坡高度超过 20 m 的路堤或地面斜坡坡率陡于 1∶2.5 的路堤，以及不良地质、特殊地段的路堤，应进行个别勘察设计，对重要的路堤应进行稳定性监控。

对边坡高度超过 20 m 的路堤，边坡形式宜用阶梯形，边坡坡率应由稳定性分析计算确定。浸水路堤在设计水位以下的边坡坡率不宜陡于 1∶1.75。

表 2-9　路堤边坡坡率

填料类别	边坡坡率	
	上部	下部
细粒土	1∶1.5	1∶1.75
粗粒土	1∶1.5	1∶1.75
巨粒土	1∶1.3	1∶1.5

2) 砌石路基

砌石应选用当地不易风化的片、块石砌筑，内侧填石；岩石风化严重或软质岩石路段不宜采用砌石路基。砌石顶宽不小于 0.8 m，基底面向内倾斜，砌石高度不宜超过 15 m。砌石内、外坡率不宜陡于表 2-10 的规定。

表 2-10　砌石边坡坡率

序号	砌石高度(m)	内坡坡率	外坡坡率
1	≤5	1∶0.3	1∶0.5
2	≤10	1∶0.5	1∶0.67
3	≤15	1∶0.6	1∶0.75

当填方路基受地形地物限制或路基稳定性不足时，可采用护脚路基。护脚高度不宜超过 5 m，受水浸淹的路堤护脚，应予防护或加固。

3）填石路堤

填石路堤是指用粒径大于40 mm、含量超过70%的石料填筑的路堤。

填石路堤可采用与土质路堤相同的路堤断面型式，填石路堤的边坡坡率应根据填石料种类、边坡高度和基底的地质条件确定。易风化岩石与软质岩石用作填料时，应按土质路堤边坡设计。在路堤基底良好时，填石路堤边坡坡率不宜陡于表2-11的规定。

表2-11　填石路堤边坡坡率

填石料种类	边坡高度(m)			边坡坡率	
	全部	上部	下部	上部	下部
硬质岩石	20	8	12	1∶1.1	1∶1.3
中硬岩石	20	8	12	1∶1.3	1∶1.5
软质岩石	20	8	12	1∶1.5	1∶1.75

2. 路堑边坡坡率

土质路堑边坡形式及坡率应根据工程地质、水文地质条件、边坡高度、排水措施、施工方法，并结合自然稳定边坡和人工边坡的调查及力学分析综合确定。岩质路堑边坡坡度必要时可采用稳定分析方法予以验算。

1）土质路堑

土质路堑边坡高度不大于20 m时，边坡坡率不宜陡于表2-12的规定。路堑边坡高度大于20 m时，其边坡形式及坡率应按挖方高边坡确定。

表2-12　土质挖方边坡坡度

土的类别		边坡坡率
黏土、粉质黏土、塑性指数大于3的粉土		1∶1
中密以上的中砂、粗砂、砾砂		1∶1.5
卵石土、碎石土、圆砾土、角砾土	胶结和密实	1∶0.75
	中密	1∶1

2）岩质路堑

岩质路堑边坡高度不大于30 m时，无外倾软弱结构面的边坡可根据岩体类型（Ⅰ～Ⅳ类）和风化程度，确定边坡坡率，见表2-13。对于有外倾软弱结构面的岩质边坡、坡顶边缘附近有较大荷载的边坡、边坡高度超过表2-13规定范围的边坡等，边坡坡率应按挖方高边坡规定，通过稳定性分析计算确定。

三、地基表层处理

地基表层是指路堤堤身底面以下原地面表面一定深度的土层，应视不同情况分别予以处理，以保证堤身稳固。

（1）稳定斜坡上地基表层的处理，应符合下列要求：

地面横坡缓于1∶5时，清除地表草皮、腐殖土后，可直接在天然地面上填筑路堤。

表2-13　岩质路堑边坡坡度

边坡岩体类型	风化程度	边坡坡率	
		$H<15$ m	15 m$\leq H<30$ m
Ⅰ类	未风化、微风化	1∶0.1～1∶0.3	1∶0.1～1∶0.3
	弱风化	1∶0.1～1∶0.3	1∶0.3～1∶0.5
Ⅱ类	未风化、微风化	1∶0.1～1∶0.3	1∶0.3～1∶0.5
	弱风化	1∶0.3～1∶0.5	1∶0.5～1∶0.75
Ⅲ类	未风化、微风化	1∶0.3～1∶0.5	—
	弱风化	1∶0.5～1∶0.75	—
Ⅳ类	弱风化	1∶0.5～1∶1	—
	强风化	1∶0.75～1∶1	—

地面横坡为1∶5～1∶2.5时，原地面应挖向内倾斜的台阶，倾斜的坡度为1%～2%，台阶宽度不应小于2 m。当基岩面上的覆盖层较薄时，宜先清除覆盖层，再挖台阶；当覆盖层较厚且稳定时，可予保留。

(2)地面横坡陡于1∶2.5地段的陡坡路堤，必须验算路堤整体沿基底及基底下软弱层滑动的稳定性，抗滑稳定系数不得小于路堤稳定安全系数；否则，应采取改善基底条件或设置支挡结构物等防滑措施。

(3)当地下水影响路堤稳定时，应采取拦截引排地下水或在路堤底部填筑渗水性好的材料等措施。

(4)应将地基表层碾压密实。在一般土质地段，高速公路、一级公路和二级公路基底的压实度(重型)不应小于90%；三级公路、四级公路不应小于85%。路基填土高度小于路面和路床总厚度时，应将地基表层土进行超挖、分层回填压实，其处理深度不应小于重型汽车荷载作用的工作区深度。

(5)在稻田、湖塘等地段，应视具体情况采取排水、清淤、晾晒、换填、加筋、外掺无机结合料等处理措施。当为软土地基时，应采取软土地基加固等相应措施。

第五节　路基附属构造设施

一般路基工程附属设施，除排水、防护支挡外，还有取土坑、弃土堆、护坡道、碎落台、堆料坪及错车道等。特殊地区路基附属设施还有多年冻土地区的保温护道、护脚，沙漠地区的阻沙障和聚风板，雪害地区的防雪林和防雪栅，泥石流地段的拦渣坝和停淤场等。所有这些，都是确保路基稳定性的有效措施。

一、取土坑与弃土堆

(一)取土坑

取土坑是指在道路沿线挖取土方填筑路基或用于养护所留下的整齐土坑。取土坑的边坡,内侧宜为1∶1.5,外侧不宜小于1∶1,见图2-12。路线外集中取土坑的设置,应根据各地段所需取土数量,并结合路基排水、地形、土质、施工方法等,作出统一设计。取土坑设置应符合下列规定:

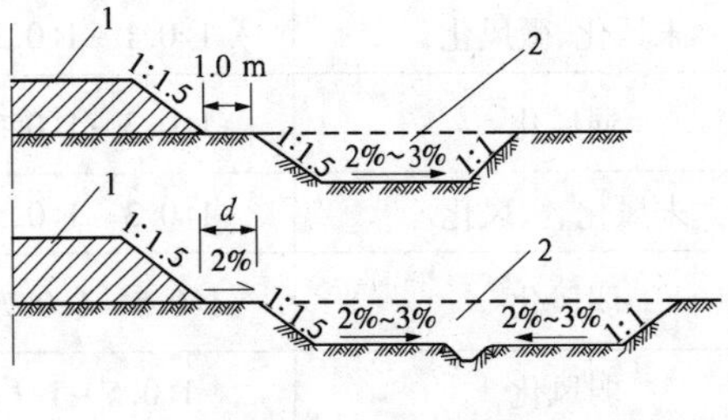

1—路堤;2—取土坑

图2-12　路基取土坑布置

(1)取土坑至路基之间的距离不得影响路基边坡稳定。

(2)桥头引道两侧不宜设置取土坑。

(3)兼作排水的取土坑,应确保水流通畅排泄,其深度不宜超过该地区地下水位,并应与桥涵进口高程相衔接;其纵坡不应小于0.2%,平坦地段亦不应小于0.1%。

(4)对取土坑应采取必要的排水、防护和绿化措施,避免水土流失。

(二)弃土堆

弃土堆指的是将开挖路基所废弃的土地放于道路沿线一定距离的整齐土堆,见图2-13。

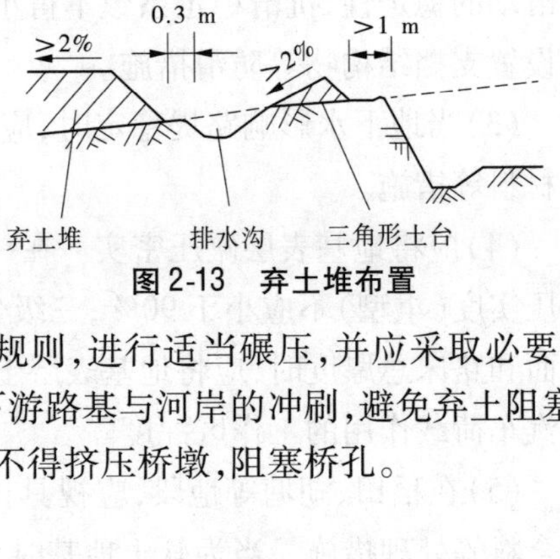

图2-13　弃土堆布置

路基弃土堆设计应与当地农田建设和自然环境相结合,并注意保护林木、农田、房屋及其他工程设施。公路路基设计应合理设置弃土堆,不得影响路基稳定及斜坡稳定。弃土堆应堆放规则,进行适当碾压,并应采取必要的排水、防护和绿化措施。沿河弃土时,应防止加剧下游路基与河岸的冲刷,避免弃土阻塞、污染河道,必要时应设置防护支挡工程。桥头弃土不得挤压桥墩,阻塞桥孔。

二、护坡道、边坡平台与碎落台

(一)护坡道

护坡道是为保护路基坡脚不受流水侵蚀,保证边坡稳定,而在路基坡脚与取土坑内侧坡顶之间预留的1~2 m以上甚至达4 m宽的平台。护坡道参见图2-8(b)、(e)。

护坡道有利于降低边坡平均坡度、保护边坡稳定,软土地段还有助于路基沉降均匀及路基整体稳定。但护坡道设置涉及土地占用及工程经济,应兼顾好稳定与经济合理性。二级以上公路路基高出地面2 m时,应加设宽1~2 m的护坡道,护坡道顶面应高出长期积水位0.5 m以上。

(二)边坡平台、碎落台

边坡平台是指当路基较高时,为保证边坡稳定,在边坡坡面上沿路基纵向做成的有一定宽度的平台,其宽度不小于 2 m。碎落台是指在路堑边坡坡脚与边沟外侧边缘之间或边坡上,为防止碎落物落入边沟而设置的有一定宽度的纵向平台。其宽度视边坡高度和土质而定,最小不得小于 1 m。碎落台设于挖方边坡坡脚处,保护边沟不被碎落的土石块堵塞,也兼起护坡道作用。碎落台布置见图 2-14。

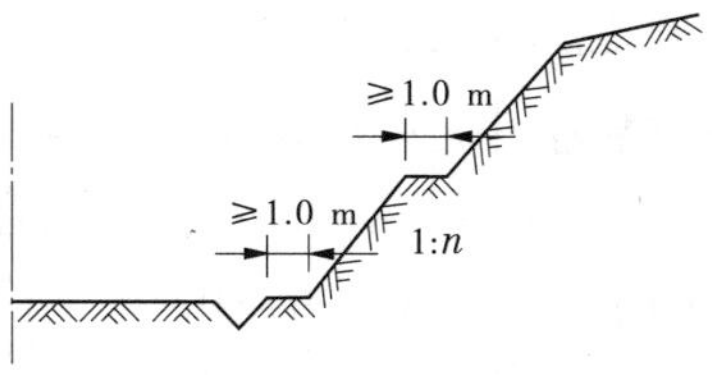

图 2-14　碎落台布置

当挖方边坡较高时,可根据不同的土质、岩石性质和稳定要求开挖成折线式或台阶式边坡,边沟外侧应设置碎落台,其宽度不宜小于 1.0 m;台阶式边坡中部应设置边坡平台,边坡平台的宽度不宜小于 2 m。

填石路堤边坡较高,可在中部设置边坡平台,其宽度为 1 ~ 3 m。红黏土或高液限土填方路堤,当填土高度大于 6 m 时,可设置边坡平台,其宽度不宜小于 2 m。

三、堆料坪与错车道

堆料坪是二级以下公路每隔 50 ~ 100 m 设置一个在路肩外侧的集料堆放场地,一般长 5.0 ~ 8.0 m,宽 2.0 m 左右。堆料坪布置见图 2-15。

错车道一般用于单车道四级公路会车或紧急避让之用,可每隔 200 ~ 500 m 设置一处,长度不小于 30 m,前后各有 10 m 的出入过渡段。单车道的路基宽度一般为 4.5 m,而错车道地段的路基宽度一般为 6.5 m,必须在路基设计时加以考虑。错车道布置参见图 2-16。

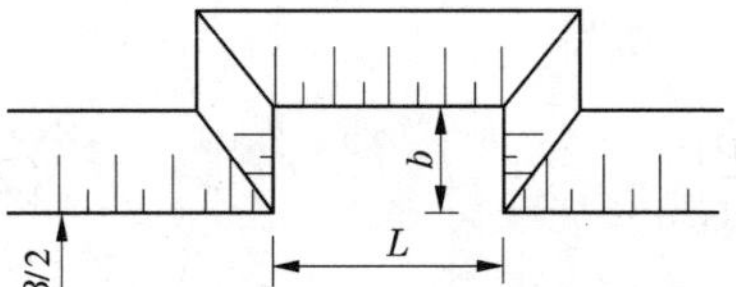

图 2-15　堆料坪布置

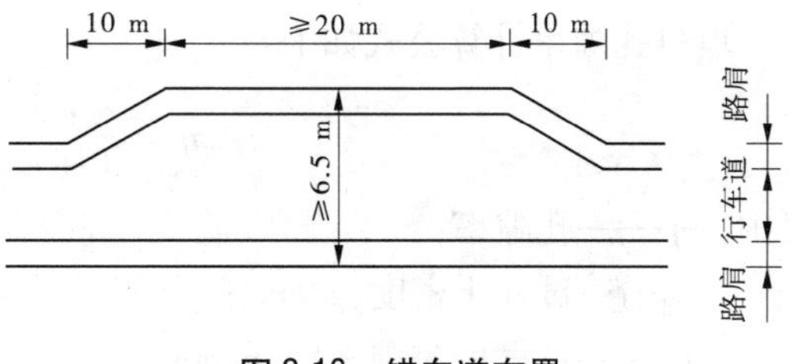

图 2-16　错车道布置

第六节　填石路堤

用填石料修筑公路路堤,应采取相应的技术措施,做好断面设计、结构设计和排水设计,保证填石路堤有足够的强度和稳定性,并具有可供铺筑路面的坚实基础。填石路堤在施工前,应通过试验路段,确定填石路堤合适的填筑层厚、压实工艺以及质量控制标准。膨胀性岩石、易溶性岩石、崩解性岩石和盐化岩石等均不应用于路堤填筑。

一、填石路堤的填料分类

根据石料饱和抗压强度指标,可将填石料分为硬质岩石、中硬岩石、软质岩石,见表 2-14。

表 2-14　岩石分类

岩石类型	单轴饱和抗压强度（MPa）	代表性岩石
硬质岩石	≥60	1. 花岗岩、闪长岩、玄武岩等岩浆岩类； 2. 硅质、铁质胶结的砾岩及砂岩、石灰岩、白云岩等沉积岩类； 3. 片麻岩、石英岩、大理岩、板岩、片岩等变质岩类
中硬岩石	30～60	
软质岩石	5～30	1. 凝灰岩等喷出岩类； 2. 泥砾岩、泥质砂岩、泥质页岩、泥岩等沉积岩类； 3. 云母片岩或千枚岩等变质岩类

二、填石路堤的主要控制指标

填石路堤的压实质量宜采用施工参数（压实功率、碾压速度、压实遍数、铺筑层厚等）、压实效果与压实质量检测联合控制。其中，压实效果是填石路基稳定的重要因素。填石路堤的压实，主要根据孔隙率来控制，并结合沉降差检测。

（一）孔隙率

孔隙率是孔隙体积占总体积的比值，以百分率表示。对于填石材料，采用孔隙率控制质量较为合适。采用孔隙率指标，可以不进行填料的最大干密度试验，对填石料的压实质量同样可以进行较好的控制。

填料孔隙率计算公式如下：

$$\eta = \frac{e}{1+e} = 1 - \frac{\rho_d}{G} \tag{2-14}$$

式中　η——孔隙率；

ρ_d——试样干密度，g/cm^3；

G——试样的表观密度，g/cm^3。

填石路堤可按照规定压实孔隙率（20%～25%）控制压实质量，见表 2-15，同时规定相应的碾压施工参数（压实功率、碾压速度、压实遍数、铺筑层厚等）。采用以上的压实孔隙率和相应的施工参数，并在施工中严加管理，可以满足其变形和稳定要求。填石路堤的施工参数对压实质量的影响大，必须对其进行质量监控。检测填料压实干密度或孔隙率，必须采用大坑（最大粒径的 1.5～2 倍）和水袋法进行。

表 2-15　填石路堤的孔隙率标准

分区	路面底面以下深（m）	硬质石料孔隙率（%）	中硬石料孔隙率（%）	软质石料孔隙率（%）
上路堤	0.8～1.50	≤23	≤22	≤20
下路堤	>1.50	≤25	≤24	≤22

(二)沉降差

填石路堤沉降差是压实前后量测的反映其平均压实沉降量的高差。

目前采用压实沉降差进行检测的较多。压实沉降差与碾压遍数以及填石料的压实干密度有很好的相关关系,在压实机具不变的情况下,可以较好地控制实际的压实遍数。但压实沉降差还应与施工工艺参数进行联合控制才能有效地控制填石路堤的压实质量。经过国内一些试验工程的总结,建议对压实沉降差检测采用如下标准:

压实沉降差为采用施工碾压时的重型振动压路机(建议 18 t 以上)按规定碾压参数(强振,4 km/h 以下速度)碾压两遍后各测点的高程差。压实沉降差平均值应不大于 5 mm,标准差不大于 3 mm。

在实际施工中沉降差的测定方法如下:以每个横断面的测量数据为基本分析单位,在对松铺层初平初压后,在同一横断面上选 7 ~ 11 点测量初始标高,终压完成后,在对应初始标高的测量点上测量终压标高,将终压标高减去初始标高并综合平均后,作为该断面的沉降差。

(三)分层厚度

填石路堤在施工前,应通过试验路段,确定填石路堤合适的填筑层厚。

在非岩石地基上,填筑填石路堤前,应按设计要求设过渡层。在填石料表面填筑土、粉煤灰等其他材料时,填石料顶面应无明显孔隙、空洞。在其他填料填筑前,填石路堤最后一层的铺筑层厚应不大于 400 mm,过渡层碎石料粒径应小于 150 mm,其中小于 0. 05 mm 的细料含量不应小于 30% 。在必要时,宜设置土工布作为隔离层。

第七节　粉煤灰路堤

粉煤灰路堤是指全部采用粉煤灰(纯灰)或部分采用粉煤灰(灰土间隔)填筑的公路路堤。目前工程上大多采用铝钙型的低钙粉煤灰填筑路堤。

用粉煤灰修筑公路路堤,应采取相应的技术措施,做好断面设计、结构设计和排水设计,保证粉煤灰路堤有足够的强度和稳定性。粉煤灰路堤应注意基底和边坡的稳定性,应采取相应的技术防护措施。其中以加强排水为主,严禁长期积水浸泡路堤基底。

用于高速公路、一级公路路堤的粉煤灰烧失量宜小于 20% ,烧失量超过标准的粉煤灰应做对比试验,分析论证后采用。粉煤灰其他试验指标如含水量、密度、液限、颗粒分析、化学成分、重金属含量等按照有关规范执行。

一、设计参数

(一)最大干密度和最佳含水量

粉煤灰使用前必须选择有代表性的试样进行击实试验,确定最大干密度和最佳含水量。粉煤灰的粒度成分是直接影响粉煤灰最大干密度和最佳含水量的主要因素之一。它与燃煤性质、煤粉细度、燃烧条件、收尘和输送方式等因素有关。同一灰池不同部位的试样差异较大,所以选择有代表性的试样进行测定甚为重要。

(二)黏结强度 C 和内摩擦角 φ

应通过试验测定粉煤灰的黏结强度 C 和内摩擦角 φ。粉煤灰的黏结强度 C 和内摩擦角 φ 是路堤稳定验算的重要指标,C、φ 值随粉煤灰种类、粒组成分、密实程度的不同而有较大变化。饱水后的 C、φ 值均有降低趋势,应重视饱水后粉煤灰 C、φ 值的测定和稳定性验算。

粉煤灰的渗透系数、压缩系数、毛细水上升高度宜通过试验确定。粉煤灰路堤设计回弹模量可选择为 35 ~ 40 MPa。

二、路堤横断面设计

粉煤灰路堤由路堤主体部分(粉煤灰)、护坡和封顶层(黏性土或其他材料)、隔离层、排水系统等部分组成。粉煤灰路堤结构示意图如图 2-17 所示。

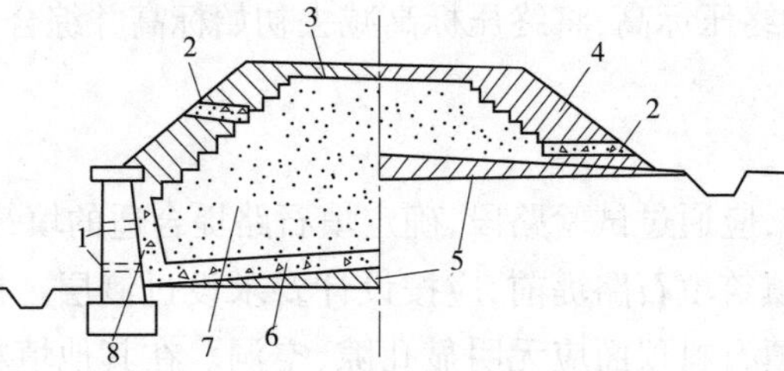

1—泄水孔;2—盲沟;3—封顶层;4—土质护坡;5—土质路拱;6—粒料隔离层;7—粉煤灰;8—反滤层

图 2-17 粉煤灰路堤结构示意图

粉煤灰路堤横断面设计要求如下:

(1)粉煤灰路堤的边坡和路肩应采取土质护坡保护措施。

(2)应根据施工季节和当地降雨量的大小,决定是否在土质护坡中设置排水渗沟,并应采取相应措施防止渗沟淤塞。

(3)粉煤灰路堤上路床范围应采用土质填筑,也可与路面结构层相结合,采用石灰土、二灰土等路面底基层材料作封顶层。

(4)隔离层起隔断毛细水的作用,应根据当地的地质、水文条件和地表积水情况决定。

据室内黏质土毛细水上升高度试验结果,隔离层一般在 0.40 ~ 0.60 m 范围内。因此,粉煤灰路堤底部应离开地下水位或地表长期积水位 500 mm 以上,否则应设置隔离层。隔离层厚度不宜小于 300 mm,隔离层横坡不宜小于 3%。为防止排水盲沟的淤塞,宜采用 200 ~ 400 g/m^2 的无纺土工织物做滤层,也可采用排水板作为横向排水通道。

(5)粉煤灰路堤的挡墙结构,应按挡土墙设计,并在墙体泄水孔进水口处设置反滤层。

(6)对于高度在 5.0 m 以上的路堤,应验算路堤自身的稳定性,其抗滑安全系数应满足路堤稳定安全系数的要求。高度在 5 m 及以下的粉煤灰路堤,可以不作稳定性验算和沉降计算。

粉煤灰路堤边坡坡率应视路堤高度而定:5 m 以下的路堤,边坡坡率应为 1∶1.5;5 m

以上的路堤，上部边坡坡率应为1∶1.5，下部边坡坡率应为1∶1.75。如受用地限制，下部可做路肩挡墙，视具体条件可适当减小边坡坡率。

第八节　路基拓宽与改建

公路路基拓宽与改建，是满足新时期公路建设需要的路基设计的重要内容。拓宽的路基与原有公路路基之间应保持良好的衔接，并采取必要的工程措施减小拓宽路基与原有公路路基之间的差异沉降，防止产生纵向裂缝。本节阐述原有路基状况调查与评价，高速公路、一级公路路基拓宽改建，二级及二级以下公路路基拓宽改建等设计技术要求。

一、原有路基状况调查评价

原有公路路基调查应采取资料收集、现场调查和勘探试验相结合的综合方法。

（一）原有路基填料试验项目

原有填方路堤和挖方路段路床土应进行下列试验：

（1）物理性质试验：天然含水量、天然密度、土粒相对密度、粒径组成、液限、塑限等。

（2）力学性质试验：重型击实、CBR、固结试验、直接快剪等。

在上述试验基础上，计算出干密度、最佳含水量、最大干密度、压实度、平均稠度、压缩系数、压缩模量等指标。

（二）原有路基现场测试

根据原有公路的路况，选择有代表性的路段，进行老路路基路面几何尺寸、弯沉、承载板测试，确定其回弹模量。

（三）原有路基分析评价

通过对原有路基的调查、勘探和试验，按照相关标准、规范要求对路基状况进行评价，主要评价内容如下：

（1）原有路基高程能否满足路基设计洪水频率规定。

（2）原有路基填料能否满足路基压实度和路基填料最小强度的要求。

（3）路基最小高度能否满足路床处于干燥、中湿状态的临界高度要求。

（4）路基边坡的稳定状态、各种防护排水设施的有效性及改进措施。

（5）原有路基病害的类型、分布范围、规模、成因，以及原有路基病害整治工程设施的效果，并提出路基病害整治措施。

对软土地区原有路堤的分析评价：分析原有路基的各种地基处理路段的软土地基固结度、固结系数、压缩变形发展规律和抗剪强度增长规律，确定原有路基的各种地基处理路段的软土地基固结度和剩余沉降值（包括主固结和次固结）；分析评价原有软土地基处理方法的效果及其改进措施；分析评价拓宽改建路基与原有路基之间的稳定性和差异沉降、拓宽改建路基对原有路基稳定和沉降的影响程度，确定新拼接或增建路基软土地基处理措施。

二、高速公路、一级公路路基拓宽改建

原有路基的拓宽改建，二级及二级以下公路的各项技术方法和要求大多适用于高速

公路、一级公路。但是也有区别，应注意以下几点：

(1)地基处理、路基填料、边坡稳定、防护排水设施应综合设计，并与交通工程、路面排水系统设计相协调。

(2)当路堤高度超过 3 m 时，可在新老路基间横向铺设土工格栅，以提高路基的整体性。

(3)软土地基上原有路基拓宽设计应符合特殊路基设计有关规定，并满足下列要求：

①路基拼接时，应控制新老路基之间的差异沉降，原有路基与拓宽路基的路拱横坡度的工后增大值不应大于 0.5%。

②当原软土地基采用排水固结法处理时，拓宽路基不得降低原有路基的地下水位。对于鱼(水)塘、河流、水库等路段，需要排水清淤时，必须采取防渗和隔水措施后方可降水。

③与桥梁、涵洞、通道等构造物相邻拓宽路段或原有路基已基本完成地基沉降的路段，路基拓宽范围的软土地基处理宜采用复合地基，不宜采用排水固结法的处理措施。

④新老路基分离设置，且距离较近(小于 20 m)时，可采用设置隔离措施或对新建路基地基予以处理，减小新建路基对原有路基的沉降影响。

(4)水文不良地段的原有路基，应结合路基路面拓宽改建设计，增设排水垫层或地下排水渗沟等。

(5)利用二级及二级以下公路拓宽改建为高速公路、一级公路时，若原有路基土的强度和压实度不能满足要求，应对原有路基进行土质改良或者挖除原有路基路面后重新填筑。

高速公路、一级公路路基拓宽改建设计应考虑维持施工期临时行车的过渡措施，若高速公路拓宽施工期不能封闭交通，设计应考虑行车与施工安全性。岩石挖方路段，应采取光面爆破或预裂爆破方法，以及相关防护措施。

三、二级及二级以下公路路基拓宽改建

公路路基的拓宽改建应根据公路等级、技术标准，结合当地地形、地质、水文、填挖情况选择适宜的路基横断面型式。公路路基高程、路基最小填土高度、土基回弹模量要求、拓宽路基的地基处理、路基基底处理、路基填料的最小强度和压实度等应满足改建后相应等级公路的技术规范要求，具体要求和本章前述各章节基本相同，这里不再叙述。

二级公路改建时，可根据需要采用冲击碾压或强夯等进行增强补压，以消减新老路基拼接拓宽的差异变形。

路基拓宽改建设计如下：

(1)拓宽改建路堤的填料，宜选用与原有路堤相同且符合要求的填料，或较原有路堤渗水性强的填料。当采用细粒土填筑时，应注意新老路基之间排水设计，必要时可设置横向排水盲沟，以排除路基内部积水。

(2)拓宽原有路堤时，应在原有路基坡面开挖台阶，台阶宽度不应小于 1.0 m；当加宽拼接宽度小于 0.75 m 时，可采取超宽填筑或翻挖原有路基等工程措施。

(3)路堤拓宽和挖方路基拓宽，边坡形式和坡度应按本章第四节相关规定选用。

(4)原有挖方边坡病害经多年整治已趋稳定的路段，改建时应减少拆除工程，不宜触

动原边坡。

(5)病害路基改建应根据病害类型、特征、成因及危害程度,结合当地气象、水文地质、工程地质等因素,采取相应的整治措施。

(6)因抬高或降低路基、改移中线而引起既有构造物改动地段,当既有支挡建筑物使用良好时,宜保留。经查明既有建筑物无明显损害,且强度及稳定性满足改建要求时,应全部利用;若部分损坏或不满足改建要求,可加固利用、改建或拆除重建。加固利用的既有建筑物,新、旧混凝土或砌体应紧密连接,形成整体。

思考题

1. 路基土的分类依据是什么? 土的名称如何确定?

2. 简要说明土的工程分类方法,以及各类土的工程性质。

3. 分析路基干湿类型的划分方法。

4. 什么是土基回弹模量? 如何用承载板法、弯沉仪法测定土基回弹模量?

5. 什么是路堤、路堑和半挖半填路基? 如何确定路基高度、路基宽度?

6. 路基边坡坡率的设计方法是什么?

7. 填石路堤控制指标有哪些?

8. 粉煤灰路堤的构造组成和设计要求有哪些?

9. 高速公路路基拓宽改建的要求有哪些?

实训题

1. 请结合本章内容和《公路土工试验规程》(JTG E40—2007)分析河北省某公路路基土,其粒径小于2 mm 的颗粒占试样的84.9%,小于0.075 mm 的颗粒占53.1%,液限30.4%,塑限23.1%,塑性指数7.3,如何确定土的名称? 并进一步分析此类土的性质和使用要求。

2. 根据黄河 JN150 和黄河 JN162 的汽车参数,分析计算其路基受理工作区的范围。

3. 河北某新建公路路基,自然区划为$Ⅱ_4$区,黏性土,设计路基顶面标高12.35 m,自然地面标高8.65 m,地下水位7.20 m,判断此路基的湿度状况属于哪一类型,并进一步判断预估土基回弹模量值是多少。

4. 根据本地区(如京沪高速公路沧州段)公路项目实际,分析说明公路路基所涉及的主要型式以及所包含的构造设施,写出调查分析报告。

5. 某地区二级公路,设计速度80 km/h,该地段资源粗粒土,填土高度6.5 m,试确定该路基宽度组成和边坡坡率的设计值。

第三章　公路排水设计

学习目标

掌握路基、路面排水设施的构造与作用，熟悉排水设施的布置和路基排水综合设计的基本要求。

公路排水主要包括路界地表排水、路面内部排水、地下排水以及构造物和下穿管道等的排水。

水是造成路基病害的主要因素之一，路基强度和稳定性同水的关系十分密切；路界表面的路面、中央分隔带和边坡坡面的水，以及路面内部结构渗入水分影响到路基路面整体结构，必须有效及时排除，以防影响路基路面的强度和稳定性。路基路面排水设施，通常一种设施兼有排除地表水和地下水两种功能，因此应综合考虑。本章根据《公路路基施工技术规范》(JTG F10—2006)和有关公路排水设计的规范标准等内容要求，重点阐述路基、路面常用的地面排水设施和地下排水设施的构造及要求。

第一节　地表排水设施的构造与布置

常用的路基地面排水设施，包括边沟、截水沟、排水沟、跌水与急流槽等，必要时还有渡槽、倒虹吸及积水池等。这些排水设备，分别设在路基的不同部位，各自的排水功能、布置要求或构造形式，均有所差异。路基地表排水设施的流量计算，对高速公路、一级公路应采用15年，其他等级公路应采用10年重现期内任意30 min的最大降雨强度(分钟)。各类地表水沟沟顶应高出设计水位0.2 m以上。

一、边沟

边沟一般在路堑、矮路堤、零填零挖路基及陡坡路堤边缘外侧或坡脚外侧，以及路基边缘高度小于边沟深度的地方均应设置。其作用主要是用来汇集和排除流向路基范围内的少量地表水。当边沟流量不大时，一般不需要进行水力水文计算，可直接套用标准横断面形式；当边沟流量较大时，断面则应根据水力计算确定。

(一)边沟的横断面形式

边沟的横断面形式有梯形、矩形、三角形及流线形等，见图3-1。原地面属于土质时，可采用梯形断面；原地面属于石质时，可采用矩形断面；在矮路堤施工或采用机械化施工时，可采用三角形断面；在防积沙和积雪路段，可采用流线形边沟，并可改善道路的景致，使其美观、舒顺。

(二)边沟的断面尺寸

高速公路、一级公路边沟的底宽、深度不应小于0.6 m，其他等级公路不应小于0.4

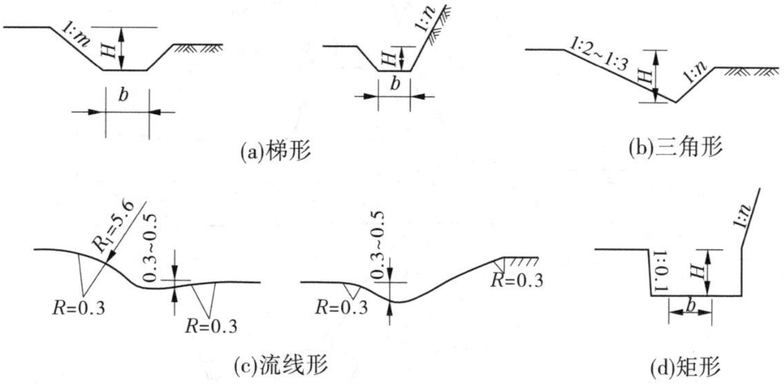

图 3-1　边沟的横断面形式示意图　(单位:m)

m。当流量较大时,可根据水流量的大小加大沟断面尺寸。

梯形边沟的内侧边坡一般为1:1~1:1.5,岩石边坡一般为1:0~1:0.5,浆砌石边沟内侧边坡可直立,三角形边沟内侧边坡一般为1:2~1:3。各种沟渠外侧边坡与挖方边坡一致。

(三)边沟的纵坡与长度

边沟的纵坡宜与路线的纵坡相一致,并不宜小于0.3%,以防淤积,困难情况下容许减小至0.1%。路线纵断面设计时,为兼顾边沟的设置,在横向排水不畅路段及各级公路的长路堑路段,均应采用不小于0.3%的纵坡。路堑边沟的水流,不应流经隧道排出。

边沟的水应顺势排至低洼地段或天然河流。受地形的限制时,为防止水流漫溢或冲刷,沟的单向排水长度一般不宜超过300~500 m。若超过此值,则添设排水沟和涵洞,将水引出路基范围以外。

(四)边沟出水口处理

为防止冲刷,目前常采用排水沟、跌水或急流槽将汇集的水引至低洼地、天然河流处。水流的冲刷过度,或使桥涵进口淤塞,或有冲毁构造物的危险,必须采取加固措施予以解决。

在路堑与高路堤衔接处的边沟排水,由于边沟泄出水流流向路堤坡脚处,两者高差大,必须因地制宜,根据地形与地质等具体条件,将出水口延伸至坡脚以外,以免边沟水冲刷填方坡脚,如图3-2所示。

二、截水沟

截水沟(又叫天沟),在挖方路基的坡顶截水沟应设置在坡顶以外,并宜结合地形进行布设,在填方路基上侧的路堤截水沟距填方坡脚的距离应不小于2 m。在多雨区,视实际情况可设一道或多道截水沟,其作用是拦截路基上方流向路基的地表水流,保护挖方边坡和填方坡脚不受水流冲刷。

在路堑段挖方边坡上方设置的截水沟,距边坡顶水平距离不小于5.0 m,土质不良地段可取10.0 m或更大,如图3-3所示。截水沟下方一侧,可堆置挖沟的土方,要求做成顶部向沟倾斜2%的土台。路堑上方设置弃土堆时,截水沟的位置及断面尺寸,如图3-4所示。

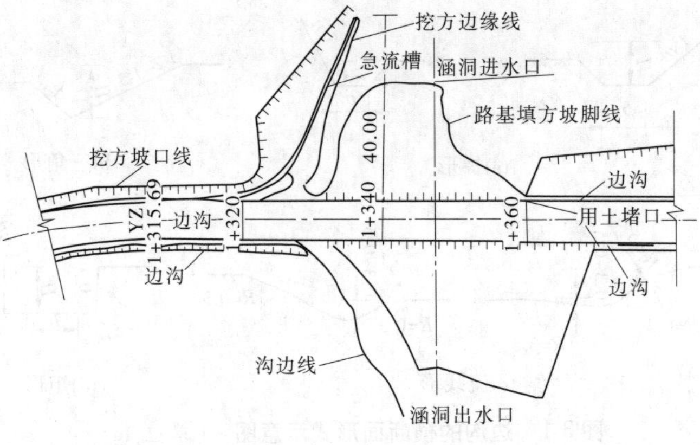

图 3-2　路堑与高路堤的边沟出口布置图

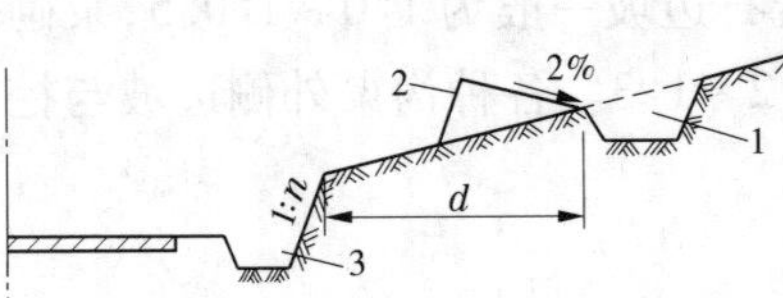

图 3-3　挖方路段截水沟示意图

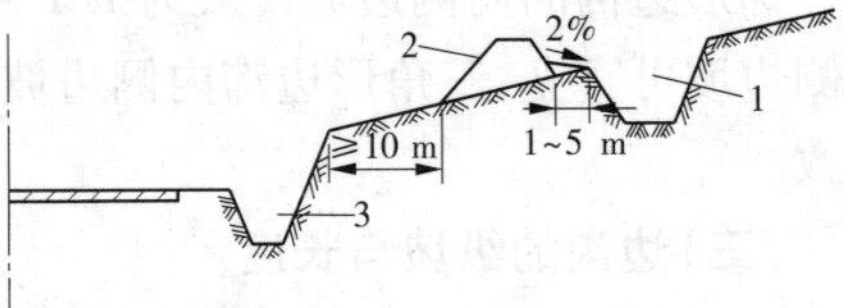

图 3-4　挖方路段弃土堆与截水沟关系图

山坡填方路段可能遭到上方水流的破坏作用,此时必须设截水沟,以拦截山坡水流,保护路堤。如图 3-5 所示,截水沟与坡脚之间要有不小于 2.0 m 的间距,并做成 2% 的向沟侧倾斜的横坡,确保路堤不受水害。

1—土台;2—截水沟

图 3-5　填土路段上的截水沟示意图

截水沟的出水口,可与排水沟或跌水、急流槽相连接,将水引至山坡一侧的自然沟中或桥涵进水口处。截水沟的横断面形式一般为梯形。其边坡坡率,因岩土条件而定,常采用 1∶1 ~1∶1.50 为保证迅速排除地面水,一般情况下沟底纵坡不宜小于 0.3% ,如图 3-6 所示。

沟底宽度 b 不小于 0.5 m,沟深 h 按设计流量而定,亦不应小于 0.5 m。

为尽快截住上方的水流,截水沟的布置应尽可能与水流的方向垂直。

截水沟在转弯处应以曲线相连,使水流畅通。为防止水流的冲刷和渗漏,在土质松软、透水性较大或裂隙较多的岩石路段、沟底纵坡较大的土质截水沟,应对沟渠进行加固,必要时设跌水或急流槽。沟底应具有 0.5% 以上的纵坡,沟底和沟壁要求平整密实、不滞

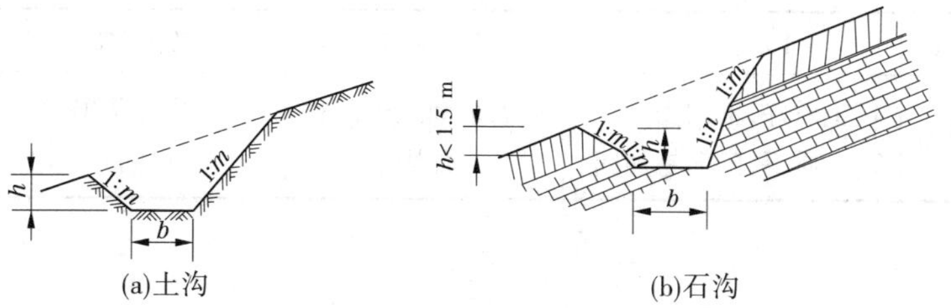

图 3-6　截水沟的横断面图例

流、不渗水，必要时予以加固和铺砌。截水沟的长度以 200～500 m 为宜。

三、排水沟

排水沟的主要作用在于引水，将路基范围内各种水源的水流（如边沟、截水沟、取土坑、边坡和路基附近积水），引至桥涵或路基范围以外的指定地点。当路线受到多段沟渠或水道影响时，为保护路基不受水害，可以设置排水沟或改移渠道，以调节水流，整治水道。

排水沟的横断面形式一般采用梯形，边坡坡率为 1∶1～1∶1.5，其尺寸大小应根据设计流量计算选定，底宽和深度均不宜小于 0.5 m。

排水沟的布置可根据需要并结合当地地形条件而定，距路基尽可能远一点，一般距路基坡脚不宜小于 3～4 m。沟底纵坡不宜小于 0.3%，纵坡大于 3% 时沟渠应进行加固，大于 7% 时则必须设跌水或急流槽。其连续长度一般不宜超过 500 m，线形要求平顺、通畅，需要转弯时可做成弧形，其半径尽量采用较大值，不宜小于 10～20 m。排水沟水流注入其他沟渠或水道时，应使原水道不产生冲刷或淤积。通常应使排水沟与原水道两者成锐角相交，夹角不大于 45°，有条件时可用半径 $R=10b$（b 为沟顶宽）的圆曲线朝下游与其他水道相接，如图 3-7 所示。

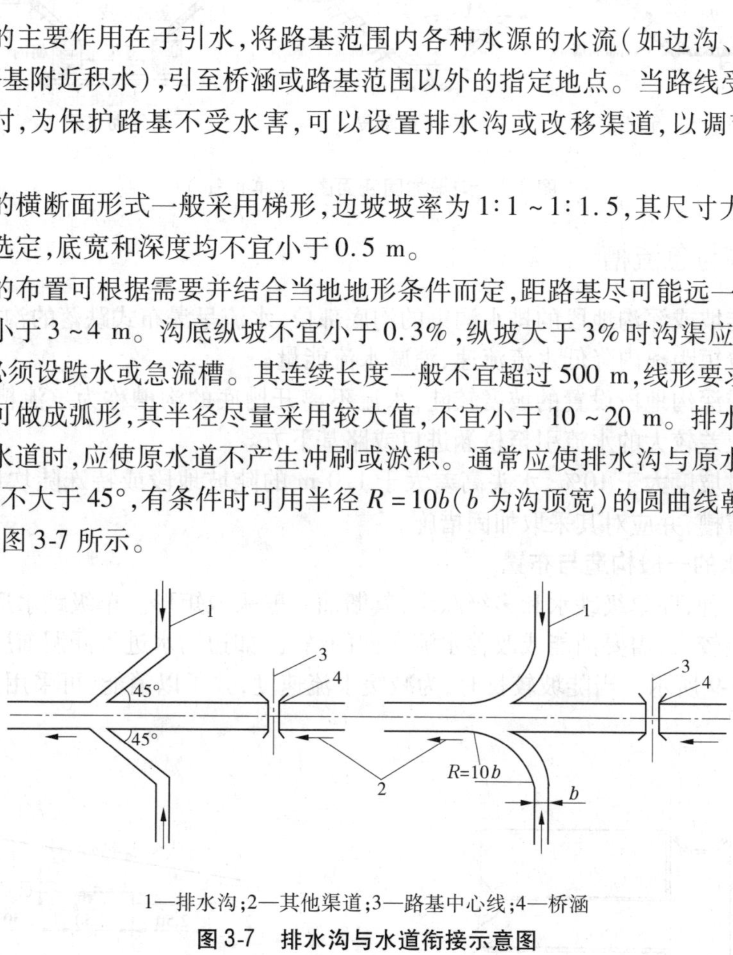

1—排水沟；2—其他渠道；3—路基中心线；4—桥涵

图 3-7　排水沟与水道衔接示意图

沟渠加固类型与沟底纵坡有关，参见表 3-1（也适用于边沟和截水沟）。沟渠加固断面及构造采用平铺草皮、竖铺草皮和水泥砂浆抹平层等简易处理方法，也可采用石灰三合土抹平层、干砌片石、浆砌片石、混凝土预制块等处理方式，参见图 3-8。

表 3-1　加固类型与沟底纵坡关系

纵坡	<1%	1% ~3%	3% ~5%	5% ~7%	>7%
加固类型	不加固	1. 土质好，不加固 2. 土质不好，简易加固	简易加固或干砌式加固	干砌式或浆砌式加固	浆砌式加固或改用跌水

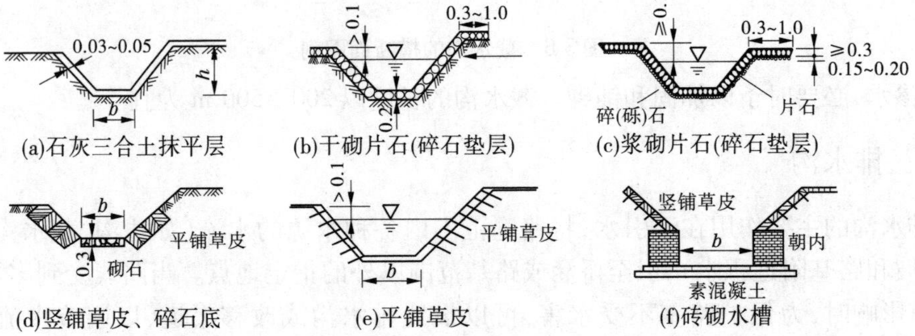

图 3-8　沟渠加固断面图　(单位:m)

四、跌水与急流槽

设置在陡坡或深沟地段的排水沟渠的沟底部位，水流呈瀑布式跌落的沟槽称为跌水。其作用是在较短距离内降低水流流速，消减水流能量。

在陡坡或深沟地段设置的坡度较陡，水流不离开槽底的沟槽称为急流槽。其作用是将上下游水位差较大的水流引至桥涵进口或路基下方。

水流通过坡度大于10%、水头高差大于 1.0 m 的陡坡地段或特殊陡坎地段时，宜设置跌水或急流槽，并应对其采取加固措施。

(一)跌水的一般构造与布置

跌水分两种，即单级跌水和多级跌水，其断面一般采取矩形。单级跌水适用于连接沟渠的水位落差较大，需要消能或改善水流方向的情况，如边沟水进入涵洞前所设置的单级跌水井如图 3-9 所示。当陡坡较长时，为减缓水流速度，并予以消能，可采用多级跌水，如图 3-10 所示。

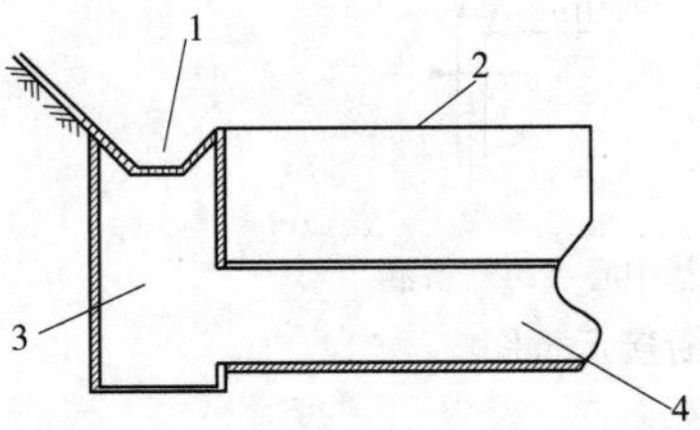

1—边沟;2—路基;3—跌水井;4—涵洞

图 3-9　边沟与涵洞单级跌水连接图

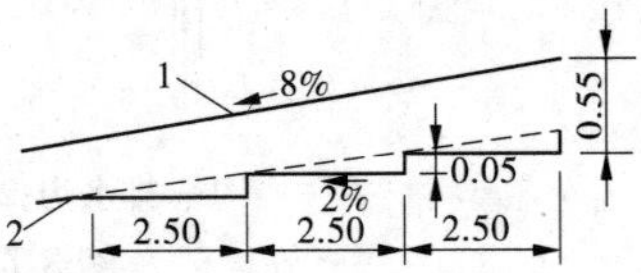

1—沟顶线;2—沟底线

图 3-10　多级跌水纵剖面图　(单位:m)

其构造分为进水口、消力池和出水口三部分，见图 3-11。

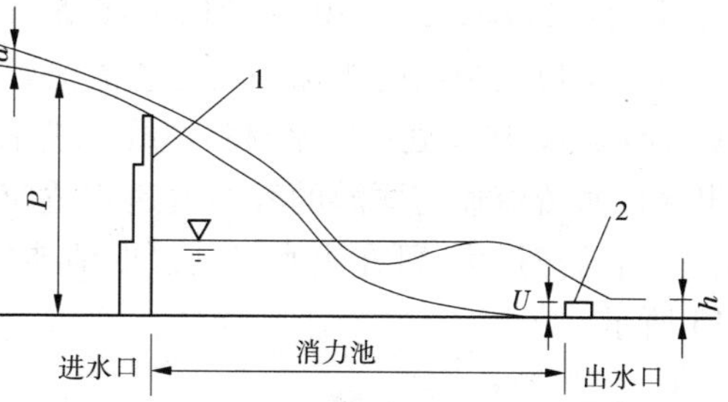

1—护墙；2—消力槛

图 3-11　跌水构造示意图

一般情况下，如果地质条件良好，地下水位较低，设计流量小于 1.0 ~ 2.0 m^3/s，跌水台阶（护墙）高度 P 最大不超过 2.0 m，常用简易多级跌水，P 值为 0.3 ~ 0.6 m，每阶高度与长度之比一般应大致等于地面坡度。护墙要求石砌或混凝土浇筑。墙基埋置深度为水深以上的 1.0 ~ 1.2 倍，并不得小于 1.0 m，且埋入冰冻线以下；石砌墙厚不小于 0.4 m，混凝土为 0.25 ~ 0.30 m。消力池起消能作用，要求坚固耐用，槽底有 2% ~ 3% 的纵坡，底厚 0.25 ~ 0.4 m，槽底高出计算水深以上 0.2 m，壁厚与护墙相类似；消力池末端设消力槛，其高度 U 依计算而定，应比池内水深低些，为 0.2 ~ 0.3P，一般取 0.15 ~ 0.20 m；槛顶厚度为 0.3 ~ 0.4 m，底部预留 50 ~ 100 mm 孔径的泄水口，间距 1 ~ 2 m，以便断流时池内不致积水。跌水两端的土质沟渠，宜适当加固，确保水流畅通，不致使跌水产生淤塞或冲刷。

（二）急流槽的一般布置和构造

为在较短距离达到降速、消能的作用，且其纵坡比跌水的平均纵坡更陡，因此要求急流槽的结构坚固、稳定、耐用。急流槽断面一般采用矩形或梯形，一般要求使用石砌或混凝土修筑，也可在岩石坡面上开槽。临急使用时，可用竹木结构做成竹（木）槽。

急流槽的结构由进水口、槽身和出水口三部分组成，如图 3-12 所示。

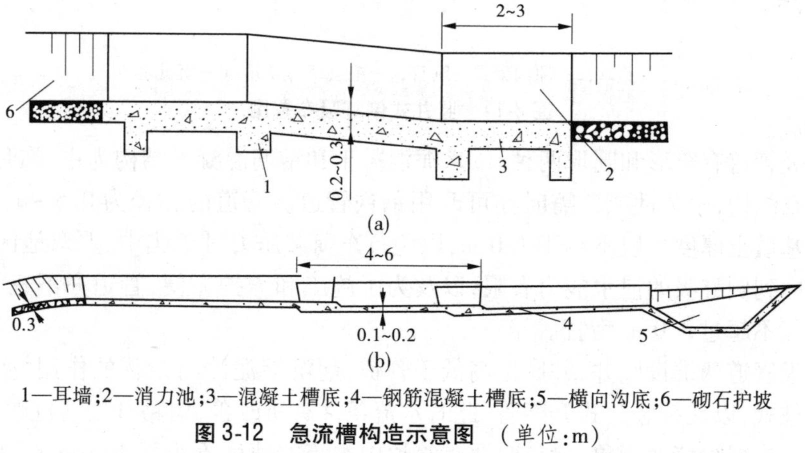

1—耳墙；2—消力池；3—混凝土槽底；4—钢筋混凝土槽底；5—横向沟底；6—砌石护坡

图 3-12　急流槽构造示意图　（单位：m）

急流槽的主要尺寸由水力计算而定。若设计流量小于 1.0 m^3/s 及槽底纵坡为 1:1 ~ 1:1.5，也可参照经验使用。急流槽的纵坡一般不宜超过 1:2。槽壁厚度：浆砌块石为 0.3 ~

0.4 m,混凝土为0.2 ~0.3 m。槽底厚度为0.2 ~0.4 m,水槽壁应高出计算水位至少0.2 m,每隔1.5 ~2.5 m设一平台或每隔2.5 ~5.0 m设0.3 ~0.5 m深的耳墙(凸榫)嵌入基底,以防止滑动。进水口与出水口应予以防护加固。若急流槽较长,应分段砌筑,每段长度不宜超过5 ~10 m,预留伸缩缝,接头处用防水材料填缝。进水口与槽身连接处因断面不同需设过渡段,为使出水口水流流速与下游的容许流速相适应,槽底可采用几个坡度,上坡较陡,向下逐渐放缓。若流速过大,可在出水口处采取消能措施,如设置消力池或与跌水联合使用,如图3-13所示。

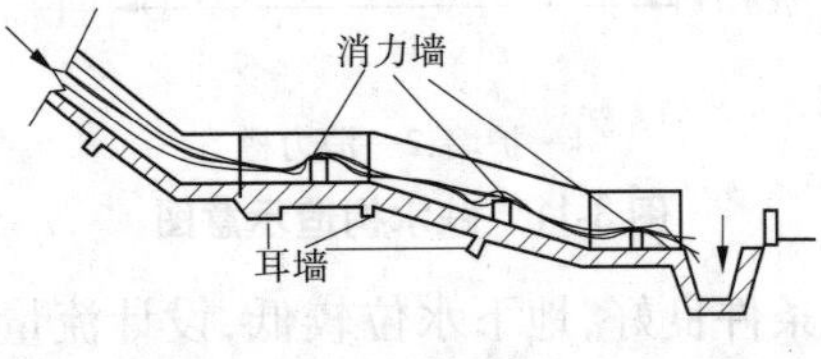

图3-13　急流槽与跌水联合使用

五、倒虹吸与渡水槽

当水流需要横跨路基,同时受到设计标高的限制,可以采用管道或沟槽,从路基底部或上部架空跨越。前者称为倒虹吸,后者称为渡水槽,分别相当于涵洞和渡水桥,两者属于路基地面排水的特殊结构物,并且多数是配合农田水利所需而采用。

(一)倒虹吸

倒虹吸的设置往往是因路基横跨原有沟渠,且沟渠水位高于路基设计标高,不能按正常条件下设置涵洞,此时采用倒虹吸是可行的方案之一,图3-14是其布置图的一种。

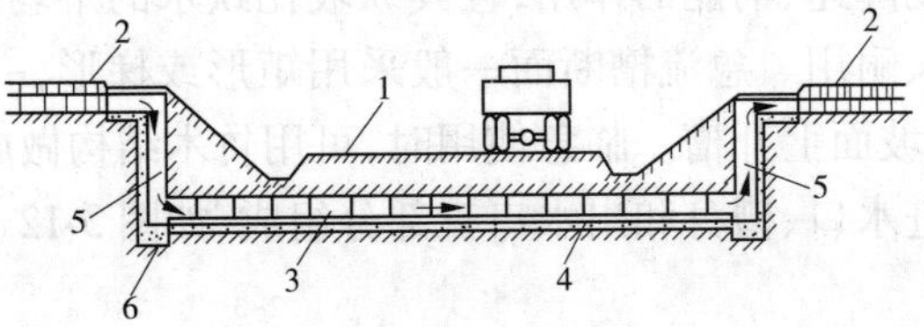

1—路基;2—原沟渠;3—洞身;4—垫层;5—竖井; 6—沉淀池

图3-14　竖井式倒虹吸布置图

倒虹吸管道有箱形和圆形两种,以水泥混凝土和钢筋混凝土结构为主,临时性简易管道可用砖石结构,永久性或急需时亦可改用钢铁管道。管道的孔径为0.5 ~1.5 m,管道附近的路基填土厚度一般不小于1.0 m,以免行车荷载压力过于集中,严寒地区亦可赖以防冻。考虑到倒虹吸的泄水能力有限,以及为了施工和养护方便,管道亦不宜埋置过深,以填土高度不超过3.0 m为宜。

倒虹吸管道两端设竖井,井底标高低于管道,起沉淀泥沙与杂物的作用,亦可改用斜管式或缓坡式,以代替竖井式升降管,此时水流条件有所改善,但路基用地宽度增大,管道长度增加。为减少堵塞现象,设计时要求管道内水流的速度不小于1.5 m/s,并在进口处设置沉沙池和拦泥栅。

(二)渡水槽

渡水槽相当于渡水桥。原水道与路基设计标高相差较大时,如果路基两侧地形有利,或当地确有必要,可设简易桥梁,架设水槽或管道,从路基上部跨越,以沟通路基两侧的水流。

渡水槽由进出水口、槽身和下部支承三部分组成,其中进出水口段的构造,参见图 3-15。

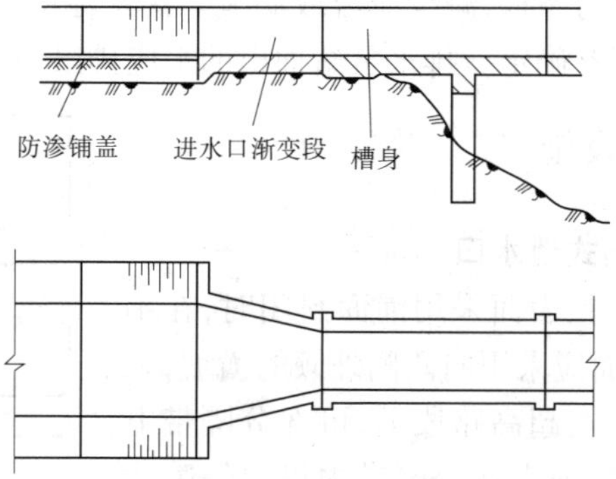

图 3-15 渡水槽进水口布置图

为降低工程造价,槽身过水横断面一般均较两端的沟渠横断面小,槽中水流速度相应有所提高,因此进出水口段应注意防止冲刷和渗漏。进出水口处设置过渡段,根据土质情况,分别将槽身两端伸入路基两侧地面 2 ~ 5 m,而且进出水口过渡段宜长一些,以防淤积。如果主槽较短,可取槽身与沟渠的横断面相同,沟槽直接衔接,可不设过渡段。水流横断面不同时,过渡段的平面收缩角为 10° ~ 15°,据此可确定过渡段的有关尺寸。与槽身连接的土质沟渠,应予防护加固,其长度至少是沟渠水深的 4 倍。

六、蒸发池

蒸发池是指在气候干燥地区排水困难地段,在公路两侧每隔一定距离,为汇集边沟流水任其蒸发所设置的积水池。一般蒸发池边缘距路基边缘距离应以保护路基的稳定和安全为原则,并不应小于 5 m,湿陷性黄土地区不得小于湿陷半径,且池中设计水位应低于排水沟的沟底。池的容积按汇水流量确定,一般应以一个月内路基汇流入池中的雨水能及时完成渗透与蒸发作为设计依据。池深可达 1.5 ~ 2.0 m。池周围可用土埂围护,防止其他水流进入池内,如图 3-16 所示。蒸发池应视其具体情况采取适当的防护加固措施,并注意其设置不应使附近地面盐渍化或沼泽化。

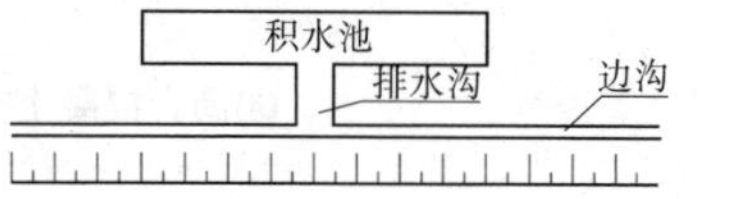

图 3-16 蒸发池平面布置

七、油水分离池

路基排水沟出口位于水质敏感区,且所排污水水质不满足《污水综合排放标准》(GB 8978—1996)中的规定时,可设置油水分离池。

油水分离池的大小应根据所在路段排水沟汇入水量确定,并保证流入分离池的油水能有足够的时间分离或过滤净化。污水进入油水分离池前,应通过格栅和沉淀处理。

八、排水泵站

排水泵站用于排出无法自流排出的路基汇水,包括集水池和泵房。集水池的布置应考虑改善水泵吸水管的水力条件,减少滞流或涡流。集水池的大小,应根据汇水量、水泵能力和水泵工作情况等因素确定。排水泵站抽出的水应排出公路用地范围之外。

九、路面专用排水设施

(一)中央分隔带格栅式泄水口

分隔带宽度小于3 m且表面采用铺面封闭时,在不设超高路段上,分隔带铺面应采用向两侧外倾的横坡,采用横向漫流的方式排水。在超高路段上,可在分隔带上侧边缘处设置缘石泄水口,或者在分隔带内设置缝隙式圆形集水管或碟形混凝土浅沟和泄水口,以拦截和排泄上侧半幅路面的表面水,如图3-17所示。缘石过水断面的泄水口可采用开口式、格栅式或组合式;碟形混凝土浅沟的泄水口采用格栅式。

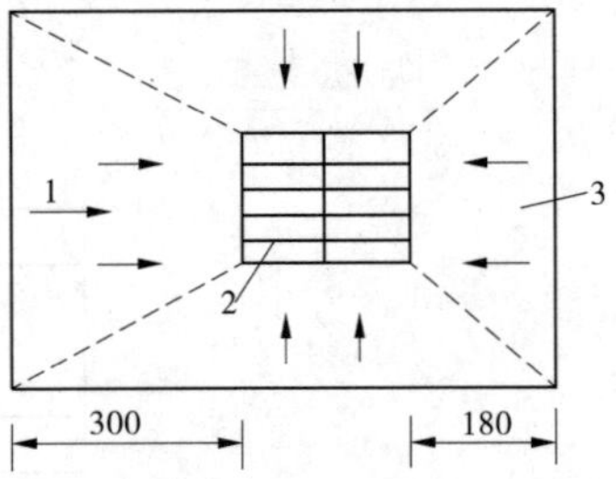

1—上游;2—格栅;3—低凹区

图3-17 中央分隔带下设排水渗沟示意 (单位:cm)

(二)路肩拦水带

在路堤较高,边坡坡面未做防护而易遭受路面表面水流冲刷,或者坡面虽已采取防护措施但仍有可能受到冲刷时,应沿路肩外侧边缘设置拦水带,汇集路面表面水,然后通过泄水口和急流槽排离路堤,如图3-18所示。

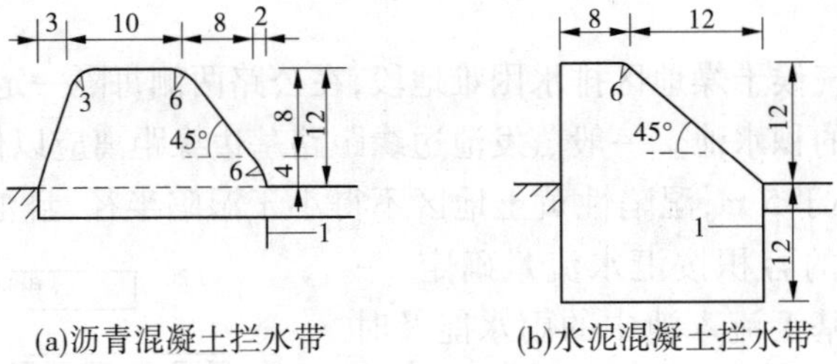

1—硬路肩边缘

图3-18 拦水带横断面参考尺寸 (单位:cm)

第二节 地下排水设施的构造与布置

地下排水设施,是具有拦截、汇集、排除地下水或降低地下水位,或能兼排地面水的结构物。公路路基常用的地下排水设备有暗沟、渗沟、渗水井、仰斜式排水孔等,若有流量较大的地下水或地面水,应设置专用地下管道予以排除。

由于地下排水设施设置于地面以下，不易维修，建成后难以查明失效情况，因此在施工及质量检测过程中应严格按设计要求，并注重平常的养护，以免结构失效而后患无穷。

一、暗沟

暗沟是设在地面以下引导水流的沟渠，无渗水和汇水的作用。

（一）暗沟的作用与设置

暗沟的主要作用是把路基范围内的泉水或渗沟所拦截、汇集的水流等集中，排到路基范围之外。市区街道污水管或雨水管以及高速公路、一级公路中央分隔带有雨水浸入时，在其转弯处，通过雨水口将路面水引入暗沟（管），排到路基范围之外。

（二）暗沟的构造及施工注意事项

暗沟属隐蔽工程，应注意施工，避免失效。暗沟应在路基填土前或开挖后，按照泉眼范围及流量的大小或渗沟汇集的水流情况，确定断面尺寸，如图 3-19 所示。

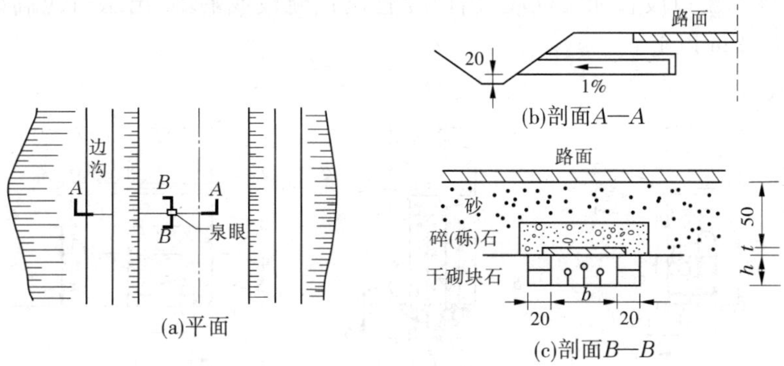

图 3-19　暗沟结构示意图　（单位：cm）

暗沟可分成洞式和管式两大类。沟宽或管径 b 按泉眼范围或流量大小确定，一般为 200～300 mm，净高 h 约为 200 mm。

暗沟的沟底纵坡宜不小于 1%，条件困难时亦不得小于 0.5%，出水口处应加大纵坡并应高出地表排水沟常水位 0.2 m 以上。寒冷地区的暗沟，应作防冻保温处理或将暗沟设置在冻结深度以下。施工时宜由下游向上游施工，并应随挖、随撑、随填。

二、渗沟

（一）渗沟的作用和适用范围

采用渗透方式来汇集、拦截并排出流向路基的地下水，使路基不因地下水产生病害的地下排水设施成为渗沟。渗沟是公路路基最常见的一种地下排水沟渠，根据地下水分布情况，可设置在边沟、路肩范围之外，使路基土保持干燥，不致因地下水成害。当地下水埋藏较浅或有固定含水层时，亦可根据地下水的分布在边沟、路肩、路基中线以下或路基上侧山坡适当的位置设置渗沟。

图 3-20 为一侧边沟下面所设的渗沟，其作用是拦截流向路基的层间水，防止路基边坡滑坍和毛细水上升危及路基的强度与稳定性。

图 3-21 是路基两侧边沟下面均设渗沟，用于降低地下水位，减少路基工作区的水分，

避免水分积聚造成道路冻胀和翻浆，降低路基土的强度。

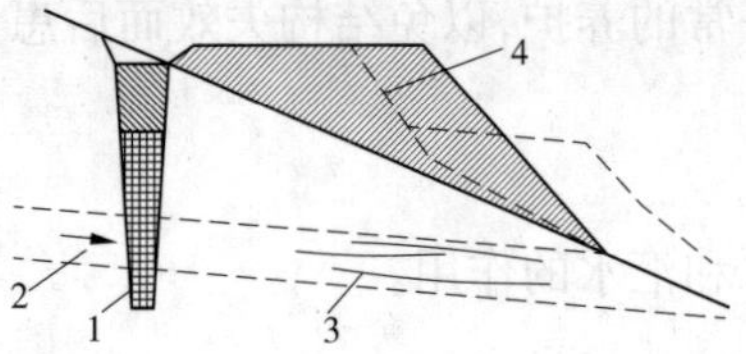

1—渗沟；2—层间水；3—毛细水；4—可能滑坡线

图 3-20　一侧边沟下设渗沟的示意图

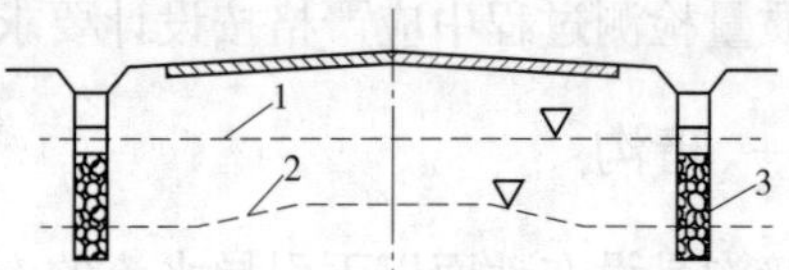

1—原地下水位线；2—降低后地下水位线；3—渗沟

图 3-21　两侧边沟下设渗沟的示意图

（二）渗沟的分类及使用条件

根据构造的不同，渗沟可分为填石渗沟（盲沟）、管式渗沟和洞式渗沟三类，如图 3-22 所示。填石渗沟最小纵坡不宜小于 1%，无砂混凝土渗沟、管式及洞式渗沟最小纵坡不宜小于 0.5%，渗沟出口段宜加大纵坡，出口处宜设置栅板或端墙，出水口应高出地表排水沟槽常水位 0.2 m 以上。

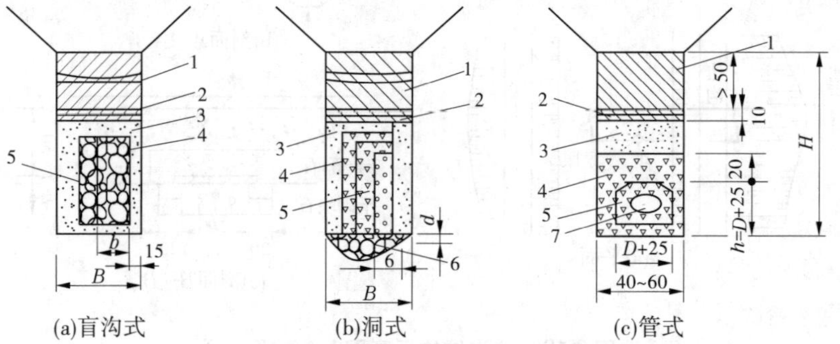

1—黏土夯实；2—双层反铺草皮；3—粗砂；4—石屑；

5—碎石；6—浆砌片石沟洞；7—预制混凝土管

图 3-22　渗沟结构图示　（单位：cm）

（1）填石渗沟（盲沟）：一般用于流量不大、渗沟不长的地段，是常用的一种渗沟。

（2）洞式渗沟：用于地下水流量较大，或缺乏水管的情况。

（3）管式渗沟：设于地下引水较长的地段，渗沟纵向长度应不大于 250 ~ 350 m，若渗沟过长，加设横向泄水管，将纵向渗沟内的水流迅速地分段排除。

（三）渗沟的构造

渗沟由排水层（或管、洞）、反滤层、封闭层组成。

1. 排水层（或管、洞）

（1）填石渗沟的排水层，可采用坚硬的较大碎石或卵石（粒径 30 ~ 50 mm）填充，以保证其有足够的空隙度排除设计流量。

（2）洞式渗沟的排水层采用浆砌片石砌洞，其作用与水管相仿，能排较大水流。

（3）管式渗沟的泄水管一般采用混凝土或用陶土、石棉等材料制成的预制管，管壁应设泄水孔并交错布置，间距不宜大于 200 mm。

2. 反滤层

汇集水流时，为防止砂、土挤入渗沟，应设反滤层。

反滤层应用筛洗过的中砂、粗砂、砾石、无砂混凝土等渗水材料分层填筑，颗粒粒径由上而下、自外向内逐渐增大，相邻层的粒径比例一般不小于1∶4，每层厚度不小于15 cm或采用渗水土工织物作反滤层。

3. 封闭层

为防止地面水流入渗沟，渗沟顶部应设封闭层。封闭层可用双层反铺草皮或用其他材料铺成隔层，并在其上夯填厚度不小于0.5 m的防水层或用浆砌片石筑成。

三、渗水井

(一)渗水井的作用及使用条件

在平坦地区，当路基附近的地面水或浅层地下水无法排除，距离地面不深处有渗透性土层，而且地下水背离路基或较深，或有固定含水层时，可设置渗井，将地面水或地下水经渗井通过不透水层中的钻孔流入下层透水层中排除。

因渗井施工比较麻烦，造价较高，且易淤塞，故一般不宜采用。确因地面水较多而其他地下排水较为困难时，在与其他方案作经济技术比较后，可有条件地进行选用。

(二)渗水井的构造

渗水井上部为集水结构，下部为排水结构。

(1)上部构造：渗水井断面一般采用直径为1.0～1.5 m的圆形，或边长1.0～1.5 m的方形。渗水井的顶部四周(进口除外)用黏土夯实筑堤围护，顶部加筑混凝土盖。

(2)下部构造：渗水井的下部，必须穿过不透水层而深达透水层，井内填充砂石料。渗水井结构见图3-23。

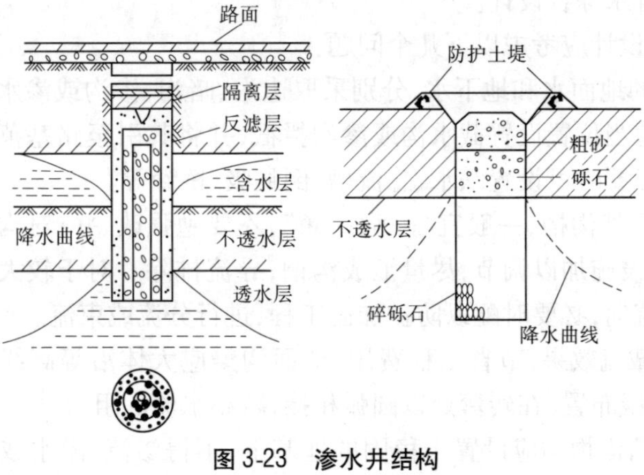

图3-23　渗水井结构

四、仰斜式排水孔

仰斜式排水孔用于引排边坡内的地下水，当坡面上有集中地下水时，采用成群布置的仰斜式排水孔。

仰斜式排水孔直径一般为75～150 mm，仰角不小于60°，长度应伸至地下水富集或潜在滑动面层。孔内透水管直径一般为50～100 mm。透水管应外包1～2层渗水土工布，防止泥土将渗水孔堵塞,管体四周宜用透水土工布作为反滤层。

第三节 公路排水的综合设计

一、综合设计的意义

对于某些路段需要进行公路排水的综合设计,以提高排水效果,降低工程费用。因此,公路排水设计必须包括两部分内容,即首先进行排水系统的总体规划,或者称为排水系统设计,然后在此基础上进行各单项结构物的设计。

综合设计的含义,应包括地面与地下设备的协调配合,路基排水设施与桥涵等泄水物的合理布置,路基路面的综合治理,排水工程与防护加固工程的相互配合,路基排水与沿线农田水利规划及有关其他基本建设项目之间的联系。但其主要目的在于确保路基的强度与稳定性,提高道路的使用效果。

实践证明,排水系统综合设计的好坏,关系到路基的强度与稳定性。特别是在多雨的山区、黄土高原地区、寒冷潮湿地段、水网密布地基软弱的平原区,以及水文地质条件不良等情况下,修建高等级公路时,必须重视路基排水的综合设计。

二、综合设计的基本要求

当一条公路在纵断面设计完成以后,就应该考虑排水综合设计。设计时应结合路线的平面图、纵断面图和沿线地质、地形、水文条件进行。对高等级公路中排水不良、易受水流冲刷的特殊地段,如滑坡路段、隧道洞口、干线交叉道口、连续回头曲线等排水复杂路段,应作专项公路排水综合设计。

公路排水综合设计应考虑以下几个问题:

(1)流向路基的地面水和地下水,分别采取边沟、暗沟、渗沟或渗水井汇集,以降低水位;也可在路基外适当位置设置截水沟或渗沟拦截,并将其引至路基范围以外指定地点;若冲刷较为严重,必要时可设置跌水、急流槽、倒虹吸、桥涵等。

(2)对明显的天然沟槽,一般宜"一沟一涵",不要勉强改、并;对沟槽不明显的漫流,应在上游设置束流设施加以调节,尽量汇成沟槽,导流排除。对于较大水流,注意因势利导,不要轻易改变流向,必要时配以防护加固工程,进行分流或束流。

(3)为了提高截流效果,节省工程费用,地面沟渠应大体沿等高线布置,并尽可能垂直于流水方向按直线布置,在转弯处以圆弧相接,减小水流的阻力。

(4)各种排水结构物均应设置于稳固的地基上,不得渗流、溢水或滞流,冲刷严重时应予以加固,防止危害路基和引起水土流失。

(5)水流应遵循最短通路、迅速排出路基范围以外的原则。

(6)路基排水综合设计,须先做事先调查,查明水源和有关现状,测绘现场图纸,进行必要的水力水文计算,做出总体规划,提出总体布置方案,再逐项进行细部设计计算,并进行效益分析和经济核算。

三、示例

图 3-24 所示为某公路路基排水系统综合设计平面布置图。

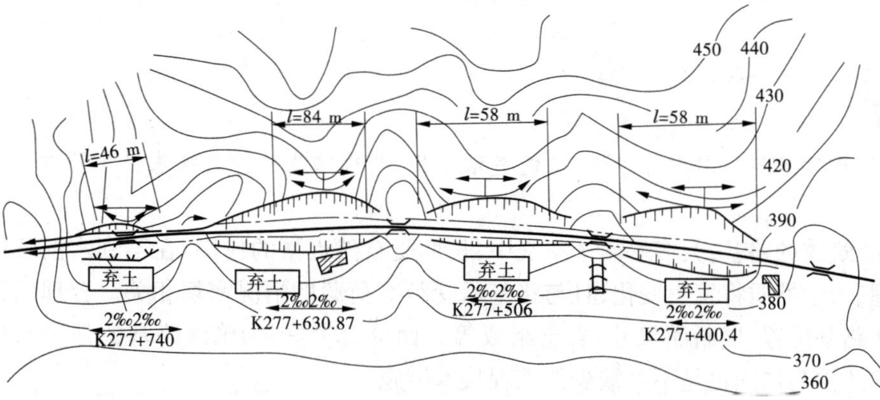

图 3-24　某公路路基排水系统综合设计平面布置图

在平面布置上，需要注明的主要内容有：

(1)桥涵位置、中心里程、水流方向、进出口沟底高程及其附属工程等。

(2)地形等高线、主要沟渠、必要的路堤坡脚和路堑坡顶线。

(3)沿线取土坑、弃土坑的位置。

(4)路线交叉设施、防护与加固工程、不良地质边界、农田排灌渠道等。

(5)各种路基排水设备的类型、位置、排水方向与纵坡、长度、出水口与分界点的位置等。

此外，根据工程设计的需要，还应附有路线及主要排水设备的纵、横断面和结构设计图。

思考题

1. 简述公路排水的内容。
2. 地面排水设施有哪些种类？适用性如何？
3. 简述边沟和排水沟、截水沟各有何不同。其构造有哪些要求？
4. 地下排水设施有哪些种类？适用性如何？
5. 渗沟按作用不同可分为哪几种？其作用是什么？
6. 暗沟的构造要求有哪些？
7. 渗水井的作用和构造都有哪些？
8. 排水工程综合设计的含义是什么？有哪些要求？

实训题

选择所在地区一条或几条典型公路，并现场调查公路主要采用的排水措施，总结这些排水措施的特点及适用范围。

第四章 路基防护与加固

学习目标

掌握路基防护与加固设计方法，并能灵活运用，明确路基防护与路基稳定的重要性。

岩土所筑成的路基，大多暴露于空气中，长期受自然因素的作用，在不利水温条件作用下，物理、力学性质将发生变化，且与路基承受行车荷载的情况密切相关。合理的路基设计，应在路基位置、横断面尺寸、岩土组成等方面综合考虑；为确保路基的强度与稳定性，路基的防护与加固也是不可缺少的工程技术措施。

本章介绍的路基防护与加固工程设施，按其作用不同可分为边坡坡面防护、沿河路基防护、湿软地基加固等三大类。

第一节 边坡坡面防护

路基边坡坡面防护，又称边坡防护，主要保证路基边坡表面免受降水、日照、风力等自然力的破坏，避免或减缓与大气直接接触，阻止岩土进一步风化，防止或减缓地面水流对边坡的冲刷和淘刷，从而提高边坡的稳固性，还可美化路容，达到防止边坡破损的目的。

坡面防护一般可分为植物防护、圬工防护、骨架植物防护和封面、捶面。植物防护又称为“生命”防护，多用于适宜植物生长的土质边坡；圬工防护称为“无机”防护，可用于各类土质或石质边坡；骨架植物防护是以上两者的结合体。

一、植物防护

植物防护，可美化路容，协调环境，调节边坡土的湿度、温度，起到固结和稳定边坡的作用。不同的植被，还可起到引导交通、安全、防眩、吸尘、隔音作用，它对坡高不大、边坡比较平缓的土质坡面是一种简易有效的防护设施。因此，在适宜于植物生长的土质边坡上，应优先采用植物防护。植物防护方法包括植被防护、三维植被网防护、湿法喷播和客土喷播等。

(一)植被防护

植被防护方法包括种草、铺草皮和植树。

种草适用于边坡坡度不陡于1∶1，地面径流速度不超过0.6 m/s，适于草类生长的土质边坡。一般选用适于当地自然条件、根系发达、茎杆低矮、枝叶茂盛、生长力强、多年生长的草种。

铺草皮适用于需要快速绿化，地面径流速度不超过0.6～1.8 m/s，边坡坡度缓于1∶1的土质边坡及严重风化的软质岩石边坡。草皮宜选用根系发达、茎矮叶茂的耐旱草种，不宜采用喜水草种。草皮厚度宜为 60 ~ 100 mm,呈带状或块状,其规格大小视施工情况而定。铺草皮前应将坡面整平,必要时加铺 50 ~ 100 mm 种植土层。草皮铺砌形式有叠铺(分水平、垂直和倾斜叠置)、平铺(平行于坡面满铺)和方格网式等,每块草皮钉 2 ~ 4 根竹木梢桩,使草皮与坡面固结,见图 4-1。

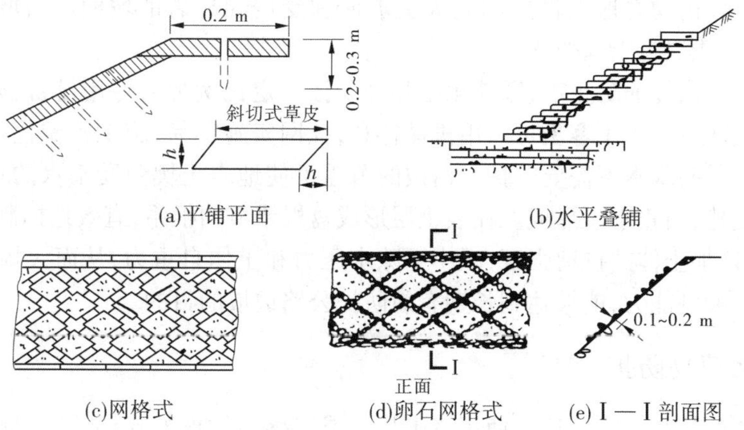

图 4-1　草皮防护示意图

植树适用于坡度缓于 1∶1.5 的边坡,或在边坡以外的河岸及漫滩外。树种应选用能迅速生长且根深枝密,适于当地气候的低矮灌木类。多排林堤岸与水流方向斜交,还可起挑水改变水流方向的作用。在沙漠与雪害地区,防护林带还起阻沙与防雪作用。树木的品种与种植位置及宽度,应根据防护要求、流水速度等因素结合当地经验确定。公路弯道内侧边坡严禁栽种高大树木。城市或风景区的植物防护,应与有关部门协调配合。

(二)三维植被网防护

三维植被网防护是指利用活性植物并结合土工合成材料等工程材料,在坡面构建一个具有自身生长能力的防护系统,适用于砂性土、土夹石及分化岩石,且坡度缓于 1∶0.75 的边坡防护。三维网固定于坡面,起固筋作用,网包能很好地固定填充土。三维植被网中的回填土采用客土或土、肥料及含腐殖质土的混合物。三维植被网护坡技术综合了土工网和植物护坡的优点,从而起到了复合护坡的作用。边坡的植被覆盖率达到 30% 以上时,能承受小雨的冲刷,覆盖率达 80% 以上时能承受暴雨的冲刷。待植物生长茂盛时,能抵抗冲刷的径流流速为一般草皮的 2 倍以上。

(三)湿法喷播

湿法喷播是将草种、木纤维、保水剂、黏合剂、肥料等与水的混合物通过专用喷播机喷射到预定区域建植草坪的一种高效绿化技术,适用于土质边坡、土夹石边坡、严重风化岩石且坡度缓于 1∶0.5 的路堑和路堤边坡及中央分割带、立交区、服务区及弃土堆绿化防护。植物品种选取以耐贫瘠、耐干旱的灌木为主的物种,以水为载体,将种子喷播于坡面上,混合物在土壤表面形成一层膜状结构,能有效地防止冲刷,能在较短时间内萌芽长成植株迅速覆盖地面,以达到稳固边坡和绿化、美化边坡的目的。

（四）客土喷播

客土喷播是以团粒剂使客土形成团粒化结构，加筋纤维在其中起到类似植物根茎的网络加筋作用，从而造就有一定厚度的具有耐雨水、风侵蚀，牢固透气，与自然表土相似或更优的多孔稳定土壤结构。客土喷播适用于风化岩石、土壤较少的软质岩石、养分较少的土壤、硬质土壤、植物立地条件差的高大陡坡面和受侵蚀显著的坡面。当坡度陡于1∶1时，宜设置挂网或混凝土框架。

将客土、纤维、侵蚀防止剂、缓效化肥和种子按一定比例加入专用设备，充分混合后，直接喷射到坡面上。由于客土可以用机械拌和，挂网实施容易，施工机械化程度高，速度快，防护效果良好，基本不需要养护。植被的覆盖可使地表土壤免受雨水的直接冲击，并减缓雨水的流速，阻止水流形成。在表土层形成盘根错节的根系，有效地抑制暴雨径流对边坡的侵蚀，增加土体的抗剪强度，减小空隙水压力和土体自重力，从而大幅度提高边坡的稳定性和抗冲刷能力，能够达到长期有效防护公路边坡的目的。

二、骨架植物防护

骨架植物防护是指路基边坡使用浆砌片石或混凝土做框架式构筑物，框架中间植草的路基边坡防护形式。它适用于土质和强风化的岩石边坡，防止边坡受雨水侵蚀，避免土质边坡面上产生沟槽。其形式多样，主要有拱形骨架、菱形（方格）骨架、人字形骨架、多边形混凝土空心块等。浆砌片石（混凝土块）骨架植物防护既稳定路基边坡，又能节省材料，造价较低，施工方便，造型美观，能与周围环境自然融合，是目前高速公路边坡防护的主要形式之一。

（一）浆砌片石或水泥混凝土骨架植物护坡

浆砌片石或水泥混凝土骨架植物护坡适用于缓于1∶0.75的土质和全风化岩石边坡。当坡面受雨水冲刷严重或潮湿时，坡度应缓于1∶1。若在降雨量较大且集中地区，骨架宜做成截水沟型，断面尺寸由降雨强度计算确定，并与周围景观相协调。骨架宽度宜为200～300 mm，嵌入边坡土深度一般为200～300 mm，主骨架间距一般为2.0～4.0 m。

（二）多边形水泥混凝土空心块植物护坡

多边形水泥混凝土空心块植物护坡适用于坡度缓于1∶0.75的土质边坡和全风化、强风化的岩石路堑边坡，并视需要设置浆砌片石或混凝土骨架；多边形空心预制块的混凝土强度不低于C20，厚度不小于150 mm。空心预制块内应填充种植土，喷播植草。

（三）锚杆混凝土框架植物护坡

锚杆混凝土框架植物护坡适用于土质边坡和坡体中无不良结构物、风化破碎的岩石路堑边坡。锚杆采用非预应力的全长黏结型锚杆，锚杆间距、长度应根据边坡地质情况确定。锚杆保护层厚度不应小于20 mm。框架内应采用钢筋混凝土，混凝土强度不应低于C25，框架几何尺寸应根据边坡高度和地层情况等确定，框架内宜植草。

三、圬工防护

当不宜使用植物防护或考虑就地取材时，采用砂石、片石、水泥、石灰等材料进行坡面防护，主要方法有喷护、砌石护坡、锚杆挂网喷浆（混凝土）防护、护面墙。

（一）喷护

常用的喷护方法有喷浆和喷射混凝土。喷护适用于坡度不陡于 1∶0.5，易风化但未遭强风化的岩石挖方边坡。喷浆厚度不宜小于 50 mm，砂浆的强度不应低于 M10。喷射混凝土厚度不宜小于 80 mm，混凝土强度不应低于 C15，混凝土中骨料最大粒径不宜超过 15 mm。喷护坡面应设置伸缩缝及泄水孔，伸缩缝间距为 15 ~ 20 m，泄水孔间距为 2 ~ 3 m，孔径为 100 mm。

（二）砌石护坡

砌石护坡分为干砌片石护坡、浆砌片石护坡和水泥混凝土预制块护坡，见图 4-2。

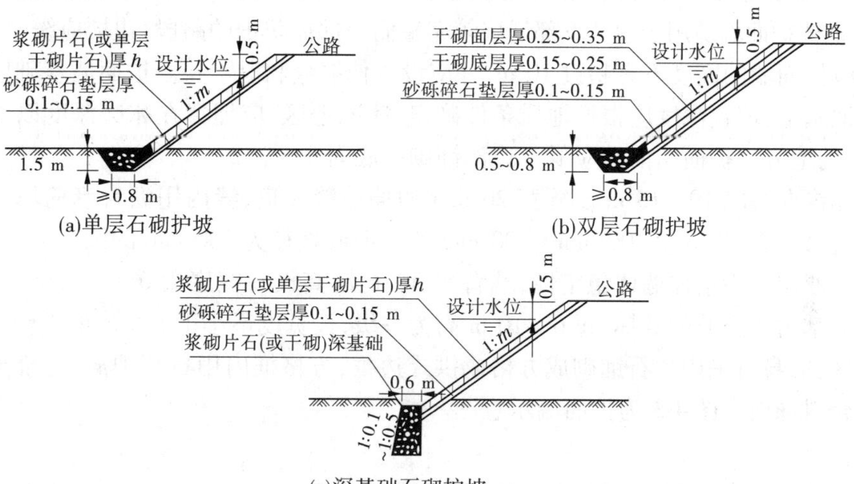

(c)深基础石砌护坡

图 4-2　砌石防护

干砌片石护坡适用于坡度缓于 1∶2.5 的土质路堑边坡或边坡易受地表水冲刷及有少量地表水渗出的地段，且护坡厚度不宜小于 250 mm。干砌片石护坡一般可分为单层铺砌和双层铺砌两种。为提高路基整体强度，防止水分浸入，干砌片石宜用砂浆勾缝。当水流流速较大、波浪作用强、有漂浮物等冲击时，不宜采用干砌片石护坡，宜采用浆砌片石护坡，边坡坡度应缓于 1∶1。无论是干砌片石或是浆砌片石，均应在片石下面设置碎（砾）石或砂砾混合物垫层，厚度为 100 ~ 150 mm，以起到整平作用，并可防止水流将干砌片石层下面的边坡细土粒带走，能使结构层具有一定的弹性，增加对波浪、流冰及漂浮物的抵抗力。石砌护坡坡脚应修筑墁石基础。在无河水冲刷时，基础埋置深度一般为护坡厚度的 1.5 倍。沿河受水流冲刷时，基础应埋置在冲刷线以下 0.5 ~ 1.0 m 处，或采用石砌深基础，如图 4-2 所示。

水泥混凝土预制块护坡适用于石料缺乏地区的路基边坡防护。水泥混凝土预制块的强度不应低于 C15，在严寒地区不应低于 C20。

（三）锚杆挂网喷浆（混凝土）防护

锚杆挂网喷浆（混凝土）防护适用于坡面为碎裂结构的硬质岩石或层状结构的不连续地层以及坡面岩石与基岩分开并有可能下滑的挖方边坡。先在清挖出的密实、稳定的基岩上钻孔，安装锚杆，灌浆；然后挂上纤维网柱或钢丝网柱；最后用高压泵射喷混凝土。

钢筋网喷射混凝土厚度为 100 ~ 250 mm,钢筋保护层厚度不小于 20 mm。

(四)护面墙

护面墙是指为了覆盖各种软质岩层和较破碎岩石的挖方边坡以及坡面易受侵蚀的土质边坡,免受大气影响而修建的墙。护面墙可以有效地防止边坡冲刷,防止滑动型、流动型及落石型边坡崩坍,是上边坡最常见的一种防护型式。护面墙沿着边坡坡面修建,不能承受土侧压力。

护面墙有实体护面墙、孔窗式护面墙、拱式护面墙等。护面墙适用于防护易风化或风化严重的软质岩层或较破碎岩石的挖方边坡以及坡面易受侵蚀的土质边坡,边坡不宜陡于1∶0.5。护面墙类型应根据边坡地质条件确定,孔窗式护面墙防护的边坡不应陡于1∶0.75;拱式护面墙适用于边坡下部岩层较完整而上部需防护的路段,边坡应缓于 1∶0.5。

单级护面墙的高度不宜超过 10 m,并应设置伸缩缝和泄水孔。护面墙基础应设置在稳定的地基上,埋置深度应根据地质条件确定;冰冻地区,应埋置在冰冻深度以下不小于 250 mm 的地方。护面墙前趾应低于边沟铺砌的底面。

墙体纵向每隔 10 ~ 15 m 设缝宽 20 mm 的伸缩缝一道,缝内用沥青麻筋填塞。墙身上下左右每隔 2 ~ 3 m 设 100 mm × 100 mm 的方形或直径为 100 mm 的圆形泄水孔,孔后设砂砾反滤层。为增加墙体稳定性,墙背每 3 ~ 6 m 高设一宽度为 0.5 ~ 1.0 m 的耳墙。根据边坡基岩或土质的好坏,每 6 ~ 10 m 高为一级,设宽度不小于 1.0 m 的平台。在缺乏石料地区,墙身可采用片石铺砌成方格或拱式边框,方格框内用石灰炉渣、三合土或四合土等混合料抹面。图 4-3 为护面墙示意图。

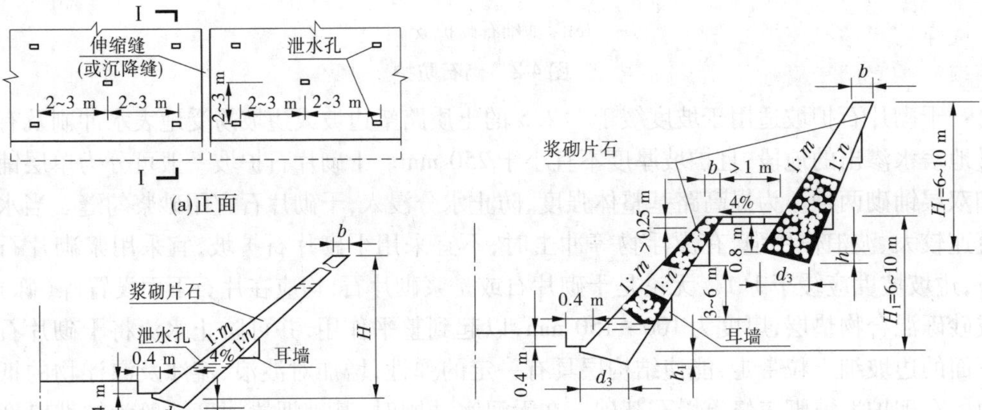

图 4-3　护面墙示意图

四、封面、捶面

封面适用于坡面较干燥、未经严重风化的各种易风化岩石边坡,但不适用于由煤系岩层及成岩作用很差的红色黏土岩组成的边坡。高速公路路基边坡不宜采用封面防护。封面厚度不宜小于 30 mm,防护年限为 8 ~ 10 年。面积较大时每隔 5 ~ 10 m 设宽度为 10 ~

20 mm 的伸缩缝。为防表面开裂,并增加抗冲蚀能力,可在表面涂软化点稍高于当地气温的沥青保护层。

捶面是工程防护的一种形式,适用于易受雨水冲刷的土质边坡和易风化的岩石边坡防护。捶面多合土的配合比应经试捶确定,保证能稳固地密贴于坡面。捶面应经拍(捶)打使与坡面紧贴,厚度均匀,表面光滑。在较大面积上捶面时,应设置伸缩缝,其间距不宜超过 10 m,捶面厚度不宜小于 100 mm,防护年限为 10 ~ 15 年。

第二节 沿河路基防护

沿河路基防护主要指对沿河滨海路堤、河滩路堤及水泽区路堤,亦包括桥头引道,以及路基边旁的堤岸等的防护。沿河路基堤岸防护与加固措施主要针对水流的破坏作用而设,起防治水害和加固堤岸双重功效。

沿河路基防护可分为直接防护和间接防护两类。直接防护的类型有植物防护、铺石、抛石、石笼等。间接防护主要指设置导流结构物,如丁坝、顺坝、防洪堤、拦水坝等,必要时疏浚河床、改变河道,以改变流水方向,避免或减缓水流对路基的直接破坏作用。

一、直接防护

直接防护是直接加固稳定边坡的一种措施,其特点是不干扰或很少干扰原来的水流性质。直接防护措施包括植物防护、砌石或混凝土护坡、护坦防护、抛石防护、石笼防护、浸水挡土墙防护及土工模袋防护。其中植物防护与砌石防护,同坡面防护所述基本类同,但堤岸的防冲刷主要原因是洪水急流,水位变迁不定,水流速度较大,相应的要求更高。护坦防护适用于沿河路基挡土墙或护坡的局部冲刷深度过大,深基础施工不便的路段。盛产石料的地区,当水流速度达到 3.0 m/s 或更高,植物防护与砌石防护无效时,可采用抛石防护。当水流速度达到或超过 5.0 m/s 时,则改用石笼防护,也可就地取材,用竹笼或梢料防护,必要时可以采用土工织物软体沉排护坡。

(一)抛石防护

抛石防护是指为防止河岸或构造物受水流冲刷而抛填较大石块的防护措施,见图 4-4。

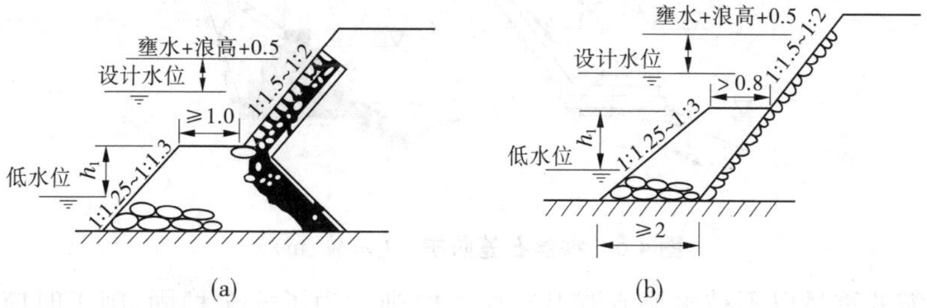

图 4-4 抛石防护 (单位:m)

抛石防护用于经常浸水且水深较大地段的路基边坡防护,防洪抢险时更为常用。在缺少石料的地区,也可用预制混凝土块作为抛投材料。

抛石边坡坡度和选用石料粒径、厚度应根据水深、流速和波浪情况确定，石料粒径应大于 300 mm，坡度不应陡于所抛石料浸水后的天然休止角，厚度不应小于所用最小石料粒径的 2 倍。石料应选用质地坚硬、耐冻且不易风化的石块。为了使抛石堆有一定的密实度，宜采用不小于计算尺寸且大小不同的石块掺杂抛投。为了增加抛石防护的稳定性，抛石堆的水下边坡不宜陡于 1:1.5，当水深和流速较大时，可放缓至 1:2～1:3。

（二）石笼防护

石笼防护为半永久性建筑物，用以防护河岸或路基边坡的冲刷，可用于较陡的边坡，容许流速为 4～5 m/s，容许波浪高为 1.5～1.8 m。其适用于受洪水冲刷但无滚石河段和大石料缺乏的地区，也宜用于防洪抢险。

石笼防护的优点是，具有较好的强度和柔性，但不需用较大的石料。当水流中含有大量泥沙时，石笼中的孔隙将很快被淤满而形成坚固的整体护层。其缺点是铁丝网会被锈蚀，以致石笼解体，因此其使用期限为 8～12 年（镀锌铁丝网）或 3～5 年（普通铁丝网）。

用于防护岸坡时，一般采用垒砌形式，只有当边坡等于或缓于 1:2时才可用平铺形式。用于防护基础淘刷时，一般采用在河床上平铺并与坡脚线垂直的形式，其铺设长度宜不小于河床冲刷深度的 1.5～2 倍。用于垒砌的石笼宜用长方体，用于平铺的石笼宜用扁长方体，用于防洪抢险的石笼一般采用有骨架的圆柱体或无骨架的网袋，如图 4-5～图 4-7 所示。

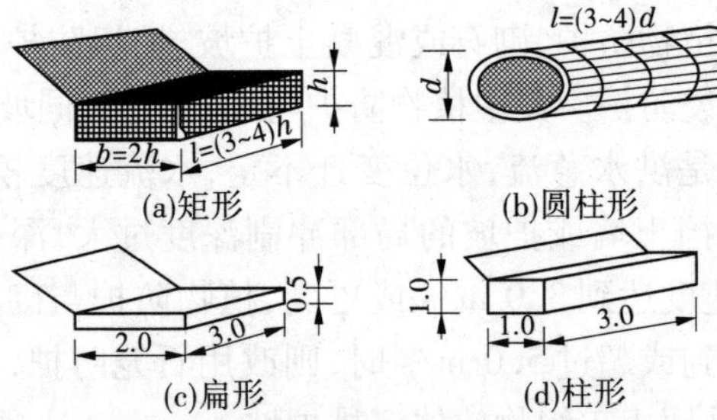

图 4-5　石笼的形式　（单位:mm）

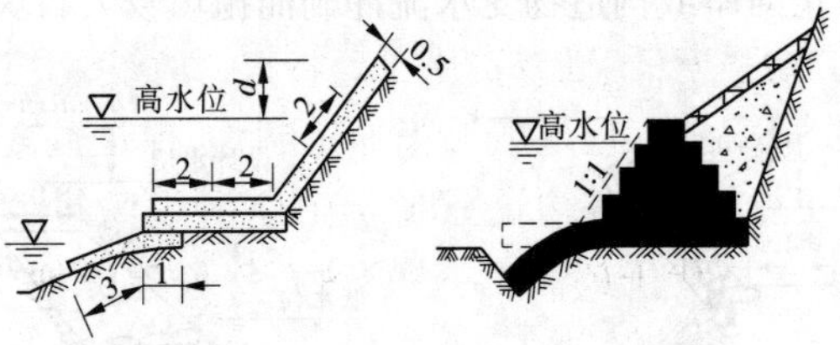

图 4-6　铁丝石笼防护　（单位:m）

单个石笼的重量以不被水流或波浪冲移为原则。为了安全稳固，施工时应将所有单个石笼用铁丝捆扎，使之成为一个整体。

石笼网可用镀锌铁丝或普通铁丝编织，有规则形状的石笼一般用直径为 6～8 mm 的钢筋组成框架，然后编织网格。网格形状以六角形为好，其尺寸常用 8 cm×10 cm 或 10

cm × 12 cm，铁丝直径可选用 3 ~ 4 mm。编织网格时宜用双结，以防网孔变形。

石笼的断面尺寸，长方体一般采用宽 $b=1\sim3$ m，高 $h=1.0$ m，长 $L=2\sim3$ m。圆柱体一般采用直径 $d=1.0$ m，长 $L=3.0$ m。底层扁长方体石笼的一端的上下纵向主骨架筋可做成挂环供锚锭石笼用。骨架筋的连接宜采用环绕其自身紧缠三圈的扭结，以防石笼受力下垂时被拉散。笼盖和笼体的连接以及相邻石笼之间的连接，沿连接线每隔 0.2 m 用铁丝对折成双绕两圈，并将铁丝扭三个花，以保证其连接牢固。

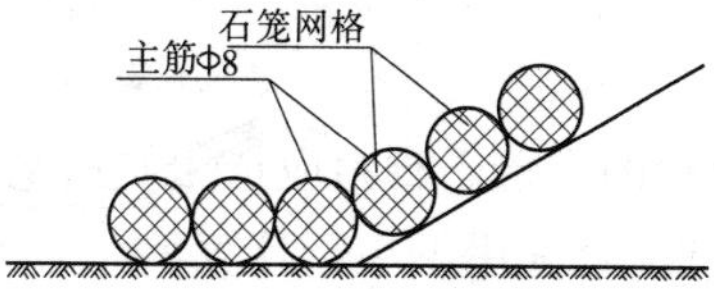

图 4-7　圆柱体石笼防护布置断面图

（三）浸水挡土墙防护

在山区狭谷地段，当水流对路基的冲刷特别严重而由于地形限制又不宜设置其他类型的防护时，可采用挡土墙进行防护。其容许流速 $v=5\sim8$ m/s，并能抵抗较强烈的波浪和流冰的冲击。

挡土墙设计时，应根据墙背填料性质、浸水条件，以及所采用的墙型，按浸水挡土墙设计。墙身材料一般采用 M10 水泥砂浆砌片石或 C15 混凝土。如设计洪水位高于墙顶，应在墙顶以上加设护坡。防护用的挡土墙断面图如图 4-8 所示。

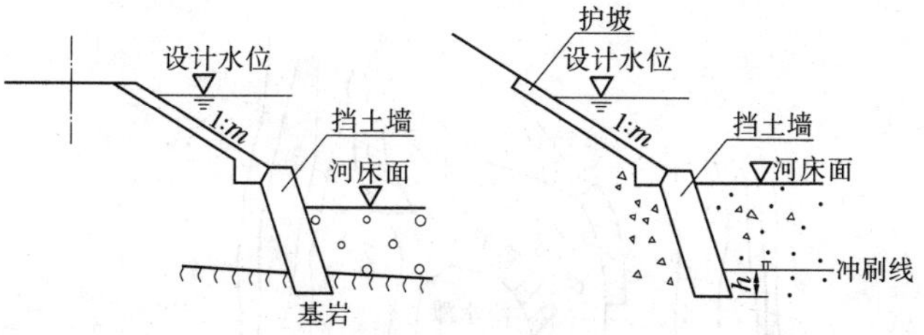

图 4-8　防护用的挡土墙断面图

（四）土工模袋防护

土工模袋护坡是利用高强绵纶丝机织成的双层被状织物袋作为柔性模板，其内用压力充灌混凝土或水泥砂浆，硬化后形成高强度的板块的大面积护坡工程。土工模袋具有整体性好、施工便捷、劳动强度低、维修费用少等特点，尤其适用于公路沿河和濒临水体路基边坡防护。土工模袋可根据工程地形地貌加工制作，保证混凝土等充填料的形成。土工模袋适用于水上、水下施工，不需构筑围堰，能在各种现场条件下组织施工，施工中不影响通航。土工模袋可用于替代干砌块石、砂浆块石等修建堤坡、堤脚，构筑丁坝、堤坝主体，还可以用于堤坝崩塌、江河崩岸险情的抢护。因此，土工模袋护坡具有较高的推广价值。其主要应用场合及铺设型式如图 4-9 所示。

土工织物软体沉排、土工模袋适用于允许流速为 2 ~ 3 m/s 的沿河路基冲刷防护。采用土工模袋护坡的坡度不得陡于 1:1。如在水下施工，水流速度不宜大于 1.5 m/s。模袋选型应根据工程要求和当地土质、地形、水文、经济与施工条件等确定。应根据水流量选定模袋滤水点分布数量，当选用无滤水点模袋时，应增设渗水滤管。模袋应用尼龙绳缝制。

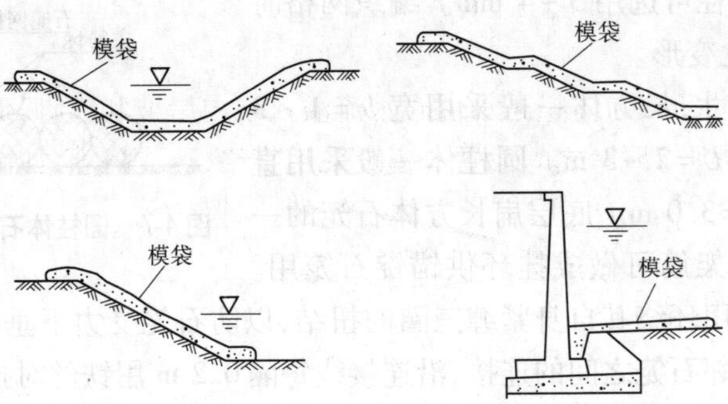

图 4-9　土工模袋的应用场合及铺设型式

二、间接防护

间接防护主要指设置导流构造物，如丁坝、顺坝、防洪堤、拦水坝等，必要时可以改移河道，以改变水流方向，消除和减缓水流对路基的直接冲刷破坏，起到安全保护作用。图 4-10是某河道导流构造物坝体综合布置示例。导流构造物是桥涵和路基的重要附属工程，由于涉及水流改向，影响范围较大，工程费用亦较高，应经多方技术经济比较后使用。

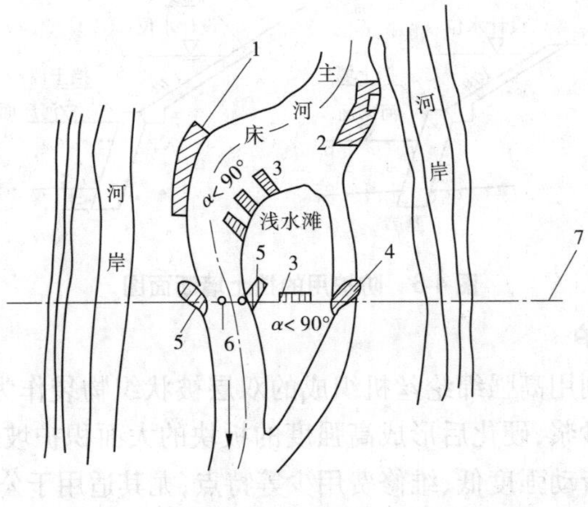

1—丁坝；2—顺坝；3—格坝；4—导流坝；5—拦水坝；6—桥墩；7—路中线

图 4-10　导流构造物综合布置图例

(一)丁坝

丁坝是坝体轴线与导线(河岸)正交或成较大角度斜交的导流构造物，适用于宽浅变迁性河段。其作用是将水流引离河岸，其长度据防护段长度、坝与水流方向的夹角、河段地形、水文条件及河床地质等确定，垂直水流方向的投影长不宜超过稳定河床宽度的1/4。丁坝的横断面形式和尺寸应根据材料种类、河流的水文特性等确定，坝顶宽度根据稳定计算确定。丁坝要求设置多个，以形成坝群。

(二)顺坝

顺坝轴线基本沿流线边缘，使水流较顺缓地改变流向，起疏导水流作用。它适于河床断面较窄、基础地质条件较差的河岸或沿河路基防护。顺坝坝长与被防护段长度基本相等,一般采用石砌或混凝土结构。其横断面为梯形,尺寸根据稳定性计算确定。当顺坝较长,距离河岸间距较大时,为防止高水位时水流溢入坝内岸坡和坡脚,促进格间淤积,使坝体与河岸相连,在顺坝与河岸之间设置一道或几道横格,形成格坝,如图 4-11 所示。

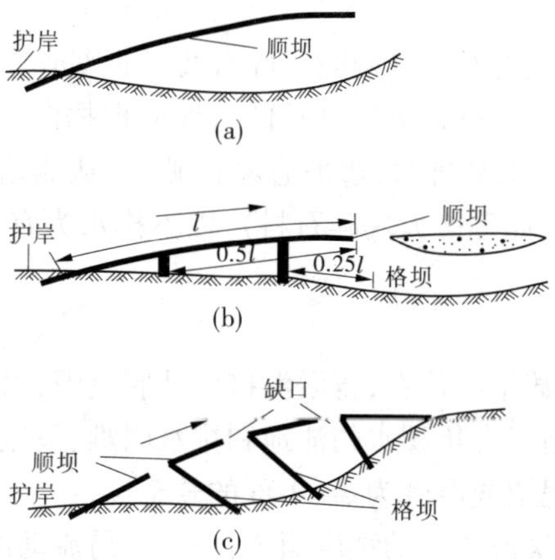

图 4-11 顺坝与格坝的布置图例

(三)改移河道

沿河路基受水流冲刷严重,或防护工程艰巨,以及路线在短距离内多次跨越弯曲河道时可改移河道。主河槽改动频繁的变迁性河流或支流较多的河段不宜改河。改河起点和终点的位置应与原河床顺接。为防止水流重归故道,宜在改河入口处加陡纵坡并设置拦河坝或顺坝。新河槽断面应按设计洪水频率的流量设计。

改移河道可以将直接冲刷及淘刷路基的水流引离路基。截弯取直,挖滩改河,清除孤石,有利于布置路线,可减少桥涵。但改移河道及水流改向,影响大且投资高,故改河通常在较短的河道上进行,并力求规顺河势,使新河槽符合河流特征。

第三节 湿软地基加固

在土木工程中,地基加固极为重要,常是各种建筑物成败的关键。湿软地基主要指天然含水量过大、胀缩性高、具有湿陷性、承载力低,在荷载作用下容易产生滑动或固结沉降的土质地基,如软土、泥沼、泥炭、湿陷性黄土、人为垃圾、松散杂填土、膨胀土、海(湖)沉积土等。路基直接填筑在这些地基上,往往会因地基承载力不足,或在自然因素作用下产生过大的变形,导致路基产生各种破坏。因此,有必要采取措施对湿软地基予以加固。湿软地基加固的关键是治水和固结。经常采取的措施主要有换填土层法、碾压夯实法、排水固结法、挤密法、化学加固法、土工合成材料加固法等。

一、换填土层法

换填土层法,即将基底下一定深度范围的湿软土层挖去,换以强度较大的砂、碎(砾)

石、灰土或素土,以及其他性能稳定、无侵蚀性的土类,并予以压实。换填材料的不同,其对路基而言,素土(或灰土)垫层可以消除湿陷性黄土 3.0 m 深度范围内的湿陷性。

(一)开挖换填

在一定范围内,把影响路基稳定性的软土用人工或机械挖除,用无侵蚀作用的低压缩散体材料置换,分层夯实。

开挖换填所用填料一般有灰土、砂卵石、碎石及工业废渣等。

开挖换填的深度一般在 2 m 以内。开挖的边坡应根据深度与土的抗剪强度确定,一般为 1∶1左右。开挖时若用水泵排水,边坡容易被破坏,从而增加挖方量,因此如果有不需要压实的良好换填材料(如手摆大块碎石料),以不排水为宜,为防止边坡塌落,应随时开挖随时填料。

(二)抛石挤淤

在路基底部抛投一定数量的片石,将淤泥挤出基底范围,以提高地基强度。该法施工简单、迅速、方便,主要适用于常年积水的洼地和排水困难、呈流动状态、厚度较薄、表层无硬壳、片石能沉达底部的泥沼或厚度为 3 ~ 4 m 的软土。

抛投的片石大小视泥炭或淤泥的稠度而定,对于容易流动的泥炭或淤泥,片石可稍小些,但一般不宜小于 30 cm。抛投的顺序,应先从路堤中部开始,向前突进后再逐渐向两侧扩展,使淤泥向两侧挤出。当软土或泥沼底面有较大的横坡时,抛石应从高的一侧向低的一侧扩展,并在低的一侧多抛填一些。片石填出水面后,用重型压路机震动碾压密实,然后在起其上铺设反滤层,再填土。

(三)爆破挤淤

将炸药放在软土或泥沼中爆炸,利用爆炸时的张力作用,将淤泥或泥炭扬弃,然后回填强度较高的渗水性土。其特点是换填深度大、工效高,软土、泥沼均可采用。但爆破对周围环境影响很大,一般只限于爆破对周围构造物或设施没有不良影响的地区,且淤泥或泥炭层较厚、稠度大、路堤较高和施工工期紧时采用。

爆破挤淤法根据爆破与填土的相对关系分为两种:一种是先填后爆,在原地面填筑低于极限高度的路堤,再在基底爆破。该法适用于稠度较大的软土或泥沼,先填的路堤随爆随沉,避免了回淤。但要严格控制炸药,既要炸开淤泥或泥炭,又不至于扬弃已填路堤是比较困难的。另一种是先爆后填,适用于稠度较小、回淤较慢的软土。采用此法时,先准备好充足的回填材料,爆破后随即回填,以免回淤。

二、碾压夯实法

碾压夯实法是指控制最佳含水量,对土基分层压实,以提高强度和降低压缩性,这是路基施工的基本要求。如果使用压实功较大的压实方法,还能处理杂填土和地表的松散土。

振动压实法对于非黏性土及松散杂填土而言效果良好。振动压实效果因土质和振动时间而不同,一般是振动时间越长,效果越好,但时间过长就会无效。对于以矿渣、碎砖、瓦块为主的建筑垃圾,时间约 1 min 即可;对于含细炉渣等细颗粒填土,振动时间 3 ~ 5 min,有效深度为 1.2 ~ 1.5 m。

用重锤夯实法加固地基，可提高地基表层土的强度。对湿陷性黄土，可降低地表的湿陷性；对杂填土，可减少表层土的强度不均一性。重锤夯实法适用于地下水位0.8 m以下稍湿的一般黏性土、砂土、湿陷性黄土、杂填土等。一般以钢筋混凝土制成截头圆锥体（底部垫钢板），质量宜为1.5 t或稍重，锤底直径为1～1.5 m，起重设备的能力为8～15 t，落距高一般为2.5～4.5 m。重锤的夯击遍数，一般以最后两次的平均夯沉量不超过规定值来控制，即一般黏性土和湿陷性黄土为1～2 cm，砂土为0.5～1.0 cm。实践结果表明，一般是8～12遍，作用深度为锤底直径的1倍左右。

强夯法是在重锤夯实法的基础上经过研究和实践发展而成的，亦称动力固结法。它是以8～12 t（甚至20 t）的重锤，8～20 m的落距（最高达40 m），对土基进行强力夯击，利用冲击波和动应力，达到土基加固的目的。此项新技术出现后，迅速在国际上得到了广泛运用，效果十分显著，我国亦正在研究和运用。

三、排水固结法

排水固结法是在天然软土地基表层设置砂垫层等水平向排水体，在地基中设置砂井等竖向排水体，然后加载预压，使土体的孔隙水排出，逐渐固结，地基发生沉降，同时强度逐步提高的方法。

排水固结法可用于加固软弱地基，包括天然沉积层和人工冲填的土层，如沼泽土、淤泥及淤泥质土、冲积土等。该法特别适用于路堤高度大于极限高度或农田地段和填料来源困难的情况，在天然土层的水平向排水性能较垂直向好。

（一）水平向排水垫层

水平向排水垫层的作用是使预压过程中从土体进入垫层的渗透水迅速排出，使土层的固结能正常进行。其施工质量将直接影响加固效果和预压时间的长短。水平向排水垫层材料一般采用透水性好的材料，其渗透系数一般不低于10^{-3} cm/s，同时能起到一定的反滤作用，避免土颗粒渗入垫层的孔隙中阻塞排水通道。为保证垫层本身的渗透性，一般采用级配良好的中粗砂为宜，并要求含泥量不超过3%，无杂物和有机质混入。若理想的砂料来源困难，也可以采用连通的砂沟来代替整片砂垫层。但粉细砂一般不宜采用。满足设计要求的排水垫层厚度一般为30～50 cm。

（二）竖向排水体

竖向排水体在工程上的应用一般有三种，即砂井、袋装砂井和塑料排水板。

1.砂井

用钻孔机械在地基中钻取一定直径的孔眼，灌以中砂、粗砂，即为砂井。它是排水固结法竖向排水体的一种主要形式。砂井布置的主要内容是：根据对地基的固结速率和固结度的要求，确定砂井的直径、间距、深度，并布置砂沟或砂垫层。

砂井的直径按排水固结的要求，普通砂井一般采用20～50 cm。砂井的间距，当填土高度、地基土的固结系数小、施工期短时，采用较小的井距，反之则采用较大的井距。普通砂井井距一般为井径的8～10倍，常用的范围为2～4 m。砂井在平面上可布置成三角（梅花）形或正方形，以三角形排列较为紧凑、有效。

砂井的深度视软土层的情况而定。当软土层较薄或底层为透水层时，砂井应贯穿整个层厚。当软土层较厚时，砂井不必贯穿整个软土层。路堤高时，采用较深的砂井；路堤低时，采用较浅的砂井。

2. 袋装砂井

袋装砂井是为了缩短砂井排水距离，往往预先在直径约 70 mm 的圆筒状编织袋里装满砂，然后放入成孔中。袋装砂井的编制袋应具有良好的透水性，袋内砂不易漏失；袋子的材料应具有足够的抗拉强度，能承受袋内砂的自重和弯曲所产生的拉力；还要有一定的抗老化和耐腐蚀的性能；同时又要便于加工制作、价格低廉。目前，常用的袋子材料为聚丙烯编织布。袋装砂井井距一般为 1 ~ 1.4 m，相当于井径的 15 ~ 30 倍。

3. 塑料排水板

塑料排水板是带有孔道的板状物体，具有单孔过水面积大、排水畅通、质量轻、强度高、耐久性好等特点，是一种较理想的竖向排水体，目前在国内得到广泛的应用。

排水板按其结构型式可分为多孔单一结构型和复合结构型两大类。

多孔单一结构型是一种经过特殊加工的两块聚氯乙烯树脂透水板，两板之间仅有若干个点以凸缘相接触，而其间留有许多孔隙，故透水性好。

复合结构型为用聚氯乙烯或聚丙烯做成的芯板，外面套以用涤纶类或丙烯类合成纤维制成的滤膜。板宽一般为 100 mm，厚 3 ~ 4 mm。

（三）加载预压方法

排水固结法加固软土地基是在软土地基内设置竖向排水体、铺设水平排水垫层和对地基施加固结压力来实现的，常用的加载预压方法有自重预压法、超载预压法和真空预压法。

1. 自重预压法

自重预压法是在软土地基上修筑路堤，通过填料自重压力使地基经过一段时间固结沉降，然后填筑和铺筑路面的方法。

2. 超载预压法

超载预压法是在修筑路堤时，预先把土填得比设计高度高一些，或加宽填土宽度，靠堆载压力加速地基固结下沉，以后再挖除超填部分。这种方法与自重预压法相似，预压期一般较长，需半年至一年。

3. 真空预压法

真空预压法适用于渗透性比较小的饱和软黏土地基，特别是超软地基，不适用于在加固区范围内有较厚透水层并有充足水源补给的地基。

真空预压法是指砂井真空预压，即在黏土层上铺设砂垫层，然后用薄膜密封砂垫层，用真空泵对砂垫及砂井进行抽气，使地下水位降低，同时在地下水位作用下加速地基固结；亦即真空预压是在总压力不变的条件下，使孔隙水压力减小、有效应力增加而使土体压缩和强度增长。真空预压法适用于渗透性比较小的饱和软黏土地基，特别是超软地基，不适用于在加固区范围内有较厚透水层并有充足水源补给的地基。真空预压法施工流程为：水平向排水及竖向排水→埋设观测设备→埋设真空分布管→铺设密封膜→真空泵安装管路连接→抽真空→观测→效果检验。

四、挤密法

挤密法是在地基中钻孔，成孔后灌砂、石、土、灰土或石灰等材料，捣实而成为直径较大的桩体，利用横向挤压作用，使地基土粒靠紧、孔隙减少，而桩孔被填满和压紧后具有较高的承载力，群桩的面积约占加固面积的20%，以致桩和原土组成复合地基，达到加固的目的。目前公路施工常用砂(碎石)桩和生石灰桩两种。

(一)砂(碎石)桩

用冲击或振动的方法成孔，在孔中灌砂(碎石)，形成砂(碎石)桩。与砂井相比，形式相仿，但作用不同。砂井的作用是排水固结，井径较小而间距较大；砂(碎石)桩的作用是将地基土挤紧，井径较大(60～80 cm)而间距较小。

(二)生石灰桩

用生石灰碎块置于桩孔中形成的桩体，称为生石灰桩。生石灰桩的主要作用是挤密，而生石灰的吸水、膨胀、发热及离子交换作用，使桩体硬化，改善地基土的性质，此外还可以减小因周围土的蠕变所引起的侧向位移。生石灰桩孔径多为20～30 cm，桩长多在10 m以内。在生石灰桩孔中可以掺入一定数量的粉煤灰或砂，有时还掺入少量石膏，以利于触发反应，提高强度。

五、化学加固法

化学加固法，是利用化学溶液或胶结剂，采用压力灌注或搅拌混合等措施，使土颗粒胶结，达到对地基加固的目的。其施工工艺主要有高压喷射注浆法和深层搅拌法。

(一)高压喷射注浆法

所谓高压喷射注浆法，就是利用钻机把带有喷嘴的注浆管钻至土层的预定位置后，以高压设备使浆液或水成为20 MPa左右的高压流从喷嘴中喷射出来，冲击破坏土体。当喷射流的超压高过土体结构强度时，土粒便从土中剥落下来，一部分细小的土粒随着浆液冒出水面，其余土粒在喷射流的冲击力、离心力和重力等作用下，与浆液搅拌混合，并按一定的浆土比例和质量大小有规律地重新排列。浆液凝固后，便在土中形成一个团结体。

(二)深层搅拌法

深层搅拌法是利用水泥、石灰等材料作为固化剂的主剂，通过特制的深层搅拌机械，在地基深处就地将软土和固化剂(浆液或粉体)强制搅拌，利用固化剂和软土之间所产生的一系列物理和化学反应，使软土凝结成具有整体性、水稳定性和一定强度的复合地基。其加固深度通常大于5 m，最深可达60 m。

六、土工合成材料加固法

土工合成材料是以人工合成的聚合物制成的各种类型产品，是岩土工程中应用的各种合成材料的总称。常见的土工合成材料有土工网、土工格栅、土工织物、土工垫、土工复合排水材料等。

由于土工合成材料具有强度高、韧性好等力学性能，因此它能增强土的强度，承受拉应力，并均匀分布结构物所承受的应力，从而有效地防止局部破坏，解决松软地基的加固问题。

思考题

1. 为什么要对路基进行必要的防护？防护与加固工程的区别是什么？
2. 植物防护的类型有哪些？使用条件是什么？
3. 什么是坡面的骨架植物防护？什么是坡面的圬工防护？各有哪些适用条件？
4. 圬工防护有哪些类型和特点？
5. 沿河路基边坡防护的主要类型是什么？
6. 说明抛石防护、石笼防护和土工模袋防护的概念和技术要求。
7. 什么是间接防护？说明导流构造物的设置要求。
8. 常见的湿软地基加固的措施有几种？说明换填土层法的主要类型和使用条件。
9. 碾压夯实法的概念与技术要求是什么？
10. 说明加载预压法的原理和类型。

实训题

1. 图 4-12 是某公路挖方路段护面墙、三维网植草防护构造图，请阅读各部分名称及其尺寸，写出护面墙及三维网植草防护的主要特点及适用范围。

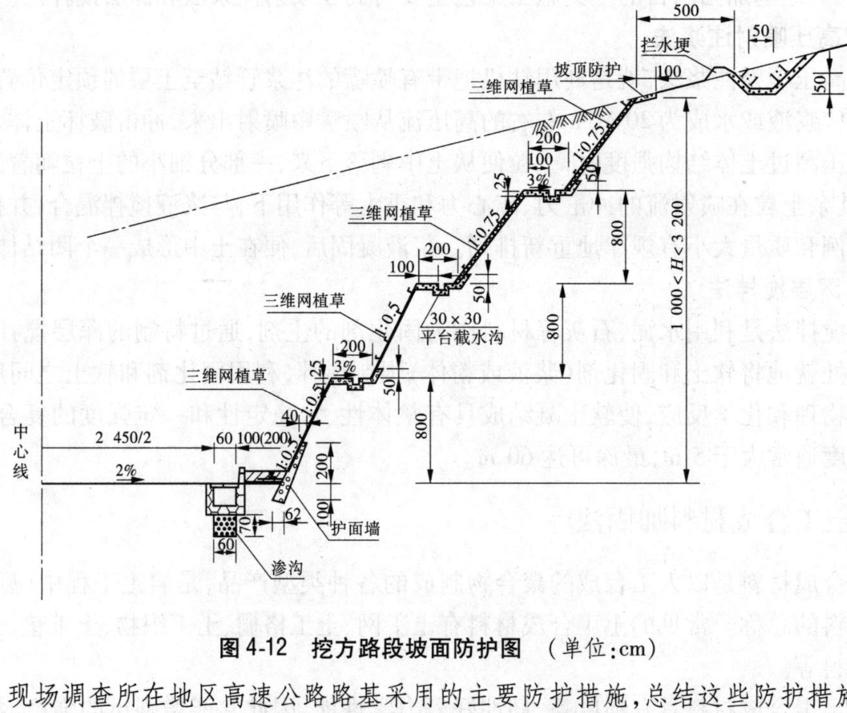

图 4-12　挖方路段坡面防护图　（单位：cm）

2. 现场调查所在地区高速公路路基采用的主要防护措施，总结这些防护措施的特点。
3. 结合本章图 4-10 导流构造物综合布置图例，对其设计方法原理进行分析。

第五章　路基挡土墙及支挡构筑物的设计

学习目标

熟悉路基挡土墙的分类、用途和构造组成，掌握结构稳定性验算方法，了解边坡锚固和土钉支护概念和设计方法。

第一节　挡土墙的分类、用途及适用条件

一、挡土墙的分类与用途

为防止路基填土或山坡土体坍塌而修筑的承受土体侧压力的墙式构造物称为挡土墙。在公路工程中，挡土墙被广泛地用于支撑路堤填土或路堑边坡，以及桥台、隧道洞口和河流堤岸等处。

按照设置的位置，挡土墙可分为路堤墙、路肩墙、路堑墙和山坡墙，如图 5-1 所示。挡土墙靠回填土或山体的一侧面称为墙背，外露的一侧面称为墙面（也称墙胸），墙的顶面部分称为墙顶，墙的底面部分称为基底或墙底，墙面与墙底的交线称为墙趾，墙背与墙底的交线称为墙踵，墙背与铅垂线的夹角称为墙背倾角 α。

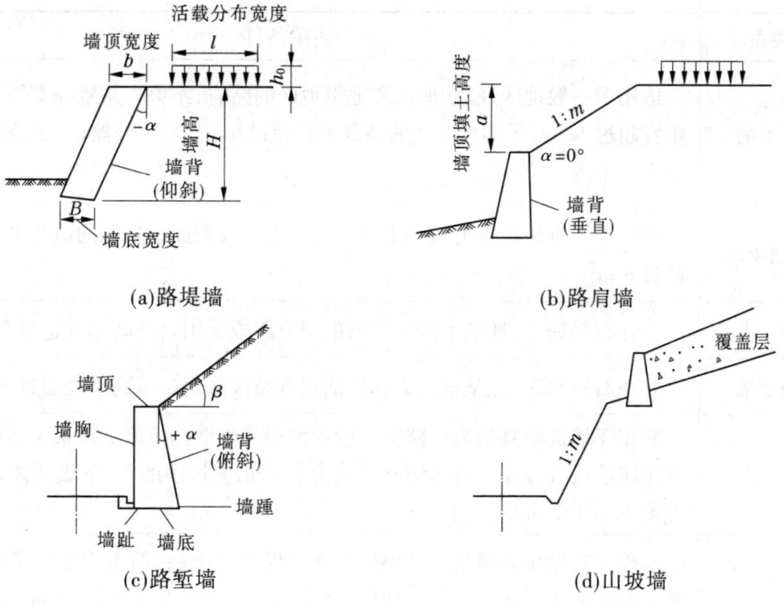

图 5-1　挡土墙的结构型式

挡土墙按照其结构型式可分为重力式挡土墙、半重力式挡土墙、悬臂式挡土墙、扶壁

式挡土墙、锚杆挡土墙、锚锭板挡土墙、加筋土挡土墙和桩板式挡土墙等。

按照墙体的构成材料，挡土墙可分为石砌挡土墙、混凝土挡土墙、钢筋混凝土挡土墙、钢板挡土墙及加筋土挡土墙等。

挡土墙设置位置不同，其用途也不相同。

路堤墙设置在高填土路堤或陡坡路堤的下方，可以防止路堤边坡或基底滑动，同时可以收缩路堤坡脚，减少填方数量，减少拆迁和占地面积，见图5-1(a)。

路肩墙设置在路肩部位，墙顶是路肩的组成部分，其用途与路堤墙相同。它还可以保护邻近路线既有的重要建筑物，见图5-1(b)。

路堑墙设置在路堑坡底部，主要用于支撑开挖后不能自行稳定的边坡，同时可减少挖方数量，降低挖方边坡的高度，见图5-1(c)。

山坡墙设置在路堑或路堤上方，用于支撑山坡上可能坍滑的覆盖层、破碎岩层或山体滑坡，见图5-1(d)。

二、挡土墙的适用条件

挡土墙类型应综合考虑工程地质、水文地质、冲刷深度、荷载作用情况、环境条件、施工条件、工程造价等因素，经论证后选用。

挡土墙类型的选择应根据所支挡土体的稳定平衡条件，考虑荷载的大小和方向、地形地质状况、冲刷深度、基础埋深、基底的承载力设计值和不均匀沉降、可能的地震作用、与其他构造物的衔接、墙面的外观美感、施工难易、造价高低、环境特点等因素，综合比较确定。各类挡土墙的适用条件见表5-1。

表5-1　各类挡土墙适用条件

挡土墙类型	适用条件
重力式挡土墙	适用于一般地区、浸水地区和地震地区的路肩、路堤和路堑等支挡工程。墙高不宜超过12 m，干砌挡土墙的高度不宜超过6 m。高速公路、一级公路不应采用干砌挡土墙
半重力式挡土墙	适用于不宜采用重力式挡土墙的地下水位较高或较软弱的地基上。墙高不宜超过8 m
悬臂式挡土墙	宜在石料缺乏、地基承载力较低的填方路段采用。墙高不宜超过5 m
扶壁式挡土墙	宜在石料缺乏、地基承载力较低的填方路段采用。墙高不宜超过15 m
锚杆挡土墙	宜用于墙高较高的岩质路堑地段。可用作抗滑挡土墙。可采用肋柱式或板壁式单级墙或多级墙。每级墙高不宜大于8 m，多级墙的上、下级墙体之间应设置宽度不小于2 m的平台
锚锭板挡土墙	宜使用在缺少石料地区的路肩墙或路堤式挡土墙，但不应建筑于滑坡、坍塌、软土及膨胀土地区。可采用肋柱式或板壁式，墙高不宜超过10 m。肋柱式锚定板挡土墙可采用单级墙或双级墙，每级墙高不宜大于6 m，上、下级墙体之间应设置宽度不小于2 m的平台。上、下两级墙的肋柱宜交错布置

续表 5-1

挡土墙类型	适用条件
加筋土挡土墙	用于一般地区的路肩式挡土墙、路堤式挡土墙,但不应修建在滑坡、水流冲刷、崩塌等不良地质地段。高速公路、一级公路墙高不宜大于 12 m,二级及二级以下公路墙高不宜大于 20 m。当采用多级墙时,每级墙高不宜大于 10 m,上、下级墙体之间应设置宽度不小于 2 m 的平台
桩板式挡土墙	用于表土及强风化层较薄的均质岩石地基,挡土墙高度可较大,也可用于地震区的路堑或路堤支挡或滑坡等特殊地段的治理

第二节　挡土墙的构造、布置与结构设计

各类挡土墙应满足强度和稳定性要求,同时考虑就地取材、结构合理、断面经济、施工方便和安全。各类挡土墙材料组成、构造及特点不同,请参见《公路路基设计规范》,这里着重结合重力式挡土墙阐述挡土墙的构造与布置。

一、挡土墙的构造

(一)墙身

1. 墙背

重力式挡土墙的墙背可做成仰斜、垂直、俯斜、凸形折线和衡重等型式,分别如图 5-2 所示。

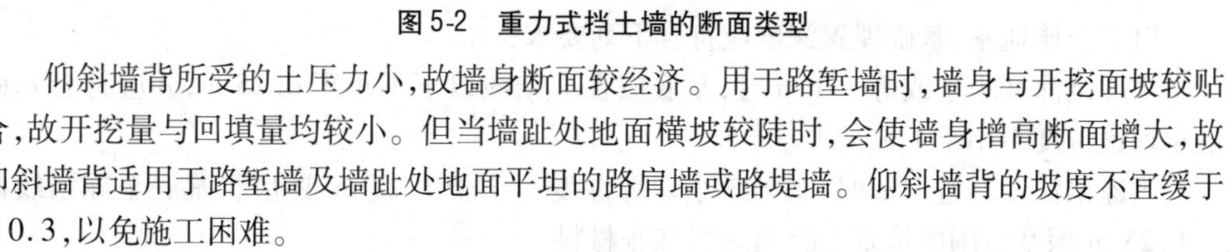

图 5-2　重力式挡土墙的断面类型

仰斜墙背所受的土压力小,故墙身断面较经济。用于路堑墙时,墙身与开挖面坡较贴合,故开挖量与回填量均较小。但当墙趾处地面横坡较陡时,会使墙身增高断面增大,故仰斜墙背适用于路堑墙及墙趾处地面平坦的路肩墙或路堤墙。仰斜墙背的坡度不宜缓于 1:0.3,以免施工困难。

俯斜墙背所受的土压力较大。在地面横坡陡峻时,俯斜墙背可采用陡直的墙面,以减小墙高。俯斜墙背也可做成台阶形,以增加墙背与填料间的摩擦力。

垂直墙背的特点介于仰斜墙背和俯斜墙背之间。

凸形折线墙背系将仰斜式挡土墙的上部墙背改为俯斜,以减小上部断面尺寸,多用于路堑墙,也可用于路肩墙。

衡重墙背在上下墙之间设置衡重台，并采用陡直的墙面。它适用于山区地形陡峻处的路肩墙和路堤墙，也可用于路堑墙。上墙俯斜墙背的坡度为1:0.25～1:0.45，下墙仰斜墙背的坡度在1:0.25左右，上下墙的墙高比一般采用2:3。

2. 墙面

墙面一般均为平面，其坡度应与墙背坡度相协调。墙面坡度直接影响挡土墙的高度。因此，在地面横坡较陡时，墙面坡度一般为1:0.05～1:0.20，矮墙可采用陡直墙面；地面平缓时，一般采用1:0.20～1:0.35较为经济。

3. 墙顶

墙顶最小宽度，浆砌挡土墙不小于50 cm，干砌挡土墙不小于60 cm。浆砌路肩墙顶一般宜采用粗石料或混凝土做成顶帽，厚40 cm。如不做顶帽，对路堤墙和路堑墙，墙顶应以大块石砌筑，并用砂浆勾缝，或用M5.0砂浆抹平顶面，砂浆厚2 cm。干砌挡土墙墙顶50 cm高度内，应用25号砂浆砌筑，以增加墙身稳定。干砌挡土墙的高度一般不宜大于6 cm。

4. 护栏

为保证交通安全，在地形险峻地段，或过高过长的路肩墙的墙顶应设置护栏。为保持土路肩最小宽度，护栏内侧边缘距路面边缘的距离，二级公路、三级公路不小于0.75 cm，四级公路不小于0.5 cm。

（二）基础

基础设计的主要内容包括基础类型和基础埋置深度的确定。

绝大多数挡土墙，都直接修筑在天然地基上。地基不良和基础处理不当，往往会引起挡土墙的破坏，因此必须重视挡土墙的基础设计，事先应对地基的地质条件作详细调查，必要时须先作挖探或钻探，然后确定基础类型与埋置深度。

1. 基础类型

绝大多数挡土墙通常采用浅基础，只有在特殊情况下，才使用桩基。绝大多数挡土墙的基础直接设置在天然地基上。当地基软弱、墙身较高时，为减轻基底压应力，增加稳定性，常常采用扩大基础。墙趾可伸出台阶，以拓宽基底，台阶宽度不小于20 cm，高宽比可用3:2或2:1。

2. 基础埋置深度

对于土质地基，基础埋置深度应符合下列要求：

当冻结深度小于或等于1 m时，基底应在冻结线以下不小于0.25 m，并应符合基础最小埋置深度不小于1 m的要求。

当冻结深度超过1 m时，基础最小埋置深度不小于1.25 m，还应将基底至冻结线以下0.25 m深度范围的地基土换填为弱冻胀材料。

受水流冲刷时，应按路基设计洪水频率计算冲刷深度，基底应置于局部冲刷线以下不小于1 m。

路堑式挡土墙基础顶面应低于路堑边沟底面不小于0.5 m。

在风化层不厚的硬质岩石地基上，基底一般应置于基岩表面风化层以下；在软质岩石地基，基础最小埋置深度不小于1 m。

对于岩石地基,应清除表面风化层。当风化层较厚而难以全部清除时,可根据地基的风化程度及其容许承载力将基底埋入风化层中。基础嵌入岩层的深度,可参照表 5-2 确定。墙趾前地面横坡较大时,应留出足够的襟边宽度(趾前至地面横坡的水平距离),以防止地基剪切破坏。

表 5-2　基础嵌入岩层的深度

岩层种类	基础埋深 h(m)	襟边宽度 L(m)	嵌入示意图
较完整的硬质岩石	0.25	0.25 ~ 0.50	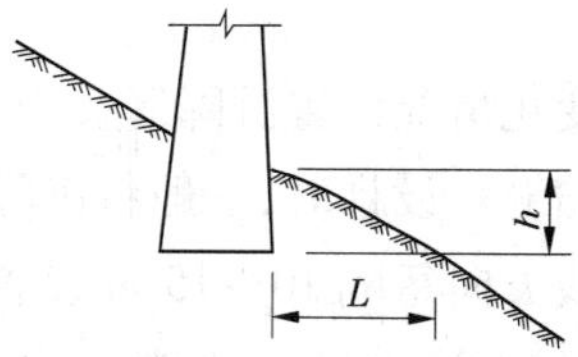
一般硬质岩石	0.6	0.6 ~ 1.5	
软质岩石	1.0	1.0 ~ 2.0	
土质	≥1.0	1.5 ~ 2.5	

当挡土墙位于地质不良地段,地基土内可能出现滑动面时,应进行地基抗滑稳定性验算,将基础底面埋置在滑动面以下,或采用其他措施,以防止挡土墙滑动。

(三)排水设施

挡土墙应设置排水措施,以疏干墙后土体和防止地表水下渗,防止墙后积水形成静水压力,减小寒冷地区回填土的冻胀压力,消除黏性土填料浸水后的膨胀压力。

挡土墙的排水设施通常由地面排水和墙身排水两部分组成。

地面排水,主要是防止地表水渗入墙背填料或地基。排水措施主要包括:设置地面排水沟,引排地面水;夯实回填土顶面和地面松土,防止雨水及地表水下渗,必要时可加设铺砌;对路堑挡土墙墙趾前的边沟应予以铺砌加固,以防边沟水渗入基础;设置墙身泄水孔,排除墙后水。

墙身排水,主要是为了迅速排除墙后积水。通常浆砌块(片)石墙身应在墙前地面以上设一排泄水孔。墙高时,可在墙上部加设一排汇水孔。汇水孔的尺寸一般为 5 cm × 10 cm、10 cm × 10 cm、15 cm × 20 cm 的方孔或直径为 5 ~ 10 cm 的圆孔。孔眼间距一般为 2 ~ 3 m,对于浸水挡土墙孔眼间距一般为 1.0 ~ 1.5 m,干旱地区可适当加大。孔眼上下错开布置。下排排水孔的出口应高出墙前地面 0.3 m;若为路堑墙,应高出边沟水位 0.3 m;若为浸水挡土墙,应高出常水位 0.3 m。为防止水分渗入地基,下排泄水孔进水口的底部应铺设 30 cm 厚的黏土隔水层。泄水孔的进水部分应设置粗粒料反滤层,以免孔道堵塞。当墙背填土透水性不良或可能发生冻胀时,应在最低一排泄水孔至墙顶以下 0.5 m 的范围内铺设厚度不小于 0.3 cm 的砂卵石排水层。挡土墙常见的排水设施见图 5-3。

一般情况下,墙身可以不设防水层,但在严寒地区或附近环境水有侵蚀性时,应作防水处理。通常,对石砌挡土墙先抹一层水泥砂浆,再涂热沥青;对混凝土挡土墙则涂热沥青。

(四)沉降缝与伸缩缝

为避免因地基不均匀沉陷而引起墙身开裂,需根据地质条件的变异和墙高、墙身断面

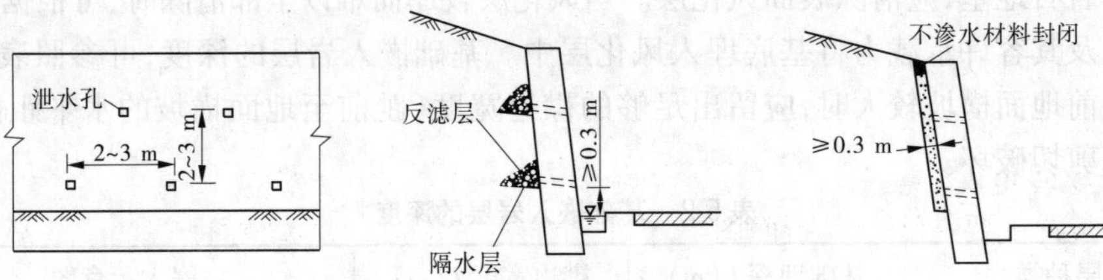

图 5-3　挡土墙常见的排水设施示意图

的变化情况设置沉降缝。为了防止圬工砌体因收缩硬化和温度变化而产生裂缝，应设置伸缩缝。设计时，一般将沉降缝与伸缩缝合并设置，统称为沉降伸缩缝或回落变形缝，沿路线方向每隔 10 ~ 15 m 设置一道，兼起两者的作用，缝宽 2 ~ 3 cm，缝内一般可用胶泥填塞，但在渗水量大、填料容易流失或冻害严重地区，则宜用沥青麻筋或涂以沥青的木板等具有弹性的材料，沿内、外、顶三方填塞，填深不宜小于 0. 15 m，当墙后为岩石路堑或填石路堤时，可设置空缝。钢筋混凝土挡土墙表面须设置垂直的 V 形槽，间距不大于 10 cm，设槽处钢筋不截断，在沉降或伸缩缝处水平钢筋应截断，接缝可做成企口或前后墙面槽口式。干砌挡土墙可不设沉降缝与伸缩缝。位于岩石地基上的整体式墙体的挡土墙，设缝间距可适当增长，但不应大于 20 m。加筋挡土墙的分段设缝距离可适当加长，但不应大于 25 m。

干砌石挡土墙缝的两侧应选用平整石料砌筑，以便于砌筑成垂直通缝。

二、挡土墙的布置

挡土墙的布置是挡土墙设计的一项重要内容，通常在路基横断面图和墙址纵断面图上进行，个别复杂的挡土墙尚应作平面布置。

(一)横向布置

横向布置主要在路基横断面图上进行，其内容有：选择挡土墙的位置，确定断面形式，绘制挡土墙横断面图等。

1. 选择挡土墙的位置

路堑挡土墙，大多设置在边沟的外侧。路肩墙应保证路基宽度布设。路堤墙应与路肩墙进行技术经济比较，以确定墙的合理位置。路堤墙与路肩墙的墙高或圬工数量相近，其基础情况亦相仿时，宜做路肩墙，因为采用路肩墙可减少填方和占地；但当路堤墙的墙高或圬工数量比路肩墙显著降低，且基础可靠时，则宜做路堤墙。浸水挡土墙应结合河流情况布置，以保持水流顺畅，不致挤压河道而引起局部冲刷。山坡挡土墙应考虑设在基础可靠处，墙的高度应保证设墙后墙顶以上边坡的稳定性。

2. 确定断面形式，绘制挡土墙横断面图

不论是路堤墙，还是路肩墙，当地形陡峻时，可采用俯斜式或衡重式；地形平坦时，则可采用仰斜式。对路堑墙来说，宜采用仰斜式或凸形折线式。

挡土墙横断面图的绘制，选择在起讫点、墙面最大处、墙身断面或基础形式变异处，以及其他必须设置桩号处的横断面上进行。根据墙身型式、墙高和地基与填料的物理力学指标等设计资料,进行设计或套用标准图,确定墙身断面尺寸、基础型式和埋置深度,布置排水设计,指定墙背填料的类型等。

(二)纵向布置

纵向布置主要在墙址纵断面图上进行,布置后绘制挡土墙正立面图,如图5-4所示。

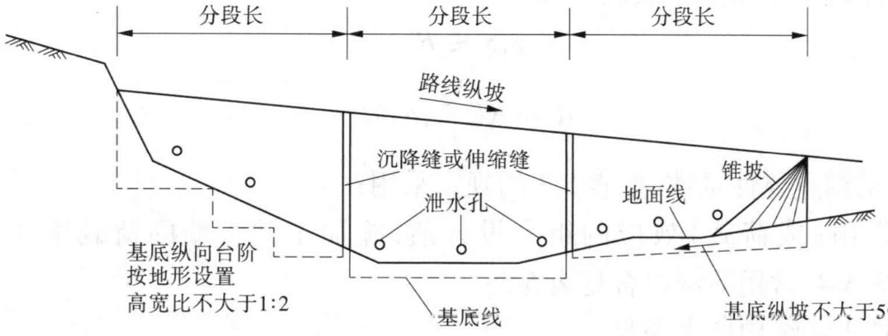

图5-4　挡土墙正立面图

(1)确定挡土墙的起讫点和墙长,选择挡土墙与路基或其他结构物的连接方式。路肩墙与路堑连接应嵌入路堑中2~3 cm;与路堤连接采用锥坡和路堤衔接;与桥台连接时,为了防止墙后回填表土从桥台尾端与挡土墙连接处的空隙中溜出,应在台尾与挡土墙之间设置隔墙及接头墙脚。

路堑挡土墙在隧道洞口应结合隧道洞门、翼墙的设置情况平顺衔接;与路堑边坡衔接时,一般将墙顶逐渐降低到2 m以下,使边坡坡脚不至于伸入沟内,有时也可用横向端墙连接。

(2)按地基及地形情况进行分段,确定沉降伸缩缝的位置。

(3)布置各段挡土墙的基础。沿挡土墙长度方向有纵坡时,挡土墙的纵向基底宜做成不大于5%的纵坡。当墙址地面纵坡不超过5%时,基底可按此纵坡布置;若大于5%,应在纵向挖成台阶,台阶的尺寸随地形而变化,但其高宽比不宜大于1∶2。地基为岩石时,纵坡虽不大于5%,为减少开挖,也可在纵向做成台阶。

(4)确定泄水孔和护栏(或护桩、护墙)的位置,包括数量、尺寸和间距。

(5)标注各特征断面的桩号及墙顶、基础、冲刷线、冰冻线和设计洪水位的标高等。

(三)平面布置

对于个别复杂的挡土墙,如高的、长的沿河挡土墙和曲线挡土墙,除进行横、纵向布置外,还应进行平面布置,并绘制平面布置图。

在平面图上,应标示挡土墙与路线平面位置的关系,与挡土墙有关的地物、地貌等情况,沿河挡土墙还应标示河道、水流方向,以及其他防护、加固工程等。

挡土墙的布置,往往需要在横、纵、平三面上多次反复比较,方能取得技术上可靠、经济上合理,且施工简便的最佳方案。在挡土墙设计图纸上,应附有简要说明,说明选用挡土墙设计参数的依据,主要工程数量,对材料和施工的要求及注意事项等,以利于指导施工。

三、挡土墙的结构设计

(一)挡土墙作用荷载

1. 挡土墙设计方法

挡土墙按以“极限状态设计的分项系数法为主的”设计方法进行设计,挡土墙构件承载能力极限状态设计采用的一般表达式为:

$$\gamma_0 S \leqslant R \tag{5-1}$$

$$R = R\left(\frac{R_k}{\gamma_f}, \alpha_d\right)$$

式中 γ_0——结构重要性系数,按表 5-3 的规定采用;

S——作用(或荷载)效应的组合设计值,施加于挡土墙的荷载按性质划分见表 5-4,常用荷载组合见表 5-5;

R——挡土墙结构抗力函数;

R_k——抗力材料的强度标准值;

γ_f——结构材料、岩土性能的分项系数,见表 5-6;

α_d——结构或结构构件几何参数的设计值,当无可靠数据时,可采用几何参数标准值。

表 5-3　结构重要性系数 γ_0

墙高(m)	公路等级	
	高速公路、一级公路	二级及以下公路
≤5.0	1.0	0.95
>5.0	1.05	1.0

作用在一般地区挡土墙上的力,可只计算永久作用(或荷载)和基本可变作用(或荷载),浸水地区、地震动峰值加速度值为 0.2g 及以上的地区、产生冻胀力的地区,尚应计算其他可变作用(或荷载)和偶然作用(或荷载),作用(或荷载)组合可按表 5-5 进行。在一般地区,挡土墙设计仅考虑主要力系;在浸水地区还应考虑附加力;而在地震区应考虑地震对挡土墙的影响。各种力的取舍,应根据挡土墙所处的具体工作条件,按最不利的组合作为设计的依据。

2. 挡土墙荷载计算方法

挡土墙设计关键是确定作用于挡土墙上的力系,其中主要是确定土压力。作用在挡土墙上的力系,按力的作用性质分为主要力系、附加应力和特殊力。主要力系是经常作用于挡土墙上的各种力,包括墙自重及位于墙上的荷载、主动土压力、被动土压力、基底压力及摩擦力等。附加应力是季节性作用于挡土墙的各种力,如洪水时的静水压力和浮力、动水压力、波浪冲击力、冻胀压力以及冰压力等。特殊力是偶然出现的力,如地震力、施工荷载、水流漂浮物的撞击力等。

(1)作用在墙背上的主动土压力,可按库仑理论计算。应进行墙后填料的土质试验,确定填料的物理力学指标。当缺乏可靠试验数据时,填料内摩擦角 φ 可参照《公路路基设计规范》(JTG D30—2004)选用。

表 5-4　荷载分类表

<table>
<tr><th colspan="2">荷载分类</th><th>荷载名称</th></tr>
<tr><td colspan="2" rowspan="9">永久荷载</td><td>挡土墙结构重力</td></tr>
<tr><td>填土(包括基础襟边以上土)重力</td></tr>
<tr><td>填土侧压力</td></tr>
<tr><td>墙顶上的有效永久荷载</td></tr>
<tr><td>墙顶与第二破裂面之间的有效荷载</td></tr>
<tr><td>计算水位的浮力及静水压力</td></tr>
<tr><td>预加力</td></tr>
<tr><td>混凝土收缩及徐变影响力</td></tr>
<tr><td>基础变位影响力</td></tr>
<tr><td rowspan="8">可变荷载</td><td rowspan="2">基本可变荷载(活载)</td><td>车辆荷载引起的土侧压力</td></tr>
<tr><td>人群荷载、人群荷载引起的土侧压力</td></tr>
<tr><td rowspan="5">其他可变荷载</td><td>水位退落时的动水压力</td></tr>
<tr><td>流水压力</td></tr>
<tr><td>波浪压力</td></tr>
<tr><td>冻胀压力和冰压力</td></tr>
<tr><td>温度影响力</td></tr>
<tr><td>施工荷载</td><td>与各类挡土墙施工有关的临时荷载</td></tr>
<tr><td colspan="2" rowspan="3">偶然荷载</td><td>地震作用力</td></tr>
<tr><td>滑坡、泥石流作用力</td></tr>
<tr><td>作用于墙顶护栏上的车辆碰撞力</td></tr>
</table>

表 5-5　常用荷载组合

组合	荷载名称
Ⅰ	挡土墙结构重力、填土重力、墙顶上的有效永久荷载、填土侧压力及其他永久荷载组合
Ⅱ	组合Ⅰ与基本可变荷载相组合
Ⅲ	组合Ⅱ与其他可变荷载、偶然荷载相组合

(2)挡土墙前的被动土压力可不计算。当基础埋置较深且地层稳定、不受水流冲刷和扰动破坏时,可计入被动土压力,但应按表 5-6 的规定计入作用分项系数。

表 5-6　承载能力极限状态作用(或荷载)分项系数

情况	荷载增大对挡土墙结构起有利作用时		荷载增大对挡土墙结构起不利作用时	
组合	Ⅰ,Ⅱ	Ⅲ	Ⅰ,Ⅱ	Ⅲ
垂直恒载 γ_G	0.90		1.20	
恒载或车辆荷载、人群荷载的主动土压力 γ_{Q_1}	1.00	0.95	1.40	1.30
被动土压力 γ_{Q_2}	0.30		0.50	
水浮力 γ_{Q_3}	0.95		1.10	
静水压力 γ_{Q_4}	0.95		1.05	
动水压力 γ_{Q_5}	0.95		1.20	

(3)车辆荷载作用在挡土墙墙背填土上所引起的附加土体侧压力,可按式(5-2)换算成等代均布土层厚度计算:

$$h_0 = \frac{q}{\gamma} \tag{5-2}$$

式中　h_0——换算土层厚度,m;

q——车辆荷载附加荷载强度,kN/m²;

γ——墙背填土的重度,kN/m³。

车辆荷载附加荷载强度的取值:墙高小于 2 m,取 20 kN/m²;墙高大于 10 m,取 10 kN/m²;墙高为 2~10 m 时,附加荷载强度用直线内插法计算。作用于墙顶或墙后填土上的人群荷载强度规定为 3 kN/m²;作用于挡土墙栏杆顶的水平推力采用 0.75 kN/m,作用于栏杆扶手上的竖向力采用 1 kN/m。

(4)其他。挡土墙上受地震力作用时,应符合现行《公路工程抗震设计规范》(JTJ 004)的规定。浸水挡土墙墙背为岩块和粗粒土(粉砂除外)时,可不计墙身两侧静水压力和墙背动水压力。墙身所受浮力,应根据地基地层的浸水情况按下列原则确定:砂类土、碎石类土和节理很发育的岩石地基,按计算水位的 100% 计算;岩石地基按计算水位的 50% 计算。

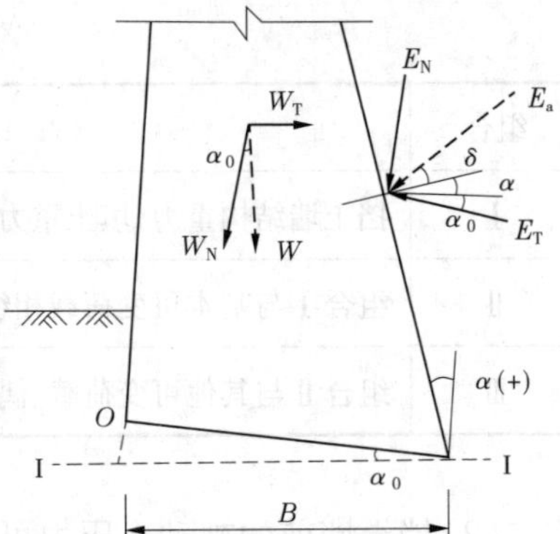

图 5-5　稳定性验算图式

(二)挡土墙稳定性验算

挡土墙稳定性验算主要是指抗滑动、抗倾覆和基础承载力验算,挡土墙稳定性验算图式如图 5-5 所示。

1. 抗滑动稳定性验算

挡土墙的抗滑动稳定性是指在土压力和其他外荷载的作用下,基底摩阻力抵抗挡土墙滑移的能力,用抗滑稳定系数 K_c 表示,即作用于挡土墙上的抗滑力与实际下滑力之比。

$$K_c = \frac{(W_N + E_N)\mu + E'_p}{E_T - W_T} = \frac{[W\cos\alpha_0 + E_a\sin(\alpha + \delta + \alpha_0)]\mu + E'_p}{E_a\cos(\alpha + \delta + \alpha_0) - W\sin\alpha_0} \geqslant [K_c] \quad (5\text{-}3)$$

式中 W——作用于基底以上的重力，kN，浸水挡土墙的浸水部分应计入浮力；

W_N，W_T——作用于倾斜基底时，垂直基底和平行基底的分力，kN；

E_a——主动土压力，kN；

E_N，E_T——与基础底面的垂直分量和平行分量，kN；

E'_p——墙前被动土压力水平分量的 0.3 倍，kN；

α_0——基底和水平面的夹角，(°)，基底为水平时，$\alpha_0 = 0°$；

μ——基础底面（圬工）与地基土之间的摩擦系数，可通过现场试验确定，当无实测资料时，可参考表 5-7 选用；

$[K_c]$——容许的抗滑稳定系数，设计时取 1.3，施工阶段验算取 1.2。

表 5-7　基底与基底土间的摩擦系数 μ

地基土的分类	摩擦系数 μ	地基土的分类	摩擦系数 μ
软塑黏土	0.25	碎石类土	0.50
硬塑黏土	0.30	软质岩石	0.40 ~ 0.60
砂类土、黏砂土、半干硬的黏土	0.30 ~ 0.40	硬质岩石	0.60 ~ 0.70
砂类土	0.40		

挡土墙抗滑稳定系数也可按照《公路路基设计规范》（JTG D30—2004）所表述公式计算，计算方法一致。

$$K_c = \frac{[N + (E_x - E'_p)\tan\alpha_0]\mu + E'_p}{E_x - N\tan\alpha_0} \quad (5\text{-}4)$$

式中 N——作用于基底上合力的竖向分力，kN，浸水挡土墙应计浸水部分的浮力，可按照墙重力和主动土压力垂直分量对基础底面法向的竖向力合并计算；

E_x——墙后主动土压力的水平分量，kN。

2. 抗倾覆稳定性验算

挡土墙的抗倾覆稳定性是指它抵抗墙身绕墙趾向外转动倾覆的能力，用抗倾覆稳定系数 K_0，即对墙趾的稳定力矩之和 $\sum M_y$ 与倾覆力矩之和 $\sum M_0$ 的比值来表示，抗倾覆稳定系数 K_0 为：

$$K_0 = \frac{\sum M_y}{\sum M_0} = \frac{WZ_W + E_y Z_y + E'_p Z_p}{E_x Z_x} \geqslant [K_0] \quad (5\text{-}5)$$

式中 Z_W——墙身重力、基础重力、基础上填土的重力及作用于墙顶的其他荷载的竖向力合力重心到墙趾的距离，m；

Z_x——墙后主动土压力的水平分量到墙趾的距离,m;

Z_y——墙后主动土压力的竖向分量到墙趾的距离,m;

Z_p——墙前被动土压力的水平分量到墙趾的距离,m;

$[K_0]$——容许的抗倾覆稳定系数,通常在荷载组合Ⅰ、Ⅱ情况下取值1.5,在荷载组合Ⅲ情况下取1.3,施工阶段验算均取1.2。

设置于不良土质地基、表土下为倾斜基岩地基及斜坡上的挡土墙,应对挡土墙地基及填土的整体稳定性进行验算,其稳定系数不应小于1.25。

3. 基础设计与稳定性计算

基底合力的偏心距 e_0 可按式(5-6)计算:

$$e_0 = \frac{M_d}{N_d} \tag{5-6}$$

式中 N_d——作用于基底上的垂直力组合设计值,kN/m;

M_d——作用于基底形心的弯矩组合设计值,MPa。

挡土墙地基计算时,各类作用(或荷载)组合下,作用效应组合设计值计算式中的作用分项系数,除被动土压力分项系数 $\gamma_{Q_2}=0.3$ 外,其余作用(或荷载)的分项系数均规定等于1。

基底压应力 σ 应按下列公式计算。

当 $|e| \leqslant \frac{B}{6}$ 时
$$\sigma_{1,2} = \frac{N_d}{A}\left(1 \pm \frac{6e}{B}\right) \tag{5-7}$$

位于岩石地基上的挡土墙:

当 $|e| > \frac{B}{6}$ 时
$$\sigma_1 = \frac{2N_d}{3\alpha_1}, \sigma_2 = 0 \tag{5-8}$$

$$\alpha_1 = \frac{B}{2} - e_0 \tag{5-9}$$

式中 σ_1——挡土墙墙趾部的压应力,kPa;

σ_2——挡土墙墙踵部的压应力,kPa;

B——基底宽度,m,倾斜基底为其斜宽;

A——基础底面每延米的面积,矩形基础为基础宽度 $B \times l$,m^2。

基底合力的偏心距 e_0,对土质地基不应大于 $B/6$,对岩石地基不应大于 $B/4$。基底压应力不应大于基底的容许承载力 $[\sigma_0]$;基底容许承载力值可按现行《公路桥涵地基与基础设计规范》(JTG D63—2007)的规定采用,当为作用(或荷载)组合Ⅲ及施工荷载,且 $[\sigma_0] > 150$ kPa时,可提高25%。

四、挡土墙设计示例

(一)设计资料

(1)墙身构造。拟采用浆砌片石重力式路堤墙,墙高 $H=6$ m。填土高为3 m,填土边坡为1:1.5。墙背仰斜,边坡为1:0.25($\alpha = -14°02'$)。墙身分段长度为10 m。

(2)车辆荷载：计算荷载为公路－Ⅱ级荷载。

(3)土质地质情况。墙背填土重度 $\gamma=18\ \mathrm{kN/m^3}$，计算内摩擦角 $\varphi=35°$，填土与墙背间的摩擦角 $\delta=\varphi/2$；黏性土地基，容许承载力 $[\sigma_0]=250$ kPa，基底摩擦系数 $\mu=0.30$。

(4)汽车荷载换算土层厚度 $h_0=0.8$ m，初步设计，墙面平行于墙背，基底倾斜 1∶5（$\alpha_0=11°18'$）。通过试算，选定墙顶宽 $b_1=1.56$ m，$E_a=92.76$ kN，$E_x=92.57$ kN，$E_y=5.60$ kN，$Z_x=2.08$ m，$Z_{x_1}=1.78$ m，$Z_{y_1}=2.01$ m（土压力计算过程部分略）。

(5)墙身重 $W=200.86$ kN（$W_1=195.80$ kN，$W_2=5.06$ kN），其力臂 $Z_{W_1}=1.49$ m，$Z_{W_2}=1.02$ m，如图 5-6 所示。

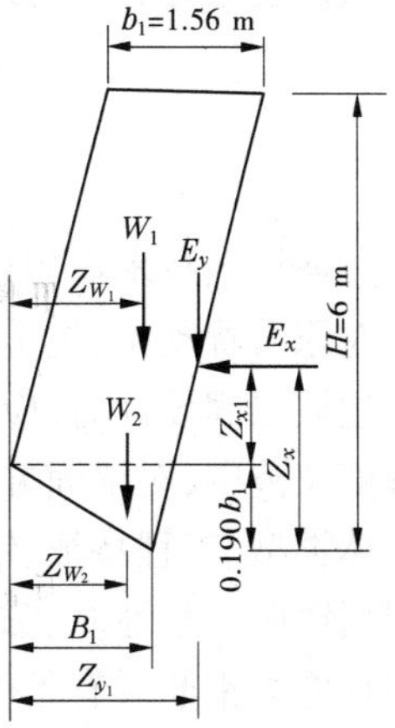

5-6　仰斜式挡土墙验算示意图

(二)挡土墙稳定性验算

1. 抗滑稳定性验算

抗滑稳定系数 K_c 为

$$K_c=\frac{(W_N+E_N)\mu+E'_p}{E_T-W_T}=\frac{[W\cos\alpha_0+E_a\sin(\alpha+\delta+\alpha_0)]\mu+0}{E_a\cos(\alpha+\delta+\alpha_0)-W\sin\alpha_0}$$

$$=\frac{[200.86\times\cos11°18'+92.76\times\sin(-14°02'+17°30'+11°18')]\times0.30}{92.76\times\cos(-14°02'+17°30'+11°18')-200.86\times\sin11°18'}$$

$$=1.31>[K_c]1.3$$

2. 抗倾覆稳定性验算

抗倾覆稳定系数 K_0 为：

$$K_0=\frac{\sum M_y}{\sum M_0}=\frac{W_1Z_{W_1}+W_2Z_{W_2}+E_yZ_{y_1}+E'_pZ_p}{E_xZ_{x_1}}$$

$$=\frac{195.80\times1.49+5.06\times1.02+5.60\times2.01+0}{92.57\times1.78}=1.87>[K_0]=1.5$$

稳定性验算的结果表明，断面尺寸由滑动控制，上述估计符合实际。

3. 基底应力验算

$$B_1=b_1-0.190b_1\times0.25=0.953b_1=0.953\times1.56=1.487(\mathrm{m})$$

$$Z_N=\frac{W_1Z_{W_1}+W_2Z_{W_2}+E_yZ_{y_1}-E_xZ_{x_1}}{W_1+W_2+E_y}$$

$$=\frac{195.80\times1.49+5.06\times1.02+5.60\times2.01-92.57\times1.78}{195.80+5.06+5.60}=0.694(\mathrm{m})$$

$$e_0=\frac{B_1}{2}-Z_N=\frac{1.487}{2}-0.694=0.050(\mathrm{m})<0.75\times\frac{B_1}{6}=0.186(\mathrm{m})$$

$$\begin{matrix}\sigma_1\\ \sigma_2\end{matrix}=\frac{N}{A}\pm\frac{\sum M}{W_0}=\frac{W+E_y}{B_1}\left(1\pm\frac{6e_0}{B_1}\right)=\frac{200.86+5.60}{1.487}\times\left(1\pm\frac{6\times0.050}{1.487}\right)$$

$$=\begin{matrix}166.85\\ 110.83\end{matrix}\mathrm{kPa}\leqslant[\sigma_0]=250\ \mathrm{kPa}$$

通过上述验算，所拟截面符合各项要求，决定采用此截面，顶宽为 1.56 m。

第三节 边坡锚固

边坡锚固技术应用锚杆或锚索对边坡进行加固，它充分发挥岩土体自身稳定能力，是一种对原岩扰动小、施工速度快、安全可靠、经济有效的加固方式。

边坡锚固设计时，应根据边坡稳定性分析资料，鉴别边坡的破坏模式，确定边坡不稳定程度及范围，对锚固方案的合理性、安全性进行技术经济论证。锚固的型式应根据边坡岩土体类型、工程特征、锚承载力大小、锚杆材料和长度、施工工艺等条件确定。锚杆材料可根据锚固工程性质、锚固部位、工程规模选择高强度低松弛的钢绞线、精轧螺纹钢筋或普通预应力钢筋。有条件时，宜优先采用无黏结钢绞线。

一、边坡锚固设计应具备的资料

(1)与锚固工程有关的地形、地貌及边坡总体布置设计。

(2)岩土体类别、主要构造的产状、各种结构面的组合关系及地下水发育程度。

(3)锚固工程所涉及部位岩土体的抗压强度、岩土体的 c、φ 值，以及可能失稳的结构面的 c、φ 值和胶结材料与被锚固介质的黏结强度。

二、锚固边坡稳定性评价

对锚固边坡进行稳定性计算时，锚作用力可简化为作用于坡面上的一个集中力，也可简化为作用于滑面上的一个集中力(见图 5-7)，并取两者计算的锚固边坡稳定安全系数的小值作为锚固边坡的稳定安全系数。

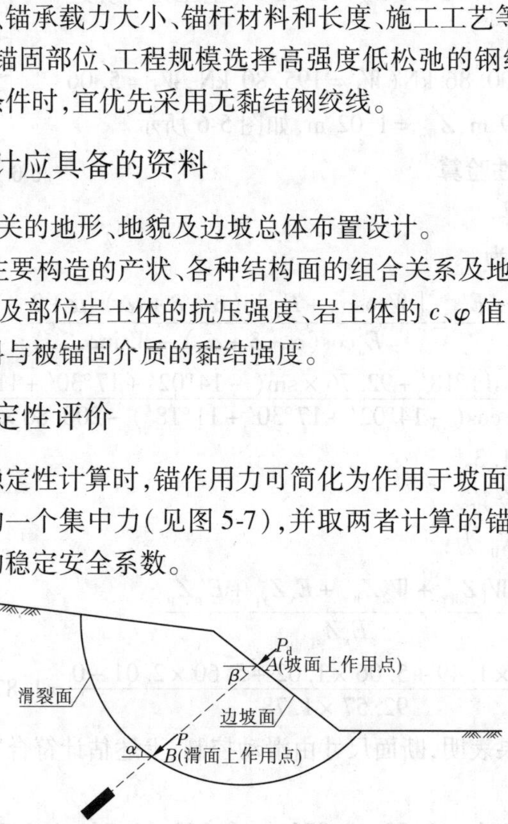

图 5-7 锚作用力的简化

三、设计锚固力计算方法

设计锚固力应根据边坡不稳定力(下滑力)确定，按式(5-10)计算：

$$P_d = \frac{E}{\sin(\alpha + \beta)\tan\varphi + \cos(\alpha + \beta)} \tag{5-10}$$

式中 P_d——设计锚固力，kN；

E——下滑力，kN；

φ——滑动面内摩擦角，(°)；

α——锚杆与滑动面相交处滑动面倾角，(°)；

β——锚杆与水平面的夹角,(°)。

四、预应力锚杆设计

(一)预应力锚杆体截面面积

预应力锚杆可用于土质、岩质边坡加固,其锚固段应置于稳定地层中;硬质岩锚固宜采用拉力型锚杆,土质及软质岩锚固宜采用分散型锚杆。

锚杆体截面面积应按式(5-11)计算:

$$A = \frac{KP_d}{F_{ptk}} \tag{5-11}$$

式中 A——锚杆体截面面积,m^2;

K——安全系数,按表5-8选取;

F_{ptk}——锚杆体材料抗拉强度标准值,kPa;

其他符号意义同前。

表5-8 预应力锚杆锚固体设计安全系数

锚杆破坏后危害程度	安全系数	
	锚杆服务年限≤2年 (临时性锚杆)	锚杆服务年限>2年 (永久性锚杆)
危害轻微,不会构成公共安全问题	1.4~1.6	1.6~1.8
危害较大,但公共安全无问题	1.6~1.8	1.8~2.0
危害大,会出现公共安全问题	1.8~2.0	2.0~2.2

注:如果在土体或全风化岩中,应取表中较高值。

(二)锚固体的承载能力

锚固体的承载能力由注浆体与锚孔壁的黏结强度、锚杆与注浆体的黏结强度及锚杆强度等三部分控制,设计时取其小值。

预应力锚杆宜采用黏结型锚固体,地层与注浆体间的黏结长度应按式(5-12)计算:

$$L_r = \frac{KP_d}{\zeta \pi d f_{rb}} \tag{5-12}$$

式中 L_r——地层与注浆体间的黏结长度,m;

K——安全系数,按表5-8选取;

ζ——锚固体与地层黏结工作条件系数,对永久性锚杆(锚杆服务年限>2年)取1.00,对临时性锚杆(锚杆服务年限≤2年)取1.33;

d——锚固段钻孔直径,m;

f_{rb}——地层与注浆体间的黏结强度,kPa,应通过试验确定,当不具备试验条件时可根据《公路路基设计规范》(JTG D63—2007)的规定取值。

注浆体与锚杆体间的黏结长度应满足式(5-13)的要求:

$$L_g = \frac{KP_d}{\xi n \pi d_g f_b} \tag{5-13}$$

式中 L_g——注浆体与锚杆体间的黏结长度，m；

ξ——锚杆体与砂浆黏结工作条件系数，对永久性锚杆（锚杆服务年限 >2 年）取 0.60，对临时性锚杆（锚杆服务年限≤2 年）取 0.72；

d_g——锚杆体材料直径，m；

n——锚杆体根数；

f_b——注浆体与锚杆体间的黏结强度，kPa，应通过试验确定，当不具备试验条件时可参考表 5-9 选用。

表 5-9　钢筋、钢绞线与砂浆之间的黏结强度设计值 f_b　（单位：MPa）

锚类型	水泥浆或水泥砂浆强度等级		
	M25	M30	M35
水泥砂浆与螺纹钢筋	2.10	2.40	2.70
水泥砂浆与钢绞线、高强钢丝	2.75	2.95	3.40

注：1. 当采用二根钢筋点焊成束的做法时，黏结强度应乘以 0.85 的折减系数。

2. 当采用三根钢筋点焊成束的做法时，黏结强度应乘以 0.7 的折减系数。

（三）锚杆总长度

锚杆总长度由锚固段长度、自由段长度及外露段长度组成，各部分长度应满足下列要求：

在确定锚杆锚固段长度时，应分别对锚杆黏结长度 L_r 和 L_g 进行计算，实际锚固段长度应取 L_r 和 L_g 中的大值，且不应小于 3 m，也不宜大于 10 m。

锚杆自由段长度受稳定地层界面控制，在设计中应考虑自由段伸入滑动面或潜在滑动面的长度不小于 1 m，且自由段长度不得小于 5 m。

（四）预应力锚杆构造的要求

预应力锚杆由锚固段、自由段和锚头构成，锚头由垫墩、钢垫板和锚具组成。

锚固段内的预应力筋每隔 1.5 ~ 2.0 m 应设置隔离架。预应力筋的保护层厚度不应小于 20 mm，临时性锚杆预应力筋的保护层厚度不应小于 10 mm。

五、锚固边坡坡面结构设计

锚固边坡坡面结构型式应根据边坡工程地质条件、水文地质条件、岩土性质、边坡高度、施工方法，并结合岩体结构、结构面产状、风化程度和地貌形态以及自然稳定边坡和人工边坡的调查综合确定。坡面结构型式及其适用条件宜按表 5-10 的规定选用。

表 5-10　坡面结构型式及其适用条件

结构型式	适用条件	说明
格子（框架）梁	风化较严重、地下水丰富、软质岩、土质边坡	多雨地区梁宜做成截流沟式
地梁	软硬岩体相间、土质边坡	
单锚墩	硬质岩、块状或整体性好的岩体	

（一）格子（框架）梁设计要求

格子（框架）梁截面可采用矩形或T形，截面宽度不得小于0.30 m。梁单元形状可采用矩形或菱形。当采用矩形时，梁单元尺寸不宜小于3 m×3 m；当采用菱形时，梁单元尺寸不宜小于5 m×3 m。梁的设计宜分单元进行；梁内弯矩、剪力按框架梁或连续梁计算。梁结构应按现行国家标准《混凝土结构设计规范》（GB 50010—2010）计算，荷载分项系数为1.3，附加安全系数为1.23；梁内主筋应分单元配置通长钢筋；梁底嵌入坡面岩体内深度不宜小于0.20 m；水泥混凝土强度等级不宜低于C20。

（二）地梁与单锚墩设计要求

作用于地梁与单锚墩的荷载，应按两地梁或两单锚墩中至中的距离计算；地梁与单锚墩截面可采用矩形或T形，截面厚度不得小于0.30 m；地梁弯短、剪力应根据梁上锚的根数，按简支梁或连续梁计算。地梁结构应按现行国家标准《混凝土结构设计规范》（GB 50010—2010）计算，荷载分项系数为1.3，附加安全系数为1.23；单锚墩设计应根据锚力大小，满足岩体承载要求，并配置适量的构造钢筋；地梁与单锚墩水泥混凝土强度等级不得低于C20，地梁宜嵌入坡面岩体内不小于0.20 m。

第四节　土钉支护

土钉支护亦称土钉墙，由被加固土体、放置在土中的土钉体和面板组成，如图5-8所示。土钉支护融合了锚杆挡土墙和加筋挡土墙的长处，应用于基坑支护和挖方边坡稳定。

一、土钉墙的作用机制

土体的抗剪强度较低，几乎没有抗拉强度，但土体具有一定的结构整体性。当土体内放置一定长度和分布密度的锚钉，与土共同作用，形成复合体时，可弥补土体强度不足并发挥锚钉作用，显著提高整体稳定性。

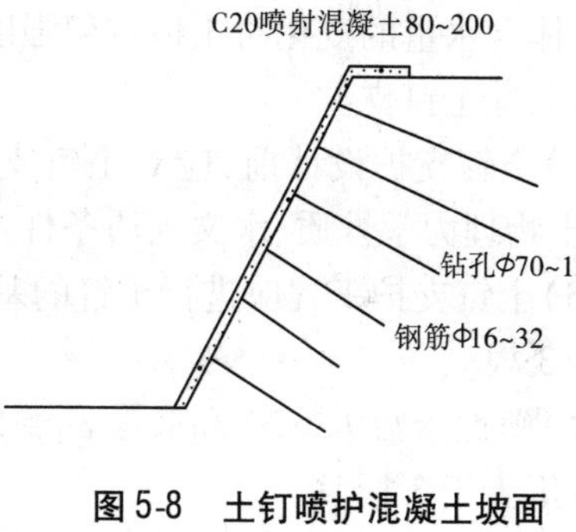

图5-8　土钉喷护混凝土坡面

土钉在复合土体中的作用可概括为以下几点：制约土体变形的骨架作用，应力分担作用，应力传递与扩散作用以及坡面变形的边界约束作用。

二、土钉分类

土钉主要可分为钻孔注浆土钉和打入式土钉两类。

钻孔注浆土钉是最常用的土钉类型。即先在土中钻孔，置入钢筋，然后沿全长注浆。为使土钉钢筋处于孔的中心位置，有足够的浆体保护层，需沿钉长每隔2～3 m设对中支架。土钉外露端宜做成螺纹并通过螺母、钢垫板与配筋喷射混凝土面层相连，在注浆体硬结后用扳手拧紧螺母，使在钉中产生为土钉设计拉力10%左右的预应力；或者将土钉外露端与喷射混凝土面层中的钢筋网焊接，以使二者可靠连接。

打入式土钉是在土体中直接打入角钢、圆钢或钢筋等,不再注浆。由于打入式土钉与土体间的黏结摩阻强度低,钉长又受限制,所以布置较密,可用人力或振动冲击钻、液压锤等机具打入。打入式土钉的优点是不需预先钻孔实胶结土,但不适用于服务年限大于2年的永久支护工程。

与其他支护类型相比,土钉墙具有合理利用土体的自承能力,结构轻型、抗震性好、施工设备简单、工程造价低及防腐性能好等优点,在公路工程建设中得到了较广泛应用。

三、土钉支护的适用条件

土钉支护适用于硬塑或坚硬的黏性土、胶结或弱胶结的粉土、砂土、砾石、软岩和风化岩层等挖方边坡的临时支护和永久支护。但在下列土体中,不宜设置永久性土钉支护:

(1)标贯击数 $N<9$、相对密度 $D_r<0.3$ 的松散砂土。

(2)液性指数大于0.5的软塑、流塑黏性土。

(3)含有大量有机物或工业废料的低强度回填土、新填土以及强腐蚀性土。

(4)在塑性指数大于20和液限大于50%且无侧限抗压强度<50 kPa的黏性土中修建土钉支护工程时,应通过现场的土钉抗拔试验,检验土体的蠕变性能。

四、土钉支护一般技术要求

(1)土钉支护的设计应特别重视水的作用与影响,必须在地表和支护内部设置适宜的排水系统以疏导地表径流和地下水。对于永久性土钉支护的设计,应考虑长期使用过程中土体含水量的变化对土体抗剪强度的不利影响。边坡地下水较发育的挖方边坡不宜设置永久性土钉支护。

(2)土钉支护设计前,应对土钉支护进行综合工程地质勘察实验,查明边坡地层结构、岩土物理力学性质、水文地质条件及其潜在腐蚀性。

(3)土钉支护工程应进行土钉的基本抗拔力试验,试验数为工作土钉总数的1%,且不少于3根。

(4)塑性指数 $I_P\geqslant 20$ 和液限 $\omega_L\geqslant 50\%$ 的黏土中的永久性土钉支护应进行蠕变试验,试验数不少于3根。

(5)应根据边坡工程的重要性和实际条件,对土钉的工作状况和支护效果进行施工期和永久运行期的原位监测,监测项目可按《公路路基设计规范》(JTG D30—2004)附录B选定。土钉支护边坡的水平位移不得超过 $0.3\%H$(边坡高度)。

五、土钉支护设计

(一)结构构造要求

(1)土钉支护宜用于高度不大于18 m的边坡防护,当土钉支护与预应力锚杆联合使用时,边坡高度可增加。边坡较高时宜设多级土钉支护。多级边坡的上下级之间应设置平台,平台宽度不宜小于2.0 m,每级坡高不宜大于10 m。

(2)土钉长度包括非锚固长度和有效锚固长度。非锚固长度应根据墙面与土钉潜在破裂面的实际距离确定。有效锚固长度由土钉内部稳定检算确定。土钉间距为0.75~2

m,与水平面夹角宜为5°~25°。

(3)土钉钉材宜采用Ⅱ、Ⅲ级钢筋,钢筋直径宜为18~32 mm,钻孔直径宜为70~100 mm。土钉钢筋应设定位支架。

(4)喷射混凝土面层厚度:临时支护不宜小于60 mm,永久支护不宜小于80 mm;喷射混凝土强度等级不宜低于C20。

(5)喷射混凝土面层应配置钢筋网,钢筋直径不应小于6 mm,间距宜为15~250 mm。

(6)钻孔注浆材料宜采用水泥浆或水泥砂浆,其强度不宜低于20 MPa。注浆采用孔底返浆法,注浆压力宜为0.4~1.0 MPa。

(7)土钉必须与面层有效连接,可在外端设钢板或加强钢筋,通过螺丝端杆锚具或焊接。

(8)面层应设泄水孔,泄水孔后应设无砂混凝土板滤层。边坡渗水严重时应设置仰斜式排水孔,角度宜仰斜5°~10°,长度比土钉略长。混凝土面层在长度方向应设伸缩缝。

(9)永久支护的面层底端应插入地表以下200~400 mm。如面层由预制混凝土件构筑,则需设置专门的基础。

(10)当土钉被用于腐蚀性土质、雨水较多的地区边坡支护,或土钉不可避免地要深入到地下水位以下时,应对土钉进行防锈处理。可根据情况选用聚乙烯、聚丙烯塑料波纹套管或环氧涂层钢筋。

(二)设计计算方法

土钉支护的结构计算包括支护的内部整体稳定性验算、外部整体稳定性验算和支护面层以及面层与土钉的连接计算。

土钉内部整体稳定性验算可采用圆弧法,假定破坏面上所有的土钉只承受拉力且均分别达到最大设计拉力值。内部整体稳定性验算的安全系数可取1.25~1.30,考虑地震作用,安全系数可折减0.10。

土钉支护外部整体稳定性验算可按挖方高边坡路基的方法计算。对于土钉挡土结构,可按土钉支护的要求,按照挡土墙稳定性计算原理,进行土钉加固土体的整体滑动、倾覆和基底土承载力的验算。

混凝土面层可按以土钉为点支承的连续板进行验算;土钉钉头与混凝土面层的连接,应以钉头作为面层的支点,将侧向土压力作用下产生的支点反力作为钉头应能承受的拉力。面层与钉头的连接处尚应验算混凝土的局部承压能力。

土钉的内部稳定验算包括土钉材料拉断验算、土钉拉拔验算和内部整体稳定验算。限于篇幅,请参见公路相关规范。

思考题

1. 挡土墙如何分类?其适用条件是什么?
2. 挡土墙具体构造组成有哪些?如何布置?
3. 挡土墙荷载计算方法是什么?如何进行挡土墙稳定性验算?

4. 边坡锚固设计资料有哪些？边坡锚固体的承载能力如何计算？

5. 格子(框架)梁设计要求是什么？

6. 土钉支护有什么适用条件？

实训题

某二级公路重力式路肩墙设计资料如下：

(1)墙身构造：墙高5.0 m，墙背仰斜坡度为1∶0.25(14°02′)，墙身分段长度为20 m，其余初始拟采用尺寸如图5-9所示。

(2)土质情况：墙背填土重度$\gamma=18\ kN/m^3$，内摩擦角$\varphi=35°$；填土与墙背间的摩擦角$\delta=17.5°$；地基为岩石地基；容许承载力$[\sigma]=500\ kPa$，基地摩擦系数$f=0.5$。

(3)墙身材料：砌体重度$\gamma=20\ kN/m^3$，砌体容许压应力$[\sigma]=500\ kPa$，容许剪应力$[\tau]=80\ kPa$。

试对本例进行挡土墙稳定性验算。

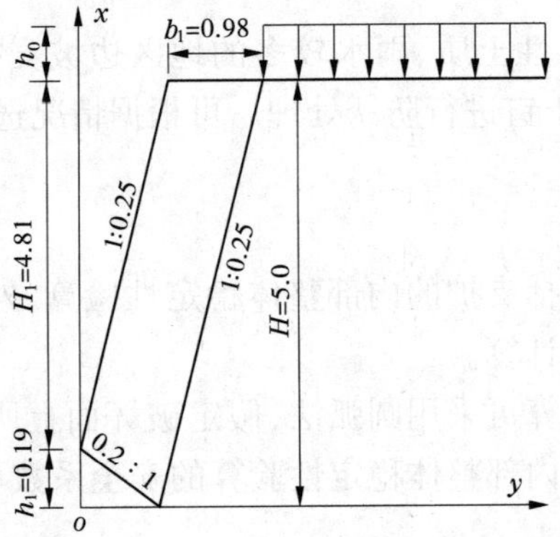

图5-9

第六章　土、石路基施工

学习目标

熟悉路基施工的准备工作内容；熟练掌握路堤、路堑施工方法；熟悉轻质填料路基、特殊路基施工方法。

第一节　路基施工准备

施工准备是工程施工顺利实施的基础和保证。施工准备工作的好坏，直接影响到工程的进度、质量和施工方的经济效益，因此必须高度重视，认真对待。施工准备工作的内容主要包括熟悉设计文件以及施工现场技术准备等。

一、熟悉设计文件

设计文件是组织工程施工的主要依据。熟悉、审核施工图纸是领会设计意图，明确工程内容，掌握工程特点的重要环节，一般应注意以下几个方面：

(1)进行施工前的现场调查，核对设计计算的假定和采用的处理方法是否符合实际情况，工程质量能否保证，施工是否有足够的可靠性，对保证安全施工有无影响。

(2)核对设计是否符合施工条件，如需采用特殊施工方法和特定技术措施，在技术上和设备条件上有无困难。

(3)结合生产工艺和使用上的特点核对有哪些技术要求，施工能否满足设计规定的标准。

(4)核对有无特殊的材料要求，这些材料的品种、规格、数量能否解决。

(5)核对图纸说明有无矛盾，规定是否明确、齐全。

(6)核对图纸各构造物的主要尺寸、位置、标高有无错误。

(7)核对土建工程与设备安装有无矛盾，施工中如何交叉衔接。

(8)通过熟悉图纸，明确在施工中所需材料和构件等制备工程项目的安排。

(9)通过熟悉设计文件，确定与施工有关的组织、物质、技术等各方面的准备工作项目。

在有关施工人员熟悉设计文件、充分准备的基础上，由建设单位负责人召集设计、施工、监理、科研人员参加图纸会审会议。设计人员向施工方作图纸交底，讲清设计意图和对施工的主要要求。施工人员应对图纸和有关问题提出质询。最终由设计单位对图纸会审中提出的合理化建议，按程序进行变更设计或作补充设计。

二、施工现场的技术准备工作

路基施工前，现场的准备工作有：恢复路线，划定路界，路基放样，清理场地，修建临时设施等。

(一)恢复路线

从路线勘测到施工进场一般要经过一段时间,在这段时间内原钉的桩志可能有部分丢失或发生移动。因此,监理工程师向施工单位交桩后,施工方必须按设计图表对路线进行复测,把确定路线位置的各测点加以恢复。其内容有:导线、中线的复测和固定,水准点的复测和增设,横断面的检查与补测。

1. 导线、中线复测和固定

导线复测就是把控制路线中线的各导线点在地面上重新钉出。导线复测应采用红外线测距仪或其他满足测量精度的仪器,其测量精度应满足设计要求。复测导线时,必须和相邻施工段的导线闭合。对有碍施工的导线点,在施工前应设护桩加以固定。

中线复测就是把标定路线平面位置的各点在地面上重新钉出,有时还要在平曲线上以及地形有突变或土石方成分有变化等处增钉加桩,并复核路线的长度。路基开工前,应进行全段中线放样并固定路线主要控制桩,高速公路、一级公路宜采用坐标法进行测量放样。中线放样时,应注意路线中线与结构物中心、相邻施工段的中线闭合,发现问题应及时查明原因,进行处理。

2. 水准点的复测和增设

中线恢复后,对沿线的水准点作复核性水准测量,以复核水准点一览表中各点的水准基点高程和中桩的地面高程。沿路线每500 m宜有一个水准点。在结构物附近、高填深挖路段、工程量集中及地形复杂路段,宜增设水准点。临时水准点应符合相应等级的精度要求,并与相邻水准点闭合。

3. 横断面的检查与补测

路线横断面应详细检查与核对,发现疑问与错误时,必须进行复测。在恢复中线时新设的桩点,应进行横断面的补测。此外,应检查路基边坡设计是否恰当;与有关构造物如涵洞、挡土墙的设计是否配合相称;取土坑、弃土堆的位置是否合理。应当注意,凡是在恢复路线时发现原设计中的一切不正确之处,都应在图纸上明确地记录下来,并与复测的结果一起呈报监理工程师复核或审批。

(二)划定路界

划定路界一般由建设单位(业主)完成。个别地段尚未划定的,应立即报告监理工程师,并会同业主尽快解决。

(三)路基放样

路基施工前,应根据中线桩和设计图表在实地定出路基的几何轮廓形状,作为施工的依据。其主要工作内容有:

(1)横断面放样。横断面的方向,在直线段为与路中线垂直的方向,在曲线段为垂直于所测点的切线方向。首先用十字架确定横断面的方向,然后确定填方断面的坡脚点、挖方断面的坡顶点、半挖半填的坡脚点和坡顶点,放置边桩,画出作业界限。

(2)边坡放样。当路堤边坡放样时,通常采用分层填土、逐层挂线的方法;当路堑边坡放样时,可采用在坡顶外侧设置固定的坡度样板的方法。

(四)清理场地

施工前应清除施工现场内所有阻碍施工或影响工程质量的障碍物。其工作内容如下：

(1)房屋及其他构造物的拆除。一般由业主在施工单位进驻工地前完成。

(2)清除树木和灌木丛。二级及二级以上公路路堤和填方高度小于 1 m 的公路路堤,应将路基基底范围内的树根全部挖除并将坑穴填平夯实;填方高度大于 1 m 的二级以下公路路堤,可保留树根,但根部不能露出地面。取土坑范围内的树根应全部挖除。

应对路幅范围内、取土坑的原地面表层腐殖土、表土、草皮等进行清理,填方地段还应按设计要求整平压实。清出的表层土宜充分利用。

(3)施工场地排水。是指疏干、排除场地上所积的地面水,保持场地干燥,为施工提供正常条件。通常是根据现场情况,设置纵横排水沟,形成排水系统,或者用抽水机强制排水,将水引入附近河渠、低洼处予以排除。

(五)试验准备工作

路基施工前,应按照有关规定和要求,建立试验室。路基施工前,应对路基基底土进行相关试验,每千米至少取 2 个点;土质变化大时,视具体情况增加取样点数。应及时对来源不同、性质不同的拟作为路堤填料的材料进行复查和取样试验。土的试验项目包括天然含水量、液限、塑限、标准击实试验、CBR 试验等,必要时应做颗粒分析、比重、有机质含量、易溶盐含量、冻胀和膨胀量等试验。

(六)试验路段

在下列情况下,应进行试验路段施工：

(1)二级及二级以上公路路堤。

(2)填石路堤、土石路堤。

(3)特殊地段路堤。

(4)特殊填料路堤。

(5)拟采用新技术、新工艺、新材料的路基。

试验路段应选择在地质条件、断面形式等工程特点具有代表性的地段,路段长度不宜小于 100 m。路堤试验路段施工应包括以下内容：

(1)填料试验、检测报告等。

(2)压实工艺主要参数有机械组合、压实机械规格、松铺厚度、碾压遍数、碾压速度。

(3)最佳含水量及碾压时含水量允许偏差等。

(4)过程质量控制方法、指标。

(5)质量评价指标、标准。

(6)优化后的施工组织方案及工艺。

(7)原始记录、过程记录。

(8)对施工设计图的修改建议等。

在整个试验段施工时,应加强对有关指标的检测,完工后及时写出试验报告,上报监理工程师审批。

第二节 路堤施工

路基填筑的主要工作内容包括路基用土的正确选择和处理,填筑施工的各种方法和工艺流程,以及路基压实等问题。

一、路堤填料的要求

各类公路用土具有不同的工程性质,故应选择不同的路基填筑材料,并根据不同的土类分别采取不同的工程技术措施。《公路路基施工技术规范》(JTG F10—2006)关于填料的规定如下:

(1)含草皮、生活垃圾、树根、腐殖质的土严禁作为填料。泥炭、淤泥、冻土、强膨胀土、有机质土及易溶盐超过允许含量的土,不得直接用于填筑路基;确需使用时,必须采取技术措施进行处理,经检验满足设计要求后方可使用。

(2)液限大于50%、塑性指数大于26的土,以及含水量超过规定的土,不得直接作为路堤填料。需要应用时,必须采取满足设计要求的技术措施,经检查合格方可使用。

(3)粉质土不宜直接填筑于路床,不得直接填筑于冰冻地区的路床及浸水部分的路堤。

(4)钢渣、粉煤灰等材料,可用作路堤填料,其他工业废渣在使用前应进行有害物质的含量试验,避免有害物质超标,污染环境。在路基填料中稳定性差的填料主要有高液限黏土、粉质土等,不宜作为公路路基用土。

(5)填料最小强度和最大粒径,应符合表6-1的规定。

表6-1 路基填料最小强度和最大粒径要求

填料应用部位(路面底标高以下深度,m)		填料最小强度(CBR)(%)			填料最大粒径(mm)
		高速公路、一级公路	二级公路	三级公路、四级公路	
路堤	上路床(0~0.30)	8	6	5	100
	下路床(0.30~0.80)	5	4	3	100
	上路堤(0.80~1.50)	4	3	3	150
	下路堤(>1.50)	3	2	2	150
零填及挖方路基	0~0.30	8	6	5	100
	0.30~0.80	5	4	3	100

注:1. 表中强度按《公路土工试验规程》(JTG E40—2007)规定的浸水96 h的CBR试验方法测定。

2. 三级公路、四级公路铺筑沥青混凝土和水泥混凝土路面时,应采用二级公路的规定。

3. 表中上、下路堤填料最大粒径150 mm的规定不适用于填石路堤和土石路堤。

二、土质路堤填筑

为保证路堤的强度和稳定性,在填筑路堤时,要处理好基底,选择良好的填料,保证必需的压实度及正确选择填筑方案。

（一）地基表层处理

地基表层是指路堤基底所接触的原地面。为使路堤填筑后不致产生过大的沉陷，并使路堤与原地面结合紧密，防止路堤沿基底发生滑动，应根据基底的土质、水文、坡度和植被等情况采取相应措施。地基表层处理应符合下列规定：

（1）二级及二级以上公路路堤基底的压实度应不小于90%，三级公路、四级公路应不小于85%。路基填土高度小于路面和路床总厚度时，基底应按设计要求处理。

（2）原地面坑、洞、穴等，应在清除沉积物后，用合格填料分层回填、分层压实，达到规定的压实度。

（3）泉眼或露头地下水，应按设计要求，采取有效导排措施后方可填筑路堤。

（4）地基为耕地、土质松散、水稻田、湖塘、软土、高液限土等时，应按设计要求进行处理，局部软弹的部分也应采取有效的处理措施。

（5）地下水位较高时，应按设计要求进行处理。

（6）陡坡地段、土石混合地基、填挖界面、高填方地基等都应按设计要求进行处理。

（二）路堤填筑方法

1. 路堤填筑的一般技术要求

（1）性质不同的填料，应水平分层、分段填筑、分层压实。同一水平层路基的全宽应采用同一种填料，不得混合填筑。每种填料的填筑层压实后的连续厚度不宜小于500 mm。填筑路床顶最后一层时，压实后的厚度应不小于100 mm。

（2）潮湿或冻融敏感性小的填料应填筑在路基上层。强度较小的填料应填筑在下层。在有地下水的路段或临水路基范围内，宜填筑透水性好的填料。

（3）在透水性不好的压实层上填筑透水性较好的填料前，应在其表面设2% ~4%的双向横坡，并采取相应的防水措施。不得在由透水性较好的填料所填筑的路堤边坡上覆盖透水性不好的填料。

（4）每种填料的松铺厚度应通过试验确定。

（5）每一填筑层压实后的宽度不得小于设计宽度。

（6）路堤填筑时，应从最低处起分层填筑，逐层压实；当原地面纵坡大于12%或横坡陡于1∶5时，应按设计要求挖台阶，或设置坡度向内并大于4%、宽度大于2 m的台阶。

（7）填方分几个作业段施工时，接头部位如不能交替填筑，则先填路段，应按1∶1坡度分层留台阶；如能交替填筑，则应分层相互交替搭接，搭接长度不小于2 m，如图6-1所示。

2. 分层填筑法

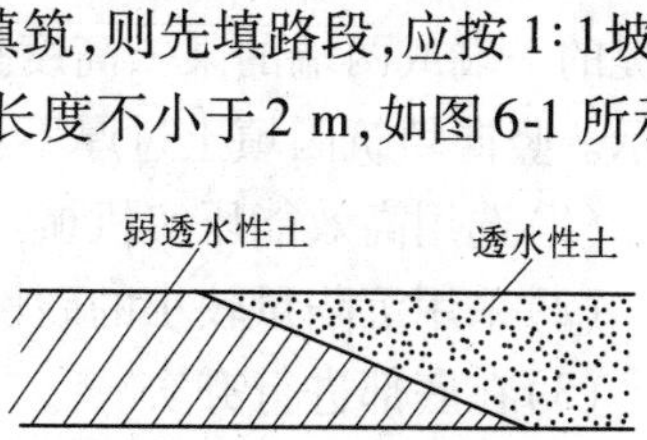

图6-1　路堤纵向搭接示意

分层填筑法是按照路堤设计横断面，自下而上逐层填筑。它可以将不同性质的土，有规则地分层填筑和压实，易于获得必要的压实度和稳定性。每层填土的厚度需视压实机具的有效压实深度和要求的压实度而定。分层的最大松铺厚度，按土质类别、压实机具功能、碾压遍数等经试验确定，但最大松铺厚度不得超过50 cm。填筑至路床顶面最后一层的最小压实厚度不应小于10 cm。

一般路基可按水平方向分层填筑，当采用推土机或铲运机自路堑取土填筑附近低洼处的路堤时,可按纵坡方向分层填筑,如图 6-2 所示。

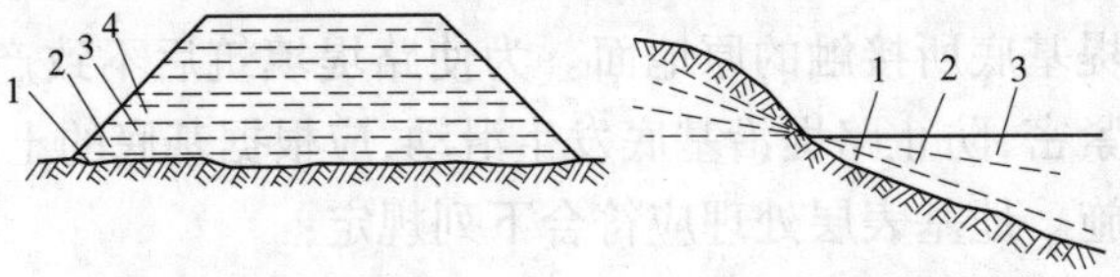

图 6-2　路堤的分层填筑(图中数字为填筑顺序)

在施工中,沿线的土质情况不一样,为避免将不同的土任意混填,造成路基病害,必须在施工前进行现场调查,作出正确的规划,拟订合理的调配方案。不同土质填筑路堤的方案如图 6-3 所示。

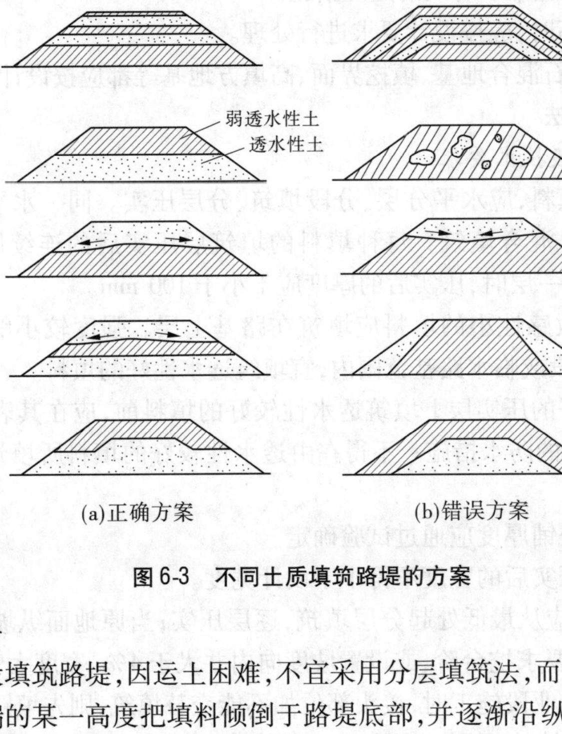

图 6-3　不同土质填筑路堤的方案

3. 竖向填筑法

在深谷陡坡段填筑路堤,因运土困难,不宜采用分层填筑法,而改用竖向填筑法,即从路堤的一端或两端的某一高度把填料倾倒于路堤底部,并逐渐沿纵向向前填筑,如图 6-4 所示。竖向填筑因填土过厚不易压实,施工时需采取下列措施:

(1)选用高效能压实机械。

(2)采用沉陷量较小的砂性土或附近挖路堑的废石方,并一次填足路堤全宽度。

(3)在底部进行夯实。

4. 混合填筑法

如因地形限制或路堤较高,不宜按前述两种方法填筑时,可采用混合填筑法,如图 6-5所示,即路堤下层用竖向填筑,而上层用水平分层填筑,使上部填土经分层压实后获得需要的压实度。

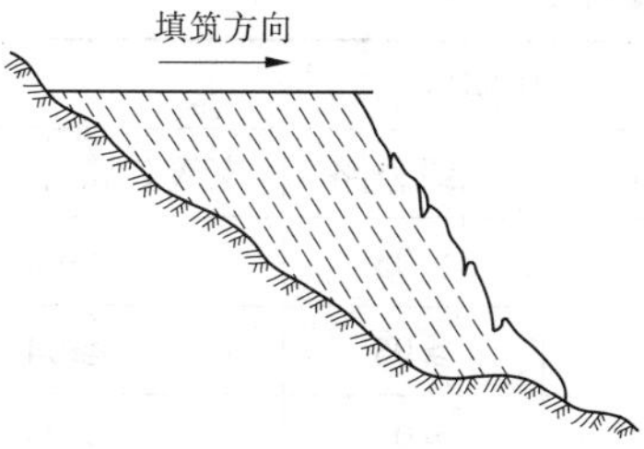

图6-4　竖向填筑法

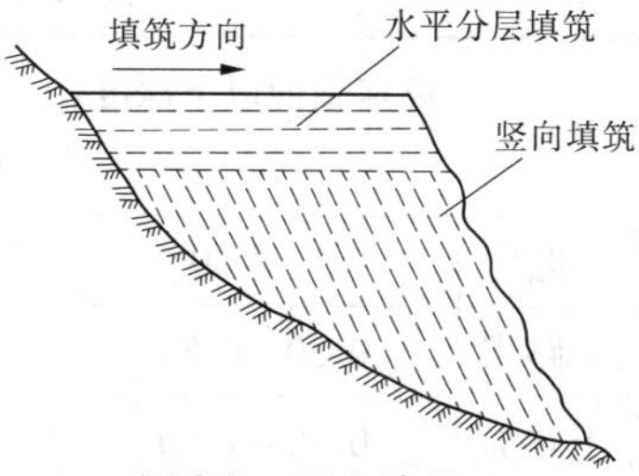

图6-5　混合填筑法

(三)土质路基压实

路基施工破坏了土体的天然状态,使得结构松散,颗粒需要重新组合。为使路基具有足够的强度与稳定性,必须予以压实,以提高其密实程度。所以,路基的压实工作,是路基施工过程中一个重要工序,亦是提高路基强度与稳定性的根本技术措施之一。

通过大量的试验和工程实践已证明:土基压实后,路基的塑性变形、渗透系数、毛细水作用及隔温性能等,均有明显改善。

1. 土基压实控制指标——压实度

提高路基的密实度,可以增加土基的强度和稳定性,降低土体的压缩性、透水性和膨胀性,控制水分积聚和侵蚀引起的病害。因此,对路基提出一定的密实度要求。所谓土的密实度,是指土颗粒排列的紧密程度,其实质是土壤颗粒体积占土体总体积的百分比。通常,在路基施工中土的密实度可用它的干密度 ρ_d(g/cm^3)来表示。

$$\rho_d = \frac{\rho_w}{1 + 0.01\omega} \tag{6-1}$$

式中　ρ_d——土样的实测干密度,g/cm^3;

ρ_w——土样的实测湿密度,g/cm^3;

ω——土样的含水量(%)。

由于不同土的土颗粒密度和颗粒组成往往相差较大,而且土在最佳含水量时的最大干密度取决于土的类型、性质和压实方式功能,因此土的干密度难以表征不同情况下的土的密实程度。我国目前用压实度来表征土基压实的程度,作为控制土基压实的标准。

所谓压实度即土的工地实际压实后的干密度 ρ_d 与室内标准击实试验所得的最大干密度 ρ_c 之比,即

$$K = \frac{\rho_d}{\rho_c} \times 100 \tag{6-2}$$

式中　K——土的压实度(%);

ρ_c——由击实试验得到的土的最大干密度,g/cm^3。

公路土质路基压实度标准见表6-2所示。

2. 影响压实效果的因素

对于细粒土的路基,影响压实效果的因素有内因和外因两方面。内因指土质和湿度,主要指含水量、土质及土层厚度,对于某一类土,要达到最好的压实效果必须具有相应的最佳含水量;外因指压实功能(如机械性能、压实时间与速度)、压实机械操作及压实方法、顺序等。

表 6-2　土质路基压实度标准

填挖类型		路床顶面以下深度(m)	压实度(%)		
			高速公路、一级公路	二级公路	三级公路、四级公路
路堤	上路床	0 ~ 0.30	≥96	≥95	≥94
	下路床	0.30 ~ 0.80	≥96	≥95	≥94
	上路堤	0.80 ~ 1.50	≥94	≥94	≥93
	下路堤	>1.50	≥93	≥92	≥90
零填及挖方路基		0 ~ 0.30	≥96	≥95	≥94
		0.30 ~ 0.80	≥96	≥95	—

注：1. 表中压实度以《公路土工试验规程》(JTG E40—2007)重型击实试验法为准。

2. 三级公路、四级公路铺筑水泥混凝土路面或沥青混凝土路面时，其压实度应采用二级公路的规定值。

3. 路堤采用特殊填料或处于特殊气候地区时，压实度标准根据试验路在保证路基强度要求的前提下可适当降低。

4. 特别干旱地区的压实度标准可降低 2% ~ 3%。

通过试验确定土试样的最佳含水量和最大干密度，含水量与干密度关系曲线举例见图 6-6。

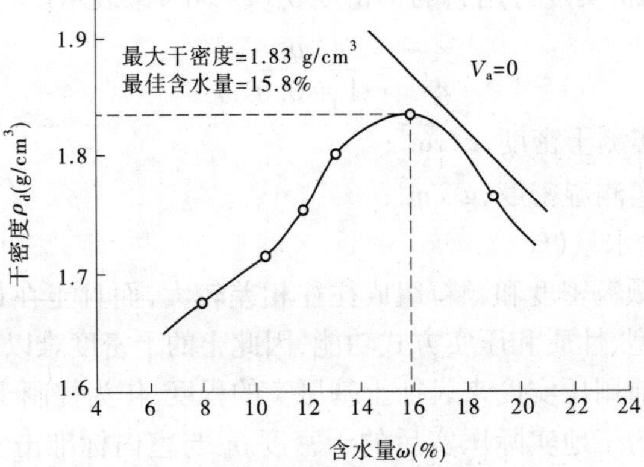

图 6-6　含水量与干密度关系曲线

3. 路堤压实原则

为了能以尽可能小的压实功获得良好的压实效果，必须对压实机具的吨位大小及先后顺序的配套使用、碾压速度的快慢及作业顺序给予高度重视，并根据土基的压实原理和对各种影响因素的具体分析，研究实施方案，制订具体措施。一般应遵循下列原则：

(1)压实机具应先轻后重，以便能适应逐渐增长的土基强度。

(2)碾压速度宜先慢后快，以免松土被机械推走。最大时速不宜超过 4 km/h。横向接头，对振动压路机一般重叠 0.4 ~ 0.5 m；对三轮压路机，一般为重叠后轮宽的 1/2。前后相邻两区段宜纵向重叠 1 ~ 1.5 m。

(3)压实路线应是先两侧后中间，有超高时(弯道部分)由低的一侧到高的一侧，以便形成路拱和单向超高横坡。相邻两次的轮迹应重叠1/3左右，使各点都得到压实，避免土基产生不均匀沉陷。应达到无漏压、无死角，确保碾压均匀。

(4)经常注意土的含水量，并视需要采取相应措施，以保证压实质量。压实应根据现场压实试验提供的松铺厚度和控制压实遍数进行。若控制压实遍数超过10遍，应考虑减少填土层厚。经压实度检验合格后方可转入下道工序。

三、填石路堤施工

公路填石路堤是指用粒径大于40 mm且含量超过总质量70%的石料填筑的路堤。

(一)填料应符合的规定

(1)膨胀岩石、易溶性岩石不宜直接用于路堤填筑，强风化石料、崩解性岩石和盐化岩石不得直接用于路堤填筑。

(2)路堤填料粒径应不大于500 mm，并不宜超过层厚的2/3，不均匀系数宜为15～20。在路床底面以下400 mm范围内，填料粒径应小于150 mm。

(3)路床填料粒径应小于100 mm。

(二)基底处理应符合的规定

(1)除满足路堤施工一般规定外，承载力应满足设计要求。

(2)在非岩石地基上，填筑填石路堤前，应按设计要求设过渡层。

(三)填筑应符合的规定

(1)路堤施工前，应先修筑试验路段，确定满足表6-3中孔隙率标准的松铺厚度、压实机械型号及组合、压实速度及压实遍数、沉降差等参数。

表6-3　填石路堤上、下路堤压实质量标准

分区	路面底面以下深度(m)	硬质石料孔隙率(%)	中硬石料孔隙率(%)	软质石料孔隙率(%)
上路堤	0.8～1.50	≤23	≤22	≤20
下路堤	>1.50	≤25	≤24	≤22

(2)路床施工前，应先修筑试验路段，确定能达到最大压实干密度的松铺厚度、压实机械型号及组合、压实速度及压实遍数、沉降差等参数。

(3)二级及二级以上公路的填石路堤应分层填筑压实。二级以下砂石路面公路在陡峻山坡地段施工特别困难时，可采用倾填的方式将石料填筑于路堤下部，但在路床底面以下不小于1.0 m范围内仍应分层填筑压实。

(4)岩性相差较大的填料应分层或分段填筑。严禁将软质石料与硬质石料混合使用。

(5)用中硬、硬质石料填筑路堤时，应进行边坡码砌，码砌边坡的石料强度、尺寸及码砌厚度应符合设计要求。边坡码砌与路基填筑宜基本同步进行。

(6)压实机械宜选用自重不小于18 t的振动压路机。

(7)在填石路堤顶面与细粒土填土层之间应按设计要求设过渡层。

(四)填石路堤的压实

填石路堤的压实质量宜采用施工参数(压实功率、碾压速度、压实遍数、铺筑层厚等)

与压实质量检测联合双控制。压实质量检测可以采用压实沉降差或孔隙率指标,孔隙率的检测应采用水袋法进行。

施工过程中的每一压实层,可用试验路段确定的工艺流程和工艺参数,控制压实过程;用试验路段确定的沉降差指标检测压实质量。在实际施工中沉降差的测定方法:以每个横断面的测量数据为基本分析单位,在对松铺层初平初压后,在同一横断面上选 7 ~ 11 点测量初始标高,终压完成后,在对应初始标高的测量点上测量终压标高,将终压标高减去初始标高并综合平均后,作为该断面的沉降差。

对于填石材料,采用孔隙率控制质量较为合适。采用孔隙率指标,可以不进行填料最大干密度试验,对填石料的压实质量同样可以进行较好的控制。但是,填石路堤压实质量检测采用压实孔隙率标准检测时,必须挖大坑(最大粒的 1.5 ~ 2 倍)用水袋法进行,施工过程控制难度较大。

四、土石路堤施工

土石路堤是指石料含量占总质量 30% ~70% 的土石混合材料修筑的路堤。

(一)填料应符合的规定

(1)膨胀岩石、易溶性岩石等不宜直接用于路堤填筑,崩解性岩石和盐化岩石等不得直接用于路堤填筑。

(2)在天然土石混合填料中,中硬、硬质石料的最大粒径不得大于压实层厚的 2/3;石料为强风化石料或软质石料时,其 CBR 值应符合表 6-1 的规定,石料最大粒径不得大于压实层厚。

(二)基底处理

基底处理应满足地基表层处理的规定。在陡、斜坡地段,土石路堤靠山一侧应按设计要求,做好排水和防渗处理。

(三)填筑技术规定

(1)压实机械宜选用自重不小于 18 t 的振动压路机。

(2)施工前,应根据土石混合材料的类别分别进行试验路段施工,确定能达到最大压实干密度的松铺厚度、压实机械型号及组合、压实速度及压实遍数、沉降差等参数。

(3)土石路堤不得倾填,应分层填筑压实。

(4)碾压前应使大粒径石料均匀分散在填料中,石料间孔隙应填充小粒径石料、土和石渣。

(5)压实后透水性差异大的土石混合材料,应分层或分段填筑,不宜纵向分幅填筑;如确需纵向分幅填筑,应将压实后渗水良好的土石混合材料填筑于路堤两侧。

(6)土石混合材料来自不同料场,其岩性或土石比例相差较大时,宜分层或分段填筑。

(7)填料由土石混合材料变化为其他填料时,土石混合材料最后一层的压实厚度应小于 300 mm,该层填料最大粒径宜小于 150 mm,压实后,该层表面应无孔洞。

(8)中硬、硬质石料的土石路堤,应进行边坡码砌,码砌边坡的石料强度、尺寸及码砌厚度应符合设计要求。边坡码砌与路堤填筑宜基本同步进行。软质石料土石路堤的边坡按土质路堤边坡处理。

(9)中硬、硬质石料土石路堤质量应符合以下规定:施工过程中的每一压实层,可用试验路段确定的工艺流程和工艺参数,控制压实过程;用试验路段确定的沉降差指标,检测压实质量。

(10)软质石料填筑的土石路堤,应符合土质路堤施工的规定。

(四)土石路堤的压实

土石路堤应先修筑试验路,确定在已选用的压实机械类型、功率及组合、压实速度下,对填料的最大粒径、最适宜的填筑厚度,压实到最大干密度时的压实遍数,同时也测出相对应的沉降差。以最大干密度作为检测土石路堤试验路的压实度标准,同时也应确定沉降差和工艺参数作为大规模施工时压实质量的检查控制标准。

土石路堤的压实干密度检测,需要挖的试坑较大(上路堤600 mm×600 mm,下路堤800 mm×800 mm),因此只用于试验路检测,并取得合适的工艺参数和沉降差。在大规模的施工中不使用干密度方法,而采用压实后检测的沉降差和施工中工艺参数进行双控制,较为快捷实用。工艺参数确定和沉降差测试的方法要求与填石路基基本相同。

土石路堤压实后,路基表面无明显孔洞;大粒径填石无松动,铁锹挖动困难;中硬、硬质石料土石路基边坡码砌紧贴、密实,无明显孔洞、松动,砌块间承接面应向内倾斜,坡面平顺。

五、高填方路堤施工

高填方路堤填料宜优先采用强度高、水稳性好的材料,或采用轻质材料。受水淹、浸的部分,应采用水稳性和透水性均好的材料。

(一)基底处理技术规定

(1)基底承载力应满足设计要求。特殊地段或承载力不足的地基应按设计要求进行处理。

(2)覆盖层较浅的岩石地基,宜清除覆盖层。

(二)高填方路堤填筑技术规定

(1)施工中应按设计要求预留路堤高度与宽度,并进行动态监控。

(2)施工过程中宜进行沉降观测,按照设计要求控制填筑速率。

(3)高填方路堤宜优先安排施工。

第三节 挖方路基施工

挖方路基(路堑)施工就是按设计要求进行挖掘,并将挖掘的土石方运到路堤地段作为填料或者运往弃土堆处,有时也可经加工,作为自采材料,用于结构物或其他工程部位。

路堑由天然地层构成,开挖后边坡易发生变形和破坏,路基的病害常发生在路堑挖方地段,如滑坡、崩塌、落石、路基翻浆等。因此,施工方法与路堑边坡的稳定有密切关系,开挖方式应根据路堑的深度、纵向长度,以及地形、地质、土石方调配情况和机械设备条件等因素确定,以加快施工进度,提高工作效率。

一、挖方路基施工开挖

(一)土质路堑开挖方案

按照不同的掘进方向,路堑的开挖方案主要有横向全宽开挖法、纵向挖掘法和混合挖掘法几种。

1. 横向全宽开挖法

横向全宽开挖法就是从路堑的一端或两端开始,以路堑全宽及适当深度进行开挖,如图 6-7(a)所示。一次挖掘的深度视施工操作的方便和安全而定,一般为 2 m 左右。若路堑很深,为了增加工作面,可分成几个台阶,同时在几个不同标高的台阶上进行开挖,如图 6-7(b)所示。每一台阶均应有单独的运土路线和临时排水沟渠,以免相互干扰,影响工效,造成事故。

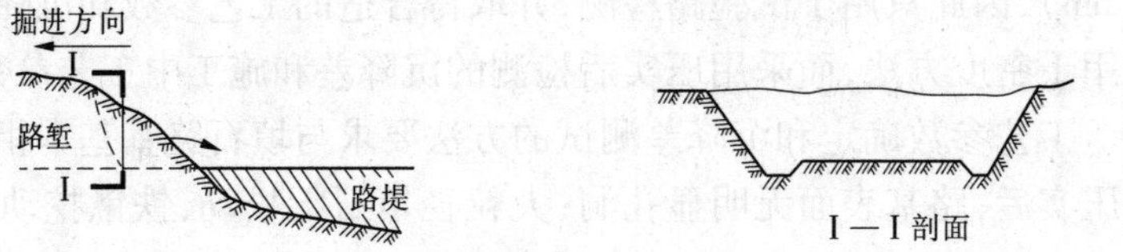

(a)一层横向全宽开挖法

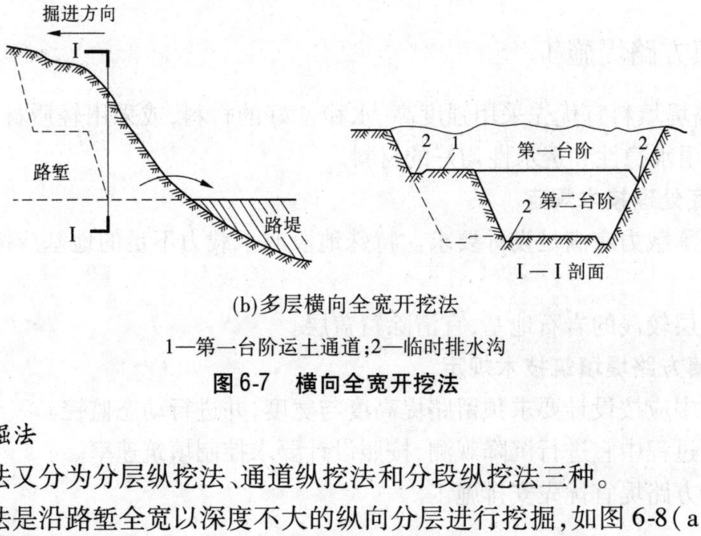

(b)多层横向全宽开挖法

1—第一台阶运土通道;2—临时排水沟

图 6-7　横向全宽开挖法

2. 纵向挖掘法

纵向挖掘法又分为分层纵挖法、通道纵挖法和分段纵挖法三种。

分层纵挖法是沿路堑全宽以深度不大的纵向分层进行挖掘,如图 6-8(a)所示。挖掘的地表应保持倾斜,以利于排水。此方案适用于铲运机、推土机施工。

通道纵挖法是先沿路堑纵向挖出一条通道,然后把通道向两侧拓宽,以扩大工作面,并利用该通道作为运土路线及场内排水的出路,如图 6-8(b)所示。

分段纵挖法是在路堑纵向选择一个或几个适宜的位置,先从一侧挖成一个或几个出口,把路堑分为两段或几段,再分别于各段沿纵向开挖,如图 6-8(c)所示。

3. 混合挖掘法

当土方量很大时,为扩大工作面,可将横向全宽开挖法和通道纵挖法混合使用:先沿路堑纵向挖出一条通道,然后沿横向坡面挖掘,以增加开挖坡面,如图 6-9(a)所示;或再

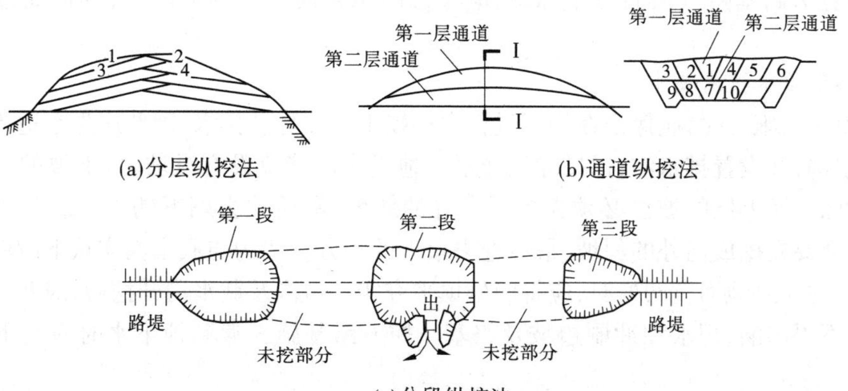

(a)分层纵挖法 (b)通道纵挖法

(c)分段纵挖法

图 6-8　纵向挖掘法(图中数字为挖掘与拓宽顺序)

沿横向挖出横向通道,如图 6-9(b)所示。每一开挖坡面的大小,应能容纳下一个施工组或一台机械正常工作。选择挖掘方案,除应考虑当地的地形条件、采用的机械等项因素外,还需考虑土层的分布及土方的利用。如果是移挖作填,应按不同的土层分层挖掘,以满足路堤填筑的要求。

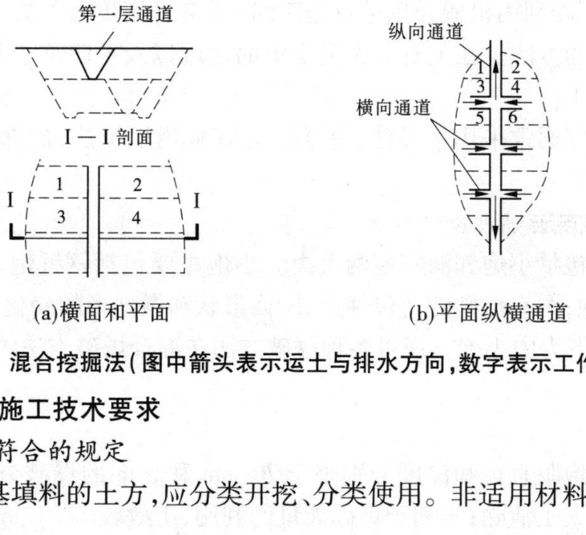

(a)横面和平面 (b)平面纵横通道

图 6-9　混合挖掘法(图中箭头表示运土与排水方向,数字表示工作面数)

(二)土质路堑施工技术要求

1. 开挖施工应符合的规定

(1)可作为路基填料的土方,应分类开挖、分类使用。非适用材料应按设计要求或作为弃方按规定处理。

(2)土方开挖应自上而下进行,不得乱挖超挖,严禁掏底开挖。

(3)在开挖过程中,应采取措施保证边坡稳定。开挖至边坡线前,应预留一定宽度,预留的宽度应保证刷坡过程中设计边坡线外的土层不受到扰动。

(4)在路基开挖中,基于实际情况,如需修改设计边坡坡度、截水沟和边沟的位置及尺寸,应及时按规定报批。边坡上稳定的孤石应保留。

(5)开挖至零填方、路堑路床部分后,应尽快进行路床施工;如不能及时进行,宜在设计路床顶标高以上预留至少 300 mm 厚的保护层。

(6)应采取临时排水措施,确保施工作业面不积水。

(7)挖方路基路床顶面终止标高,应考虑因压实而产生的下沉量,其值通过试验确定。

2. 路堑排水技术要求

路堑区域施工时,应保证在施工过程中和竣工后能顺利排水,因此应先在适当的位置开挖截水沟,并设置排水沟,以排除地面水和地下水。路堑设有纵坡时,下坡的坡段可以直接挖到底,而上坡的坡段必须先挖成向外的斜坡,最后挖去剩下伪土方。路堑为平坡时,两端都要先挖成向外的斜坡,最后挖去余下的土方。边沟与截水沟应从下游向上游开挖。截水沟通过地面坑凹处时,应将凹处填平夯实。边沟及截水沟开挖后,应及时进行防渗处理,不得渗漏、积水和冲刷边坡及路基。挖方路基施工遇到地下水时应按下列规定处理:

(1)应采取排导措施,将水引入路基排水系统,不得随意堵塞泉眼。

(2)路床土含水量高或为含水层时,应采取设置渗沟、换填、改良土质、土工织物等处理措施,路床填料除应符合表6-1的规定外,还应具有良好的透水性能。

二、石质路堑施工

石质路堑施工指利用爆破的方法进行石质路堑的开挖。在山岭地区开挖石质路堑如遇到坚硬的岩层,不能利用机械开挖进行施工时,通常采用爆破的方法进行施工,这是石质路基施工最有效的方法。在土石方大量集中的地段以及挖除冻土和大孤石时,也常用爆破的方法进行施工。

石质路堑的开挖通常采用爆破法,有条件时宜采用松土法,局部情况可采用破碎法开挖。

(一)综合爆破方法

综合爆破一般包括小炮和洞室炮两大类。小炮主要包括钢钎炮、深孔爆破等钻孔爆破,药壶炮和猫洞炮;洞室炮则随药包性质、断面形状和微地形的变化而不同。用药量1 t以上为大炮,1 t以下为中小炮。现将各种爆破方法在综合爆破方法中的作用与特性分述如下。

1. 钢钎炮

钢钎炮通常指炮眼直径和深度分别小于70 mm和5 m的爆破方法。其特点是炮眼浅,用药少,并全靠人工清除;不利于爆破能量的利用,工效较低。

钢钎炮的优点是比较灵活,适用于地形艰险及爆破量较小地段(如打水沟、开挖便道、基坑等),在综合爆破中是一种改造地形,为其他炮型服务的辅助炮型。因而,它又是一种不可缺少的炮型,如图6-10所示。

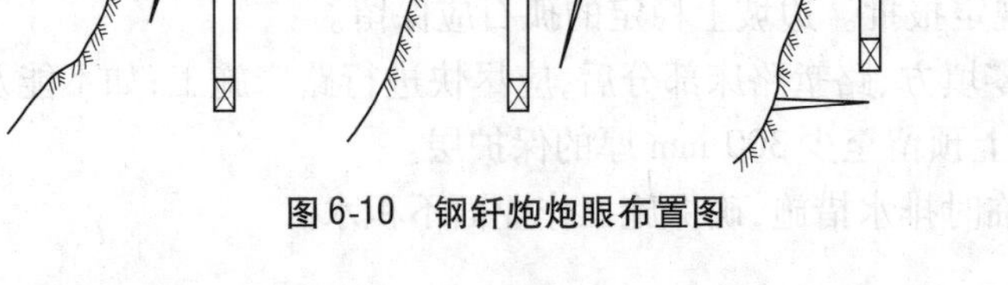

图6-10 钢钎炮炮眼布置图

2. 深孔爆破

深孔爆破是孔径大于 75 mm、深度在 5 m 以上、采用延长药包的一种爆破方法。其特点为:炮孔需用大型的潜孔凿岩机或穿孔机钻孔,是大量石方(万方以上)快速施工的发展方向之一。

深孔爆破的优点是劳动生产率高,施工进度快,爆破时比较安全。

3. 药壶炮

药壶炮又称葫芦炮,是指在深 2.5 ~3.0 m 以上的炮眼底部用小量炸药经一次或多次烘膛,使眼底成葫芦形,将炸药集中装入药壶中进行爆破,如图 6-11 所示。其主要用于露天爆破。其使用条件是:岩石应在Ⅺ级以下,不含水分,阶梯高度(H)小于 10 ~20 m,自然地面坡度在 70°左右。药壶炮是小炮中最省工、省药的一种方法,如图 6-11 所示。

4. 猫洞炮

猫洞炮是指炮洞直径为 0.2 ~0.5 m,洞穴呈水平或略有倾斜(台眼),深度小于 5 m,用集中药包在炮洞中进行爆炸的一种方法,如图 6-12 所示。其特点:充分利用岩体本身的崩塌作用,能用较浅的炮眼爆破较高的岩体。

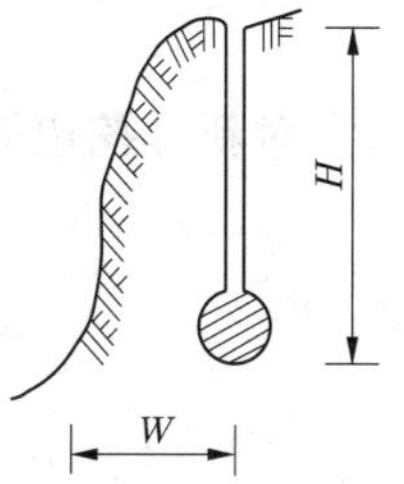

图 6-11　药壶炮

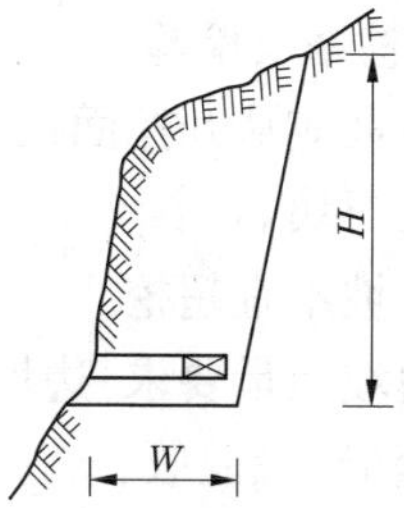

图 6-12　猫洞炮

在有裂缝的软石坚石中,当阶梯高度大于 4 m,药壶炮药壶不易形成时,采用这种爆破方法。

5. 光面爆破

在开挖限界的周边,适当排列一定间隔的炮孔,在有侧向临空面的情况下,用控制抵抗线和药量的方法进行爆破,使之形成一个光滑平整的边坡。

6. 预裂爆破

在开挖限界处按适当间隔排列炮孔,预先炸出一条裂缝,使拟爆体与山体分开,作为隔震减震带,以减弱开挖限界以外山体或建筑物的地震破坏作用。

7. 微差爆破

两相邻药包或前后排药包以毫秒的时间间隔(一般为 15 ~75 ms)依次起爆,称为微差爆破,亦称毫秒爆破。多发一次爆破最好采用毫秒雷管。多排孔微差爆破是浅孔深孔爆破发展的方向。

8. 洞室爆破(洞室炮)

这是一种大量爆破的方法。为使爆破设计断面内的岩体大量抛掷(抛坍)出路基,减少爆破后的清方工作量,保证路基的稳定性,可根据地形和路基断面形式,采用抛掷爆破、定向爆破、松动爆破等洞室炮方法。

(二)石质路堑爆破施工技术要点

(1)石方开挖应根据岩石的类别、风化程度、岩层产状、岩体断裂构造、施工环境等因素确定开挖方案。

(2)深挖路基施工,应逐级开挖,逐级按设计要求进行防护。

(3)爆破作业必须符合《爆破安全规程》(GB 6722—2011)。爆破施工组织设计应按相关规定报批。

(4)石方开挖严禁采用洞式爆破,近边坡部分宜采用光面爆破或预裂爆破。

(5)爆破开挖石方,应先查明空中缆线、地下管线的位置、开挖边界线外可能受爆破影响的建筑物结构类型、居民居住情况等,然后制订详细的爆破技术安全方案。

(6)爆破开挖石方宜按以下程序进行:爆破影响调查与评估→爆破施工组织设计→培训考核、技术交底→主管部门批准→清理爆破区施工现场的危石等→炮眼钻孔作业→爆破器材检查测试→炮孔检查合格→装炸药及安装引爆器材→布设安全警戒岗→堵塞炮孔→撤离施爆警戒区和飞石、震动影响区的人、畜等→爆破作业信号发布及作业→清除盲炮→解除警戒→测定、检查爆破效果(包括飞石、地震波及对施爆区内构造物的损伤、损失等)。

(7)边坡整修及检验:

①挖方边坡应从开挖面往下分段整修,每下挖 2 ~ 3 m,宜对新开挖边坡刷坡,同时清除危石及松动石块。

②石质边坡不宜超挖。

③石质边坡质量要求:边坡上无松石、危石。

(8)路床清理及验收:

①欠挖部分必须凿除。超挖部分应采用无机结合料稳定碎石或级配碎石填平并碾压密实,严禁用细粒土找平。

②石质路床底面有地下水时,可设置渗沟进行排导,渗沟宽度不宜小于 100 mm,横坡不宜小于 0.6%。渗沟应用坚硬碎石回填。

③石质路床的边沟应与路床同步施工。

三、深挖路基

深挖路基是指土路堑边坡高度超过 20 m,岩土路堑边坡超过 30 m 的路基。它包括深挖路堑和半挖半填路基的边坡。深挖路基的技术要求是:

(1)施工前应理解设计的边坡防护方案,并编制详细的施工方案,获批准后实施。

(2)在施工过程中,应根据开挖情况随时进行地质核查,并对边坡稳定性进行监测。如实际情况与设计不符,应会同设计单位等进行处理。

(3)应根据地形特征设置边坡控制点。

四、弃方处理

开挖路基的弃方应合理处置,弃方的技术要求是:

(1)施工前,应对设计提供的弃土方案进行现场核对,若有疑问,应及时处理。

(2)弃土不得占用耕地。

(3)沿河弃土不得影响排洪、通航,不得加剧河岸冲刷。不得向水库、湖泊、岩溶漏斗及暗河口处弃土。禁止在贴近桥墩台、涵洞口处弃土。

(4)沿线弃土堆设置应符合设计要求,设计无要求时应符合下列规定:

①弃土应相对集中堆放,并与周边环境相协调,严禁随意处理。

②弃土堆的几何尺寸、压实程度、位置应保证路基边坡和弃土堆自身的稳定。弃土堆的边坡不陡于1∶1.5,顶面向外设不小于2%的横坡,其内侧高度不宜大于3 m。

③在地面横坡陡于1∶5的路段,不得在高于路堑边坡顶的山坡上方设弃土堆。

④在山坡上侧的弃土堆,应连续而不间断,并在弃土堆上侧设置截水沟。山坡下侧的弃土堆,应每隔50~100 m设宽度不小于1 m的缺口排水,排水主流方向不得对地面结构物及农田等造成不利影响,必要时可设人工沟渠导引排水。弃土堆坡脚应进行防护和加固。

(5)弃土应按设计要求进行压实。

(6)应按设计要求及时完成弃土场的防护、排水工程。

第四节　轻质填料路堤施工

在软弱地基上及其他不良地基上修筑道路,路基的沉降和不均匀沉降是影响工程质量的一个重要因素。轻质填料具有超轻性、耐压缩性、耐水性和施工简单、方便、快捷等优点,有效地解决了软基过渡段的沉降和不均匀沉降、路堤与桥台相接处的差异沉降等问题,在国内外得到了广泛的应用。

一、粉煤灰路堤施工

用于高速公路、一级公路路堤的粉煤灰,烧失量宜小于20%;烧失量超过标准的粉煤灰应做对比试验,分析论证后采用。粉煤灰路堤施工技术要求如下:

(1)粉煤灰的粒径宜为0.001~1.18 mm,小于0.075 mm的颗粒含量宜大于45%。粉煤灰中不得含团块、腐殖质及其他杂质。

(2)包边土和顶面封层的填料,宜采用塑性指数不小于12的黏性土。隔离层和土质护坡中的盲沟所用砂砾料、矿渣料等,最大粒径应小于75 mm,4.75 mm以下细料含量小于50%,含泥量小于5%。

(3)施工前应铺筑试验路段。

(4)储运粉煤灰应符合下列规定:

①调节粉煤灰含水量宜在储灰场或灰池中进行。

②粉煤灰运输、装卸、堆放,应采取有效措施防止扬尘、流失与污染环境。

③储灰场地应排水通畅,地面应硬化。大的储灰场宜设置雨水沉淀池。堆场应安装洒水设备,防止干灰飞扬。

(5)粉煤灰路堤填筑应符合下列规定:

①温度在0 ℃以上方可施工,并避开大风季节。

②颗粒组成、最大干密度和最佳含水量有显著差别的灰源应分别堆放,分段填筑。

③按设计要求铺筑隔离层,隔离层界面的路拱横坡应与路堤同坡。

④粉煤灰路堤应采用水平分层填筑施工。当分成不同作业段填筑时,先填地段应分层预留台阶,每个压实层应相互重叠搭接,搭接长度宜大于 1.5 m,相邻作业段接头范围内的压实度应达到规定要求。

⑤土质包边土应与粉煤灰填筑同步进行。土质护坡铺筑宽度应保证削坡后的净宽满足设计要求,同时应按设计要求,做好土质护坡的排水盲沟,底层盲沟标高应避免地表水倒灌。

⑥在施工过程中,应及时洒水,防止干灰飞扬。

⑦粉煤灰摊铺后必须及时碾压,做到当天摊铺、当天碾压完毕。

⑧粉煤灰路堤的压实应遵循先轻后重、先低后高的原则。

⑨铺筑上层时,宜采取洒水润湿,控制卸料车行驶路线、速度、调头、急刹车等措施,防止压实层松散。

⑩暂时不能及时铺筑上层粉煤灰,除特殊情况外,禁止车辆通行,并洒水润湿,防止表面干燥松散。施工间隔较长时,应在路堤顶面覆盖适当厚度的封闭土层,并压实,横坡宜稍大于路拱。

⑪当铺筑至粉煤灰路堤顶层时,宜及时按设计要求做封闭层。

⑫应按设计要求做好粉煤灰与混凝土结构、金属结构物等接触界面的防护。

(6)粉煤灰路堤压实度应符合表6-4 的规定。

表6-4　粉煤灰路堤压实度标准

填料应用部位（路床顶面以下深度,m）		压实度(%)	
		二级及二级以上公路	其他等级公路
上路床	0～0.30	≥95	≥93
下路床	0.30～0.80	≥93	≥90
上路堤	0.80～1.50	≥92	≥87
下路堤	>1.50	≥90	≥87

注:1. 表中压实度以部颁《公路土工试验规程》(JTG E40—2007)重型击实试验法为准。

2. 特别干旱或潮湿地区的压实度标准可降低1%～2%。

3. 包边土和顶面封层压实度应符合表6-1 的规定。

二、EPS 颗粒混合轻质材料路基施工

EPS 是发泡聚苯乙烯(Expanded Polystyrene)的英文缩写。EPS 颗粒混合轻质材料指由 EPS 球形颗粒、土、水泥与适量的水均匀拌和而成的一种混合轻质土工材料,采用 EPS 颗粒轻质材料进行路堤填筑施工,收到了较好效果。

EPS 路堤施工技术要求如下:

(1)EPS 块体在工地堆放时,应采取防火、防风、防雨水滞留、防有机溶剂及石油类油剂的侵蚀等保护措施,采取措施避免强阳光直接照射。

(2)垫层应厚度均匀、密实,垫层宽度宜超过路基边缘 0.5 ~1 m。

(3)EPS 块体铺筑应符合下列规定:

①非标准尺寸 EPS 块体宜在生产车间加工。现场加工时,宜用电热丝进行切割。

②施工基面必须保持干燥。EPS 块体应逐层错缝铺设。允许偏差范围之内的缝隙或高差,可用砂或无收缩水泥砂浆找平。

③严禁重型机械直接在 EPS 块体上行驶。

④与其他填料路堤或旧路基的接头处,EPS 块体应呈台阶铺设。

⑤最底层块体与垫层之间、同一层块体侧面、不同层的块体之间的联结应牢固,联结件应进行防锈处理。

⑥EPS 块体顶面的钢筋混凝土薄板、土工膜或土工织物等,应覆盖全部 EPS 块体,并向土质护坡延伸 0.5 ~1.0 m。

⑦EPS 路堤两边的土质护坡,坡面法向厚度应不小于 0.25 m,分层碾压夯实,防渗土工膜宜分级回包。

(4)EPS 路堤质量应符合表 6-5 的规定。

表 6-5　EPS 路堤质量标准

序号	检测项目		允许偏差	检查方法及频率
1	EPS 块体尺寸	长度	1/100	卷尺丈量,抽样频率:<2 000 m^3 抽检 2 块,2 000 ~5 000 m^3 抽检 3 块,5 000 ~10 000 m^3 抽检 4 块,≥10 000 m^3,每 2 000 m^3 抽检 1 块
		宽度	1/100	
		厚度	1/100	
2	EPS 块体密度		≥设计值	天平,抽样频率同序号 1
3	基底压实度		≥设计值	环刀法或灌砂法,每 1 000 m^2 检测 2 点
4	垫层平整度(mm)		10	3 m 直尺,每 20 m 检查 3 点
5	EPS 块体之间平整度(mm)		20	3 m 直尺,每 20 m 检查 3 点
6	EPS 块体之间缝隙、错台(mm)		10	卷尺丈量,每 20 m 检查 1 点
7	EPS 块体路堤顶面横坡(%)		±0.5	水准仪,每 20 m 检查 6 点
8	护坡宽度		≥设计值	卷尺丈量,每 40 m 检查 1 点
9	钢筋混凝土板厚度(mm)		+10,-5	卷尺丈量,量板边,每块检查 2 点
10	钢筋混凝土板宽度(mm)		20	卷尺丈量,每 100 m 检查 2 点
11	钢筋混凝土板强度		符合设计要求	抗压试验,每工作台班留 2 组试件
12	钢筋网间距(mm)		±10	卷尺丈量

注:路线曲线部分的 EPS 块体缝隙不得大于 50 mm。

第五节　特殊路基施工

特殊路基包括特殊土(岩)路基、不良地质路基和特殊条件下路基。路线通过特殊路段时,应采取综合地质勘察,查明特殊地质体的性质、成因类型、规模、稳定状况及发展趋势;特殊路基设计所需要的物理力学参数,宜采用原位测试的数据,并结合室内试验资料综合分析确定。

特殊路基施工,应进行必要的基础试验,编制专项施工组织设计,批准后实施。用湿黏土、红黏土和中弱膨胀土作为填料直接填筑时,应符合下列规定:

(1)液限为40% ~70%、塑性指数为18 ~26。

(2)采用湿土法制作试件,试件的CBR值满足表6-1的规定。

(3)不得作为二级及二级以上公路路床、零填及挖方路基0 ~0.80 m范围内的填料;不得作为三级公路、四级公路上路床、零填及挖方路基0 ~0.30 m范围内的填料。

一、湿黏土路基施工

湿黏土路基施工技术要求如下:

(1)基底为软土时,应按设计要求进行处治。

(2)不同类的填料,不得填筑在同一压实层上。

(3)路堤填筑时,每层宜设2% ~3%的横坡。当天的填土,宜当天完成压实。

(4)填筑层压实后,应采取措施防止路基工作面暴晒失水。

(5)水稻田地段路基施工,应符合下列规定:

①水稻田地段路基施工,不得影响农田排灌。

②施工前应采取措施排除公路用地范围内的地表水。疏干地表水确有困难时,应按设计要求进行处治。

③二级及二级以上公路路堑段,应在边坡顶适当距离外,筑埂并挖截水沟;土质、风化岩石边坡,应进行浆砌护墙或护坡;路堑路段宜加大边沟尺寸并采用浆砌。

(6)河、塘、湖地段路堤施工应符合以下规定:

①受水浸、润作用的路堤部分,宜用水稳性好、塑性指数不大于6、压缩性小、不易风化的透水性填料填筑。

②在洪水淹没地段的路堤两侧不得取土;三级公路、四级公路,特殊情况下,可在下游侧距路堤安全距离外取土。

③两侧水位差较大的河滩路堤,根据具体情况,宜放缓下游一侧边坡,设滤水趾和反滤层,在基底设隔渗墙或隔渗层。

④防洪工程应在洪水期前完成,施工期间应注意防洪。

(7)多雨潮湿地区路基施工应符合下列规定:

①多雨潮湿地区施工,应注意排水。机具停放地、库房、生活区域应选在地势较高不易被水淹的地点,并有完善的排水防洪设施。

②多雨潮湿地区,应按设计要求对基底过湿土层进行处理。

用不符合直接填筑规定的湿黏土填筑路基时,应进行处理,处理后应符合强度和压实度的规定。

二、红黏土地区路基施工

(1)红黏土地区路基施工的一般技术规定如下:

①压缩系数大于0.5 MPa^{-1}的红黏土不得直接用于填筑路堤。

②不符合直接填筑规定的红黏土拟作为路基填料时,应进行处理,处理后强度和压实质量应符合表6-1、表6-2的规定。

③路堤施工前应做好临时排水及防渗设施,截断流向路堤作业区的水源,疏干地表水。

④路堑边坡应按设计要求及时进行防护和综合排水施工。

⑤挖方边坡坡脚应按设计要求及时施工支挡结构物。

(2)路堤填筑应符合下列规定:

①应尽量避免雨季施工。雨季施工时,应防止松土被雨淋湿。施工中应保持作业面横坡不小于3%。雨后作业面,应经晾干且重新压实合格后方可进行下道工序的施工。

②填料应随挖随用。摊铺后必须及时碾压,做到当天摊铺当天完成碾压。

③路堤填筑应连续,碾压完成后,应采取措施防止路堤作业面暴晒失水。

(3)包边法施工应符合以下规定:

①包边材料应为透水性较小的低液限黏土、石灰土等,CBR值应符合表6-1的规定。严禁用粉土、砂土等低塑性土包边。

②分层填筑时,先摊铺包边土,后摊铺红黏土。碾压前,应控制两种填料的各自含水量,使两种填料在同一压实工艺下能达到压实标准。包边土的压实度应符合表6-2的规定。

③碾压应从两边往中间进行,对不同填料的结合处要增加碾压遍数1~2遍。

④超高弯道的碾压应自低处向高处进行。

三、膨胀土地区路基施工

膨胀土是指土中黏粒成分主要由亲水性矿物质组成,同时具有吸水膨胀、失水收缩两种变形的高液限黏土。

膨胀土地区路基施工,应避开雨季作业,加强现场排水,基底和已填筑的路基不得被水浸泡。膨胀土地区路基应分段施工,各道工序应紧密衔接,连续完成。路基边坡按设计要求修整,并应及时进行防护施工。

(1)膨胀土作为填料时技术规定如下:

①强膨胀土不得作为路堤填料。

②中等膨胀土经处理后可作为填料,用于二级及二级以上公路路堤填料时,改性处理后胀缩总率(自由膨胀率或收缩率)应不大于0.7%。

③胀缩总率不超过0.7%的弱膨胀土可直接填筑。

(2)二级及二级以上公路路堤基底处理技术规定如下:

①高度不足1 m的路堤,应按设计要求采取换填或改性处理等措施处治。

②表层为过湿土时,应按设计要求采取换填或进行固化处理等措施处治。

③填土高度小于路面和路床的总厚度,基底为膨胀土时,宜挖除地表0.30~0.60 m的膨胀土,并将路床换填为非膨胀土或掺灰处理。若为强膨胀土,挖除深度应达到大气影响深度。

(3)膨胀土地区路堑施工应符合下列规定：

①路堑施工前，先施工截、排水设施，将水引至路幅以外。

②在边坡施工过程中，必要时宜采取临时防水封闭措施保持土体原状含水量。边坡不得一次挖到设计线，应预留厚度300～500 mm，待路堑完成时，再分段削去边坡预留部分，并立即进行加固和封闭处理。

③路床底标高以下应按照设计要求进行处理。

④宜用支挡结构对强膨胀土边坡进行防护。支挡结构基坑应采取措施防止暴晒或浸水，基础埋深应在大气风化作用影响深度以下。

(4)其他技术规定如下：

①膨胀土路基填筑松铺厚度不得大于300 mm，土块粒径应小于37.5 mm。

②填筑膨胀土路堤时，应及时对路堤边坡及顶面进行防护。

③路基完成后，当年不能铺筑路面时，应按设计要求做封层，其厚度应不小于200 mm，横坡不小于2%。

④膨胀土路基的压实度应符合表6-1的规定。

四、黄土地区路基施工

黄土地区路基施工，应做好施工期排水，将水迅速引离路基。在填挖交界处引出边沟时，应做好出水口的加固，排水设施接缝处应坚固不渗漏。

(1)路基基底处理应符合以下规定：

①若基底为非湿陷性黄土，且无地下水，可按规定进行基底处理。

②若地基为一般湿陷性黄土，应采取措施拦截、排除地表水。地下排水构造物与地面排水沟渠必须采取防渗措施，路侧严禁积水。

③若地基黄土具有强湿陷性或较高的压缩性，应按设计要求进行处理。

(2)黄土填筑路堤应符合下列规定：

①路床填料不得使用老黄土，路堤填料不得含有粒径大于100 mm的块料。

②在填筑横跨沟壑的路基土方时，应做好纵横向界面的处理。

③黄土路堤边坡应拍实，并应及时予以防护，防止路表水冲刷。

④浸水路堤不得用黄土填筑。

(3)黄土路堑施工应符合以下规定：

①路堑路床土质应符合设计要求，密实度不足时，应采取措施碾压至要求的压实度。

②路堑施工前，应做好堑顶地表排水导流工程。路堑施工期间，开挖作业面应保持干燥。

③路堑施工中，如边坡地质与设计不符，可提出修改边坡坡度。

(4)黄土陷穴处理可采取以下措施：

①路基范围内的陷穴，应在其发源地点对陷穴进口进行封填，并截排周围地表水。

②现有的陷穴、暗穴，可采用灌砂、灌浆、开挖回填、导洞和竖井等措施进行填充。

③陷穴表面的防渗处理层厚度不宜小于300 mm，并将流向陷穴的附近地面水引离。

④挖方边坡顶以外50 m范围内、路堤坡脚以外20 m范围内的黄土陷穴宜进行处理。

挖方边坡顶以外的陷穴，若倾向路基，应作适当处理。对串珠状陷穴应彻底进行处治。

五、盐渍土地区路基施工

盐渍土指盐土和碱土，以及不同程度盐化、碱化土壤的总称。含盐量大的土层一般分布在地表数百毫米内，以土层的平均含盐量（以质量百分数计）进行土的盐渍化程度差别和分类。

（一）盐渍土地区路基填料的规定

路堤填料类型分为弱盐渍土、中盐渍土、强盐渍土和过盐渍土，细粒土和粗粒土均有可能存在盐渍土的情况。

对填料的含盐量及其均匀性应加强施工控制检测，路床以下每 1 000 m^3 填料、路床部分每 500 m^3 填料应至少做一组测试，每组 3 个土样。填方不足上列数量时，亦应做一组试件。用石膏土作填料时，应先破坏其蜂窝状结构。

（二）盐土地区的路基基底处理

盐土地区的路基基底处理，主要与基底的地表含盐量和地下水位有关。

（1）一般含盐量大的土层多分布于地表，所以路堤基底的含盐量超过允许值时，要挖除。路堤高度小于规定时，除应将基底土挖除外，还应按设计要求换填透水性较好的土。

（2）含水量超过液限的原地基土，应按设计要求将基底以下 1 m 全部换填为透水性材料；含水量介于液限和塑限之间时，应按设计要求换填 100 ~ 300 mm 厚的透水性材料；含水量在塑限以下时，可直接填筑黏性土。

（3）地下水位以下的软弱土体应按设计要求采用透水性好的粗粒土换填，高度宜高出地下水位 300 mm 以上。

盐土地区的地下水一般是比较浅的，如果地下水通过毛细水进入路堤土体内，则土体的含盐量将逐渐增加，产生次生盐渍化。铺填渗水性好的隔离层，可阻断毛细水进入路基土体。

（4）在内陆盆地干旱地区，路面为沥青混凝土、水泥混凝土或沥青表处时，应按设计要求在路堤下部设置封闭性隔断层。

渗水性填料虽能阻止毛细水进入路基土体，但不能防止强烈蒸发所产生的气态水携盐上升，含盐水分聚积于路面下造成破坏。设置封闭隔断层是必要的。

（5）地表为过盐渍土的细粒土、有盐结皮和松散土层时，应将其铲除，铲除的深度通过试验确定。地表过盐渍土层过厚时，如仅铲除一部分，则应设置封闭隔断层，隔断层宜设置在路床顶面以下 800 mm 处；若存在盐胀现象，隔断层应设在产生盐胀的深度以下。

（三）施工技术要求

（1）盐渍土路堤应分层填筑、分层压实，每层松铺厚度不宜大于 200 mm，砂类土松铺厚度不宜大于 300 mm。碾压时应严格控制含水量，碾压含水量不宜大于最佳含水量 1 个百分点（略低为好）。雨天不得施工。密度大的路基对水和盐分上升起阻碍减缓作用，使次生盐渍化大大减轻。

（2）盐渍土路堤的施工，应从基底处理开始，连续施工。在设置隔断层的地段，宜一次做到隔断层的顶部。

(3)地下水位高的黏性盐渍土地区,宜在夏季施工;砂性盐渍土地区,宜在春季和夏初施工;强盐渍土地区,宜在表层含盐量较低的春季施工。

(4)施工中应及时合理设置排水设施,路基及其附近不得积水。在地下水位较高地段,应加深两侧边沟或排水沟,以降低路基下的地下水位。盐渍土地区的地下排水管与地面排水沟渠,必须采取防渗措施。盐渍土地区不宜采用渗沟。

六、季节性冻土地区路基施工

冻胀路基施工,应根据设计要求和现场调查、核对情况,合理选择施工方法,采取合理有效的抗冻措施。在冻胀路基施工过程中,应经常检查冻害状况,发现冻胀、软弹、变形、纵向横向裂缝及翻浆等病害时应及时处理。

路基填挖交界过渡段基底,根据填、挖段不同的冻胀量进行处理,使挖方终点的冻胀量和填方段的冻胀量基本一致。

(一)路基填料的技术规定

(1)路床填料宜优先选择矿渣、炉渣、粉煤灰、砂、砂砾石及碎石等抗冻稳定性较好的材料。

(2)路床或上路堤采用粉土、黏土填筑时,可按设计要求使用石灰、水泥、土壤固化剂等单独或混合进行稳定处理,填料的改善或处理应根据路基抗冻胀性能要求,结合填料性质经试验确定。

(3)冻土、非透水性过湿土不得直接填筑下路堤。

(二)挖方段路基应符合的规定

1.路床换填

(1)路床地基土挖除、换填深度应符合设计要求。

(2)应分层开挖,一般宜从外侧向内侧挖掘,最后一层应从内向外挖掘。

(3)使用粗颗粒填料换填时,填料应均匀,粒径小于 0.075 mm 的填料含量应不大于总量5%。

(4)采用石灰、水泥对填料进行改性处理时,应掺拌均匀,改性剂的剂量应符合设计要求或经试验确定。

(5)换填应分层填筑,压实度达到规定要求。

2.排水施工

(1)施工前应完成截水沟,填筑拦水埂,填平坡顶的冲沟、水坑。

(2)在施工中,应采取措施阻止边界外的水流入路基中;应保持排水沟通畅,将水迅速排出路基之外。

(3)填挖交界段应设置过渡边沟。

(4)在路基开挖面接近设计标高时,应及时施工地下排水构造物,尽快形成各式沟、管、井、涵等,组成完整、有效的排水系统,严禁路基完成后才进行地下排水构造物施工。

(三)禁止超挖的规定

石质挖方、零填路段不宜超挖。超挖或清除软层后的凸凹面,严禁用挖方料和未经稳定处理的混合料回填,岩面凸出部分应凿除,超挖的坑槽及岩石凹面可用贫水泥混凝土浇筑，混凝土最小厚度应大于 80 mm。

(四)在冻深范围内的填筑

非全冻路堤在冻深范围内的填筑应符合下列规定：

(1)冻深范围内的填土严禁混杂，冻胀性质不同的土，应分层填筑；同一类土的填筑，总厚度不宜小于 600 mm；抗冻性强的土应填在高层位。

(2)同一层土的含水量应基本一致，允许偏差为 2 个百分点。

(3)施工期间每层土顶面应设置不小于 2.5% 的排水横坡。

全冻路堤施工前，应在路堤两侧先完成排水沟或边沟，应结合永久排水设计完成渗沟、渗井等地下排水设施。

七、滨海地区路基施工

滨海地区路基施工应根据设计要求和现场水文地质情况，合理选择施工方法。滨海地区路基应采用水稳性较好的填料填筑。滨海地区路基施工应特别注意潮位、海浪、海流等情况。

(一)斜坡式路堤

在滨海路堤的建造中，斜坡式路堤是一种经常被采用的结构型式。斜坡式路堤的特点是：结构简单、施工方便、具有较高的整体稳定性。斜坡式路堤和波浪相互作用的特点为波浪在坡面上爬升，然后破碎，其能量被吸收或消散。其主要技术要求如下：

(1)应采取措施保证路堤填料不被海流冲移、侵蚀。

(2)护坡采用条石、块石或混凝土人工块体、土工合成材料时，所采用的材料质量必须满足相关要求，坡面平整，块体接触面向内倾斜，紧贴坡面。

(3)胸墙应在路堤的沉降基本完成以后再修筑。

(二)直墙式路堤

直墙式路堤也是滨海路堤常见的一种结构型式。其优点在于其内侧可以兼作码头，并在水深较大时，所需的建筑材料比斜坡式路堤省。它的缺点是消除波能的效果差。

(1)直墙式路堤应采用石块填筑，石块的大小应以石块能够沉达到位，且能确保路堤安全稳定为原则。

(2)采用抛石方法形成的明基床或暗基床应满足设计要求。在非岩性地基上的基床厚度应满足设计要求。在岩性地基上的基床厚度应满足设计要求。

思考题

1. 路基施工技术准备工作有哪些要点？
2. 土质路基施工地基表层处理应符合什么规定？
3. 土质路基填筑一般要求是什么？有哪些填筑方法？
4. 填石路堤填筑应控制哪些技术指标和参数？
5. 土质路堑开挖方案是什么？有哪些技术要求？
6. EPS 颗粒混合轻质路基施工技术要求有哪些？

7. 盐渍土有哪些类型？对盐渍土施工的技术要求是什么？

实训题

某合同段起讫桩号为 K19 +000 ~ K22 +400，全长 3.4 km。公路位于河南南阳市境内，处于第二级地貌台阶向第三级台阶过渡的边坡上，属山地、丘陵、平原组成的盆地型地貌类型。山岭多由岩浆岩及变质岩组成。

路基标准横断面：主线路基为整体式断面，双向四车道标准。路基全宽 26 m，行车道宽 2 ×3.75 m，中央分隔带宽 2.0 m，两侧分别设左侧路缘带 0.75 m，硬路肩 3 m（含右侧路缘带 0.5 m），土路肩 0.75 m，路面横坡 2%，土路肩横坡 4%。

路基挖方工程量：土方挖方共计 11.6 万 m^3，石方挖方共计 46.6 万 m^3。

结合以上案例：1. 试安排路基施工准备工作内容。

2. 编制路基土方开挖施工方案。

3. 编制路基石方爆破施工方案。

第七章　路面基(垫)层设计与施工

学习目标

熟悉路面基(垫)层的分类、特性、材料及设计要求,掌握水泥稳定土、石灰稳定土及石灰粉煤灰稳定土类配合比设计及施工材料的选配方法和施工工艺技术要求,了解级配碎(砾)石、填隙碎石、石灰工业废渣类基(垫)层的组成材料、特性及施工方法。

第一节　基(垫)层特性与分类

一、路面基(垫)层特性

基层是处于面层与垫层之间,主要承受车轮荷载传来的竖向力,并将由面层传下来的应力扩散到垫层或土基的路面结构层次。因而,基层必须有足够的强度和稳定性,同时具备良好的扩散应力的性能。由于基层不直接与车轮接触,故对其耐磨性要求不高,但其可能受到地表水或地下水的侵入,故应具有良好的水稳定性,以防湿软变形过大而影响路面结构的强度。在冰冻地区具有一定的抗冻性,基层应有较小的收缩(湿缩或干缩)变形和较强的抗冲刷能力。

垫层是介于基层与土基之间调节和改善土基水温状况的结构层次。垫层主要起到排水、隔水、防冻或防污作用,以保证面层和基层具有必要的强度、稳定性及防水、抗冻能力。垫层能扩散由基层传来的应力,减少土基所产生的变形。

为排除路面路基中滞留的自由水,确保路面结构处于干燥或中湿状态,符合下列条件的路基应设置垫层:

(1)地下水位高,排水不良,路基经常处于潮湿、过湿状态的路段。

(2)排水不良的土质路堑,有裂隙水、泉眼等水文不良的岩石挖方路段。

(3)季节性冰冻地区的中湿、潮湿路段,可能产生冻胀需设防冻垫层的路段。

(4)基层或底基层可能受污染以及路基软弱的路段。

(5)有受力要求的路段。

二、垫层分类及材料

常用的垫层按照所选用的材料不同分为透水性垫层和稳定性垫层。透水性垫层是指由松散的颗粒材料如砂、砾石、炉渣、片石、锥形块石及卵石等修筑成的垫层;稳定性垫层是指由整体性材料如水泥稳定土、石灰土、二灰土、煤渣石灰稳定土、沥青土等修筑成的不透水的垫层。透水性垫层对材料的强度要求不高,但水稳性、隔热性和吸水性一定要好。稳定性垫层成型后,强度较高,板体性强。

根据设置目的和作用不同，垫层又可细分为稳定层、隔离层、防冻层、防污层、整平层和辅助层。目前，在路面工程中，常用的垫层有水泥稳定土、石灰土或煤渣石灰稳定土、砂砾垫层、隔离层（透水性与不透水性）等型式。

三、路面基层分类及材料

基层是路面结构中的重要组成部分。基层也应有平整的表面，以保证面层厚度均匀。

（一）基层分类

基层包括基层及底基层。可按以下三种方法进行分类：

（1）按材料力学特性可划分为半刚性类、柔性类和刚性类三种。

（2）按材料组成可划分为有结合料稳定类（包括稳定集料类、稳定细粒土类）和无黏结料类。有结合料稳定类可分为有机结合料稳定类、无机结合料稳定类。

（3）按其组成结构状态可划分为骨架密实结构类、骨架空隙结构类、悬浮密实结构类、均匀密实结构类。

（二）基层材料及其特点

1. 半刚性基层

半刚性基层是指采用无机结合料稳定集料或稳定土类铺筑的基层。

这类基层是指以石灰、水泥掺入土（集料）中或与工业废渣等共同或分别掺入土（集料）中，通过加水拌和，碾压成型的基层。常用的有石灰土、水泥土、二灰土、石灰水淬渣土，以及以此类材料分别或共同掺入砾（碎）石、工业废渣中，成为各种无机结合类材料。其作用机制是石灰与水泥中的活性物质与细粒土发生化学反应或此类活性物质对工业废渣中的材料起激化作用而胶结、凝固，成为高强度的整体材料，以抵抗外力的作用。而结合料的剂量、性质、集料的级配等都会影响此类基层材料的强度。当环境适宜时，其强度与刚度会随着时间的增长而不断增大，其最终抗弯拉强度和弹性模量，比一般的基层要大，但还是远比刚性路面低。

2. 柔性基层

柔性基层是指热拌或冷拌沥青混合料、沥青贯入碎石，以及不加任何结合料的粒料类等材料铺筑的基层。粒料类材料，包括级配碎石、级配砾石、符合级配的天然砂砾、部分砾石经轧制掺配而成的级配碎、砾石，以及泥结碎石、泥灰结碎石、填隙碎石等材料结构层。

粒料类材料基层，按强度构成可分为嵌挤型与级配型。嵌挤型基层的强度主要依靠碎石颗粒间的嵌挤和摩阻作用所形成的内摩阻力，而颗粒之间的黏结力是次要的，这种结构的抗剪强度主要取决于剪切面上的法向应力和材料的内摩擦角。嵌挤型的基层包括泥结碎石、泥灰结碎石、填隙碎石等。级配型粒料基层的强度和稳定性取决于内摩阻力与黏结力的大小。它的强度与稳定性在很大程度上取决于集料的类型（碎石、砾石或碎砾石）、集料的最大粒径和级配以及混合料中0.5 mm以下细料的含量及塑性指数，同时还与密实度有很大关系。

3. 刚性基层

刚性基层是采用混凝土、碾压式混凝土、贫混凝土、钢筋混凝土、连续配筋混凝土等材料做的基层。刚性基层结构耐久性好，强度高，水、温稳定性好，近年来应用较广泛。

基层、底基层材料的组成结构状态与物理、力学特性密切相关。不同组成结构状态的基层特点如下：

(1)骨架密实型混合料中的粗集料用量一般在75%以上，细集料含量较少，密实混合料的嵌挤强度高，抗裂性、抗冲刷性较好。高速公路和一级公路的基层宜采用骨架密实型混合料。

(2)悬浮密实型混合料中的粗集料用量一般在50%左右，细集料含量较多，稳定性能较好。各级公路的基层和底基层均采用悬浮密实型混合料。

(3)骨架孔隙结构型混合料与骨架密实型混合料相比具有较高的孔隙率，适用于较高路面内部有排水要求的基层。

(4)均匀密实型混合料，即稳定细粒土、砂或石屑，可就地取材、降低工程造价。

设计人员应根据使用要求和环境条件，结合各种类型基层、底基层材料的组合和结构特性，选用适宜的基层、底基层材料和类型。高速公路、一级公路宜选用稳定集料类的材料做基层，上基层宜选用骨架密实的结构。

第二节　水泥稳定土

在经过粉碎的或原来松散的土中，掺入足量的水泥和水，经拌和得到的混合料在压实和养生后，当其抗压强度符合规定的要求时，称为水泥稳定土。它既包括水泥稳定各种细粒土，也包括水泥稳定各种中粒土和粗粒土。

用水泥稳定细粒土(砂性土、粉性上或黏性土)时简称水泥土；当所用细粒土属于砂时，简称水泥砂。用水泥稳定粗粒土和中粒土得到的混合料，依据原材料可相应简称为水泥碎石(级配碎石和未筛分碎石)、水泥石渣(采石场废料)、水泥石屑(碎石场细筛余料)、水泥砂砾、水泥碎石土或水泥砂砾土。

用水泥稳定土铺筑的路面基层(或垫层)，称为水泥稳定土基层(或垫层)。

水泥稳定土具有良好的力学性能、板体性、整体性、足够的力学强度、抗水性、水稳性和耐冻性。它的水稳定性和抗冻性都较石灰稳定土好。它的初期强度较高，且随龄期增长，它的力学强度还可视需要而调整。因此，水泥稳定土应用范围很广。在工业发达、水泥产量大的国家，大量采用水泥加固土，但因其不耐磨，一般多用作基层或垫层。

一、在水泥稳定土形成过程中影响强度的因素

(一)土质

土的类别和性质是影响水泥稳定土强度的重要因素之一。除有机质或硫酸盐含量高的土外，凡是能被经济地粉碎的土，如各种砂砾土、砂土、粉土和黏土均可用水泥稳定。

实践证明，用水泥稳定级配良好的碎(砾)石和砂砾，效果最好，既可节约水泥，又能取得满意的稳定效果，不但强度高，而且水泥用量少；其次是砂性土；再次是粉性土和黏性土。一般土的塑性指数不应超过17，实际工作中往往选用塑性指数小于12的土。重黏土由于难以粉碎和拌和，不宜单独用水泥稳定；有机质含量超过2%或硫酸盐含量超过0.25%的土，不应用水泥稳定。

(二)水泥类型及剂量

普通硅酸盐水泥、矿渣硅酸盐水泥和火山灰质硅酸盐水泥都可用于稳定土。实践证明,对于同一种土,一般情况下,硅酸盐水泥的稳定效果较好,而铝酸盐水泥则较差。终凝时间较长(6 h 以上)的低强度等级水泥应优先选用。水泥稳定土的强度随水泥剂量的增加而增加,但过多的水泥用量,虽获得强度的增加,经济上却不一定合理,且容易开裂。考虑到水泥稳定土的抗温缩与抗干缩以及经济性,应有一个合理的水泥用量范围。试验和研究证明,水泥剂量为4% ~6%较为合理。细粒料集中厂拌时,最小剂量可为3%。

水泥剂量以水泥质量占全部粗细土颗粒(即砾石、砂粒、粉粒和黏粒)和干质量的百分率表示,即水泥剂量=水泥质量/干土质量。

(三)含水量

当含水量不足时,水泥就要与土争水,若土对水有较大的亲和力,就不能保证水泥完成水化和水解作用,发挥不了水泥对土的稳定作用,影响强度形成;反之,含水量大,达不到最佳含水量,也影响水泥稳定土的压实度。因此,使含水量达到最佳含水量的同时,也要满足水泥完全水化和水解作用的需要。水泥正常水化所需的水量约为水泥重量的20%,对于砂性土,完全水化达到最高强度的含水量较最佳密实度的含水量为小;而对于黏性土则相反。

(四)施工工艺过程及养生

水泥、土和水拌和得均匀,且在最佳含水量下充分压实,既要达到最佳密实度的含水量,又能满足水泥完全水化和水解作用的需要,使之干密度最大,其强度和稳定性就高。水泥稳定土需湿法养生,以满足水泥水化形成强度的需要。养生温度愈高,强度增长的愈快。因此,要保证水泥稳定土养生的温度和湿度条件。

二、材料要求及混合料配合比设计

在一般情况下,水泥稳定土层所用的土是选择技术和经济都比较合理的土料。水泥稳定土是用水泥做结合料得到的混合料,它既包括用水泥稳定各种细粒土,也包括用水泥稳定各种中粒土和粗粒土。该稳定土适用于各级公路的基层和底基层,但不得用作二级和二级以上公路的高级路面基层。

对于二级和二级以下的公路,水泥稳定土所用的粗粒土、中粒土、细粒土应满足其技术要求,其颗粒组成应符合表7-1和表7-2的规定。

对高速公路、一级公路的用土要求,详见《公路路面基层施工技术规范》(JTJ 034—2000)。

表7-1　用作底基层时水泥稳定土的颗粒组成范围

筛孔尺寸(mm)	53	4.75	0.6	0.075	0.002
通过质量百分率(%)	100	50~100	17~100	0~50	0~30

注:表中所列用筛为均匀方孔筛。在无相应尺寸方孔筛的情况下,可先将颗粒组成在半对数坐标纸上画出两根级配曲线,然后在对数坐标上查找所需筛孔的位置或点,从此点引一垂直线向上与两根曲线相交。从此两交点画水平线与垂直坐标相交,即可得到所需颗粒尺寸的通过百分率。

表 7-2　用作基层时水泥稳定土的颗粒组成范围

筛孔尺寸(mm)	通过质量百分率(%)	筛孔尺寸(mm)	通过质量百分率(%)
37.5	90～100	2.36	20～70
26.5	66～100	1.18	14～57
19	54～100	0.6	8～47
9.5	39～100	0.075	0～30
4.75	28～84		

对水泥稳定土施工的要求是:水泥剂量符合规定,水和水泥分布均匀,密实度大的混合料,经过养生后,水泥稳定土成为一种结硬的整体性材料,而且表面平整,具有规定的路拱。

水泥稳定土配合比设计按照下列步骤进行:

(1)分别按下列五种水泥剂量配制同一种土样、不同水泥剂量的混合料。

做基层用:中粒土和粗粒土,3%,4%,5%,6%,7%;沙土,6%,7%,8%,9%,10%;其他细粒土,8%,10%,12%,14%,16%。

做垫层用:中粒土和粗粒土,2%,3%,4%,5%,6%;沙土,3%,5%,6%,7%,8%;其他细粒土,8%,10%,12%,14%,16%。

(2)确定各种混合料的最佳含水量和最大干(压实)密度,至少应做三个不同水泥剂量混合料的击实试验,即最小剂量、中间剂量和最大剂量。其他两个剂量混合料的最佳含水量和最大干密度用内插法确定。

(3)按规定压实度分别计算不同水泥剂量的试件应有的干密度。

(4)按最佳含水量和计算所得的干密度制备试件。进行强度试验时,作为平行试验的最少试件数量应不小于规定。如试验结果的偏差系数大于表中规定的值,则应重做试验,并找出原因,加以解决。如不能降低偏差系数,则应增加试件数量。

(5)试件在规定温度下保湿养生 6 d,浸水 24 h 后,按《公路工程无机结合料稳定材料试验规程》(JTJ 057)进行无侧限抗压强度试验。

(6)计算试验结果的平均值和偏差系数。

(7)根据强度标准,选定合适的水泥剂量,此剂量试件室内试验结果的平均抗压强度 R 应符合式(7-1)的要求:

$$R \geqslant R_{\mathrm{d}}/(1 - Z_a C_{\mathrm{v}}) \tag{7-1}$$

式中　R_{d}——设计抗压强度,见表 7-3;

C_{v}——试验结果的偏差系数(以小数计);

Z_a——标准正态分布表中随保证率(或置信度 a)而变的系数,高速公路和一级公路应取保证率 95%,即 $Z_a = 1.645$,其他公路应取保证率 90%,即 $Z_a = 1.282$。

表 7-3　水泥稳定土抗压强度要求　(单位:MPa)

层位	二级和二级以下公路	高速公路和一级公路
基层	2.5～3	3～5
底基层	1.5～2.0	1.5～2.5

工地实际采用的水泥剂量应比室内试验确定的剂量多0.5%～1.0%。采用集中厂拌法施工时，可只增加0.5%；采用路拌法施工时，宜增加1%。

水泥用量增多虽然提高了水泥土的强度，但用量过多，则易于开裂。关于使用水泥的具体剂量应根据混合料层位、强度指标和施工方法确定，但不得小于表7-4的规定。

表7-4 水泥最小剂量 （%）

土类	路拌法	集中(厂)拌法
中、粗粒土	3	2
细粒土	5	3

三、水泥稳定土基(垫)层施工

水泥稳定土基层施工方法常用路拌法和厂拌法。

(一)路拌法施工

水泥稳定土路拌法施工工艺流程如图7-1所示。

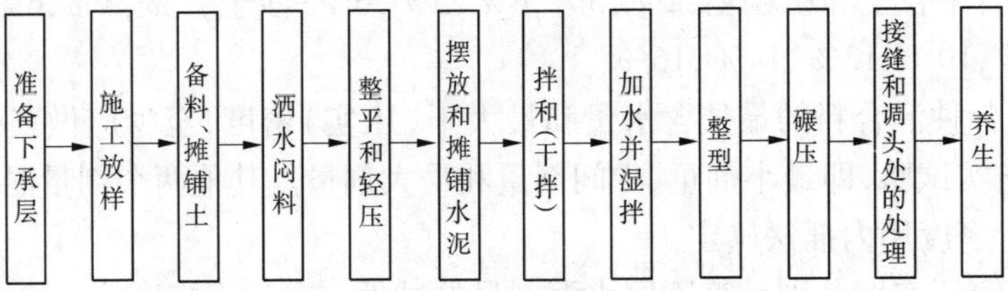

图7-1 水泥稳定土路拌法施工工艺流程

1. 准备下承层

当水泥稳定土用作基层时，要准备底基层；当水泥稳定土用作老路面的加强层时，要准备老路面；当水泥稳定土用作底基层时，要准备土基。

水泥稳定土层底面(即下承层)表面应平整、坚实，具有规定的路拱，在弯道上按设计要求设置超高。下承层应用不小于12 t的压路机或其他等效的压实机具进行压实。在高速公路和一级公路、二级公路或城市快速路、主干路以及行驶重型汽车为主的道路上，应采用重型压实标准。

2. 施工测量

施工前必须在底基层或老路面或土基上进行恢复中线测量。敷设适当桩距的中桩，直线段每15～20 m设一桩，平曲线段每10～15 m设一桩，并在两侧路肩边缘外设指示桩。

进行水准测量，在两侧指示桩上用明显标记标出水泥稳定土层边缘的设计高程。在施工过程中，标桩如有丢失或移动，应及时补桩抄平。

3. 计算材料用量

根据各路段水泥稳定土层的宽度、厚度及预定的干密度，计算各路段需要的干燥集料数量。

根据水泥稳定土层的厚度和预定的干密度及水泥剂量，计算每平方米水泥稳定土需用的水泥量，并计算每袋（通常重 50 kg）水泥的摊铺面积。根据水泥稳定土层的宽度确定摆放水泥的行数，计算每行水泥的间距。根据每袋水泥的摊铺面积和每行水泥的间距计算每袋水泥的纵向间距。

4. 摊铺土

应事先通过试验确定集料的松铺系数（或压实系数，是混合料的松铺干密度与压实干密度的比值）。人工摊铺混合料时，其松铺系数可参考表 7-5。

表 7-5　混合料松铺系数参考表

材料名称	松铺系数	备注
水泥稳定砂砾	1.30 ~ 1.35	
水泥土	1.50 ~ 1.58	现场人工摊铺土和水泥，机械拌和，人工整平

松铺材料层的厚度按照下式计算，即：

$$松铺厚度 = 压实厚度 \times 松铺系数$$

如果需要，根据实际情况应进行减料或补料工作。

摊铺土应在摊铺水泥的前一天进行。摊铺长度按日进度的需要量控制，次日完成掺加水泥、拌和、碾压成型即可。雨季施工，如第二天有雨，不宜提前摊铺土。

5. 洒水闷料

如已整平的土（含粉碎的老路面）含水量过小，应在土层上洒水闷料。洒水应均匀，防止出现局部水分过多的现象。严禁洒水车在洒水段内停留和调头。

细粒土应经一夜闷料；中粒土和粗粒土，视其中细土含量的多少，可缩短闷料时间。如为综合稳定土，应将石灰和土拌和后一起进行闷料。

6. 整平和轻压

土经过预湿之后，应该整型成要求的路拱和坡度，并用 6 ~ 8 t 的两轮光面压路机碾压 1 ~ 2 遍，使素土层具有平整光滑的表面，同时具有一定的密实度，以便摊铺水泥。

7. 摆放和摊铺水泥

按计算的每袋水泥的纵横间距，用石灰或水泥在集料层上做安放水泥的标记。水泥应在当日用汽车（运水泥的车应有防雨设备）直接送到摊铺路段，直接卸在做标记的地点，并检查有无遗漏和多余。然后打开水泥袋将水泥倒在集料层上，并用刮板将水泥均匀摊开。应注意每袋水泥的摊铺面积相等。水泥摊铺完毕后，表面应没有空白位置，也没有水泥过分集中的地点。

在大的施工工地，有时用散装水泥撒布车（可装 25 t 水泥）撒铺水泥。用撒布车撒铺水泥比用人工撒铺水泥要均匀得多。

8. 拌和

这个阶段的目的是使水泥完全均匀地分布到土中。用旋转式松土机或专门的稳定土拌和机进行拌和，在用机械拌和的头 1 ~ 2 遍，通常进行“干拌”。然后边洒水边拌和，即进行“湿拌”。干拌的目的是使水泥均匀地分布到全部土中，不要求达到完全拌和，而是预防加水过程水泥成团。所谓干拌,实际上是拌和预湿的土及水泥,并不要求土是干的。

国产灰土拌和机和稳定土拌和机都可以用于干拌和湿拌。

用稳定拌和机进行拌和,拌和深度应达到稳定层底。应设专人跟随拌和机,随时检查拌和深度并配合拌和机操作员调整拌和深度,严禁在拌和层底部留有“素土”夹层。下承层的表面应略破坏 1 ~2 cm,不应过多,以利于上下层黏结。通常应拌和两遍以上,在最后一遍拌和之前,必要时可先用多铧犁紧贴底面翻拌一遍,直接铺在土基上的拌和层也应避免“素土”夹层。

9. 整型

混合拌和均匀后,立即用平地机进行初平,在直线段,平地机由两侧向路中心进行刮平,在曲线段,平地机由内侧向外侧进行刮平;必要时,再返回刮一遍。用轮胎压路机、轮胎拖拉机或平地机立即在刚初平的路段上快速碾压一遍,以暴露潜在的不平整。然后用平地机整平一次。每次整平都要按照要求的坡度和路拱进行。特别要注意接缝处的整平,务必使接缝顺适平整。整平工作还应该包括路肩在内。

水泥稳定土基层表面的低洼处,严禁用薄层水泥土混合料找补。因为薄层找补极易在使用过程中脱皮压碎,导致面层破坏。因此,水泥稳定土摊铺和整平时,要严格掌握纵向坡度和路拱。摊铺时,一般要按“宁高勿低”的原则,最后整平(终平)时,一般要按“宁刮勿补”的原则处理。在薄沥青面层的情况下,这点尤为重要。

在整型过程中,严禁任何车辆通行,并配合人工消除粗细集料窝。

10. 碾压

根据路宽、压路机的轮宽和轮距的不同,制订碾压方案,以求各部分碾压到的次数尽量相同(通常路面的两侧应多压 2 ~3 遍)。

水泥稳定土层整平到需要的断面和坡度后,混合料的含水量等于或略大于最佳含水量时,立即用 12 t 以上三轮压路机、重型轮胎压路机或振动压路机在路基全宽内进行碾压。直线段,由两侧路肩向路中心碾压,平曲线段,由内侧路肩向外侧路肩进行碾压。碾压时,应重叠 1/2 轮宽,后轮必须超过两段的接缝处,后轮压完路面全宽时,即为一遍。一般需要碾 6 ~8 遍。压路机的碾压速度头两遍以采用 1. 5 ~1. 7 km/h 为宜,以后宜采用 2. 0 ~2. 5 km/h。采用人工摊铺整型的稳定土层,宜先用拖拉机或 6 ~8 t 两轮压路机或轮胎压路机碾压 1 ~2 遍,然后利用重型压路机碾压。

在碾压过程中,如发生“弹簧”、松散、起皮等现象,应及时翻开换以新的水泥土混合料或添加适量的水泥重新拌和,或用其他方法处理,使其达到质量标准的要求。

经过拌和整型的水泥稳定土,宜在水泥初凝前并应在试验确定的延迟时间内完成碾压,并达到要求的密实度,同时没有明显的轮迹。

在碾压结束之前,用平地机再终平一次,使其顺适,路拱和超高符合设计要求,终平应仔细进行,必须将局部高出部分刮除并扫出路外,对于局部低洼之处,不再进行找补,可留待铺筑沥青面层或水泥混凝土面层时处理。

施工阶段,水泥稳定土压实度应满足相关规范要求,详见表 7-6。

11. 接缝和“调头”处的处理

同时施工的两工作段衔接时,应采用搭接,前一段拌和整型后,留 5 ~8 m 不进行碾压,后段施工时,前段留下未压部分,应再加部分水泥重新拌和,并与后一段一起碾压。

表 7-6　水泥稳定土压实度要求　(%)

层位	高速公路、一级公路		二级和二级以下公路	
	水泥稳定中粒土和粗粒土	水泥稳定细粒土	水泥稳定中粒土和粗粒土	水泥稳定细粒土
基层	97	93	97	93
底基层	95	93	95	93

应注意每天最后一段末端缝(即工作缝)的处理。工作缝和调头处可按下述方法处理:

(1)在已碾压完成的水泥稳定土层末端,沿稳定土挖一条横贯铺筑层全宽的宽约 30 cm 的槽,直挖到下承层顶面。此槽应与路的中心线垂直,靠稳定土的一面应切成垂直面,并放两根与压实厚度等厚、长为全宽一半的方木紧贴其垂直面。

(2)用原挖出的素土回填槽内其余部分。

(3)如拌和机械或其他机械必须到已压成的水泥稳定土层上调头,应采取措施保护调头作业段。一般可在准备用于调头为 8 ~ 10 m 长的稳定土层上,先覆盖一张厚塑料布或油毡纸,然后铺上约 10 cm 厚的土、砂或砂砾。

(4)第二天,邻接作业段拌和后,除去方木,用混合料回填。靠近方木未能拌和的一小段。应进行人工补充拌和。整平时,接缝处的水泥稳定土应较已完成断面高出约 5 cm,以利形成一个平顺的接缝。

(5)整平后,用平地机将塑料布上大部分土除去(注意勿刮破塑料布),然后人工除去余下的土,并收起塑料布。

在新混合料碾压过程中,应将接缝修整平顺。

水泥稳定土层的施工应避免纵向接缝,在必须分两幅施工时,纵缝必须垂直相接,不应斜接。可按以下方法施工:

(1)在前一幅施工时,在靠中央一侧用方木或钢模板做支撑,方木或钢模板的高度与稳定土层的压实厚度相同。

(2)混合料拌和结束后,靠近支撑木(或板)的一部分,应进行人工补充拌和,然后整型和碾压。

(3)养生结束后,在铺筑另一幅之前,拆除支撑木(或板)。

(4)第二幅混合料拌和结束后,靠近第二幅的部分,应进行人工补充拌和,然后进行整形和碾压。

12. 养生和交通管制

水泥稳定土底基层(或基层)分层施工时,下层水泥稳定土碾压完后,在采用重型振动压路机碾压时,宜养生 7 d 后铺筑上层水泥稳定土。在铺筑上层稳定土之前,应始终保持下层表面湿润。在铺筑上层稳定土时,宜将下层表面清扫干净后撒少量水泥或水泥浆。底基层养生 7 d 后,方可铺筑基层。水泥稳定级配碎石(或砾石)基层分两层用摊铺机铺筑时,下层分段摊铺和碾压密实后,在不采用重型振动压路机碾压时,宜立即摊铺上层,否则在下层顶面应撒少量水泥或水泥浆。

每一段碾压完成并经压实度检查合格后,应立即开始养生。

对于高速公路和一级公路,基层的养生期不宜少于7 d。对于二级和二级以下的公路,如养生期少于7 d即铺筑沥青面层,则应限制重型车辆通行。

养生期结束后,如其上为沥青面层,应先清扫基层,并立即喷洒透层或黏层沥青。在喷洒透层或黏层沥青后,宜在上均匀撒布5~10 mm的小碎(砾)石,用量为全铺一层用量的60%~70%。

宜采用湿砂进行养生,砂层厚宜为7~10 cm。对于基层,也可采用沥青乳液进行养生。无上述条件时,也可用洒水车经常洒水进行养生,每天洒水的次数应视气候而定。

(二)水泥稳定土中心站集中厂拌法施工

中心站集中厂拌法,即集中在某一场地,用固定式拌和机拌和水泥混合料,用自卸卡车将拌成的混合料运送到铺筑工地,然后进行摊铺和压实的施工工艺方法。

对于高速公路和一级公路应采用专用集中拌和法制备基层和底基层混合料(直接放在土基上的一层可以采用路拌法),以保证拌和质量和消除"素土"夹层的危险。

厂拌法稳定土施工工艺中应注意以下几个问题。

1.集中拌和

集中拌和时,应符合下列要求:

(1)拌和机与摊铺机的生产能力应互相匹配。对于高速公路和一级公路,为了保持摊铺机连续摊铺,拌和机的产量宜大于400 t/h,并宜采用两台拌和机。

(2)在正式拌制混合料之前,必须先调试所用的设备,使混合料的颗粒组成和含水量都达到规定的要求。原集料的颗料组成发生变化时,应重新调试设备。

(3)配料应准确,拌和应均匀。

(4)拌和出来混合料的含水量宜略大于最佳含水量,使混合料运到现场摊铺后碾压的含水量不小于最佳含水量。因此,在拌和过程中应根据集料和混合料含水量的大小,及时调整加水量。

(5)当采用连续式的稳定土厂拌设备拌和时,应保证集料的最大粒径和级配符合要求。

(6)土块应粉碎,最大尺寸不得大于15 mm;不同粒级的碎石或砾石以及细集料(如石屑和砂)应隔离,分别堆放。

2.运输

将拌好的混合料从拌和机直接卸入自卸卡车,尽快送到铺筑现场。车上的混合料应该覆盖,减少水分损失。运输的时间一般要限制在30 min内。

3.摊铺与压实

对于高速公路和一级公路,必须采用沥青混凝土摊铺机或专用的稳定粒料摊铺机摊铺。对于其他公路,有条件宜用摊铺机摊铺,但至少必须采用平地机摊铺,个别面积较小的路段可以采用人工摊铺。

使用摊铺机铺筑水泥稳定土混合料时,必须严格遵守操作技术规程,才能达到较好的平整度。在二、三、四级公路上,没有摊铺机时,可采用摊铺箱摊铺混合料,也可以用自动平地机摊铺混合。

用摊铺机和平地机摊铺混合料后的整型和碾压均与路拌法相同。宜先用轻型两轮压路机跟在摊铺机后及时进行碾压，后用重型振动压路机、三轮压路机或轮胎压路机继续碾压密实。

4. 接缝处理

集中厂拌法施工时的横向接缝应符合下列要求：

(1)用摊铺机摊铺混合料时，不宜中断，如因故中断时间超过 2 h，应设置横向接缝，摊铺机应驶离混合料末端。

(2)人工将末端含水量合适的混合料弄整齐，紧靠混合料放两根方木，方木的高度应与混合料的压实厚度相同，整平紧靠方木的混合料。

(3)方木的另一侧用砂砾或碎石回填约 3 m 长，其高度应高出方木几厘米。

(4)将混合料碾压密实。

(5)在重新开始摊铺混合料之前，将砂砾或碎石和方木除去，并将下承层顶面清扫干净。

(6)摊铺机返回到已压实层的末端，重新开始摊铺混合料。

(7)如摊铺中断后，未按上述方法处理横向接缝，而中断时间已超过 2 h，则应将摊铺机附近及其下面未经压实的混合料铲除，并将已碾压密实且高程和平整度符合要求的末端挖成与路中心线垂直并向下的断面，然后摊铺新的混合料。

应避免纵向接缝。高速公路和一级公路的基层应分两幅摊铺，宜采用两台摊铺机一前一后相隔 5 ~ 10 m 同步向前摊铺混合料，并一起进行碾压，但必须注意横坡的一致性。

在不能避免纵向接缝的情况下，纵缝必须垂直相接，严禁斜接，并符合下列规定：

(1)在前一幅摊铺时，在靠中央的一侧用方木或钢模板做支撑，方木或钢模板的高度应与稳定土层的压实厚度相同。

(2)养生结束后，在摊铺另一幅之前，拆除支撑木(或板)。

用平地机摊铺混合料时，横向接缝和纵向接缝的处理方法同路拌法。

5. 养生和交通管制

同路拌法。

第三节 石灰稳定土

在粉碎的土和原来松散的土(包括各种粗、中、细粒土)中，掺入一定量的石灰和水，经拌和得到的混合料压实和养生后，当其抗压强度符合规定的要求时的路面基层结构，称为石灰稳定土。石灰稳定土类基层包括由稳定细粒土得到的石灰土，由稳定中粒土和粗粒土得到的石灰砂砾土、石灰碎石土、石灰土砂砾或石灰土碎石等。用石灰稳定土铺筑的路面基层和底基层，分别称为石灰稳定(土)基层和石灰稳定(土)底基层。

石灰稳定土类中最常用的就是石灰土，通常采用石灰剂量为 8% ~ 12%(石灰的质量: 干土质量 = 8% ~ 12%)。

一、影响石灰稳定土强度的因素

(一)土质

塑性指数为15~20的黏性土以及含有一定数量黏性土的中粒土和粗粒土均适宜于用石灰稳定。

用石灰稳定无塑性指数的级配砂砾、级配碎石和未筛分碎石时,应添加15%左右的黏性土。塑性指数在15以上的黏性土更适宜于用石灰和水泥综合稳定。塑性指数在10以下的亚砂土和砂土用石灰稳定时,应采取适当的措施或采用水泥稳定。塑性指数偏大的黏性土,应加强粉碎,粉碎后土块的最大尺寸不应大于15 mm。可以采用两次拌和法,第一次加部分石灰拌和后,闷放1~2 d,再加入其余石灰,进行第二次拌和。

硫酸盐含量超过0.8%的土和有机质含量超过10%的土,不宜用石灰稳定。

(二)石灰质量和剂量

各种化学组成的石灰均可用于稳定土,石灰技术指标应符合表7-7的规定。应尽量缩短石灰的存放时间。石灰在野外堆放时间较长时,应覆盖防潮。

表7-7　石灰的技术标准　(%)

类别与指标项目		钙质生石灰			镁质生石灰			钙质消石灰			镁质消石灰		
		Ⅰ	Ⅱ	Ⅲ	Ⅰ	Ⅱ	Ⅲ	Ⅰ	Ⅱ	Ⅲ	Ⅰ	Ⅱ	Ⅲ
有效钙加氧化镁含量≥		85	80	70	80	75	65	65	60	55	60	55	50
未消化残渣含量≤(5 mm圆孔筛筛余)		7	11	17	10	14	20						
含水量≤								4	4	4	4	4	4
细度	0.71 mm方孔筛的筛余≤							0	1	1	0	1	1
	0.125 mm方孔筛的筛余≤							13	20		13	20	
钙镁石灰的分类界线氧化镁含量		≤5			>5			≤4			>4		

注:硅、铝、镁氧化物含量之和大于5%的生石灰,有效钙加氧化镁含量指标,Ⅰ等≥75%,Ⅱ等≥70%,Ⅲ等≥60%;未消化残渣含量指标与镁质生石灰指标相同。

使用等外石灰、贝壳石灰、珊瑚石灰等,应进行试验,如混合料的强度符合规范规定的标准(高速公路、一级公路底基层不小于0.88 MPa,二级及其以下公路基层不小于0.8 MPa,底基层0.5~0.7 MPa),即可使用。

对于高速公路和一级公路,宜采用磨细生石灰粉。石灰质量应符合表7-7中Ⅲ级以上的技术标准,等外石灰、贝壳石灰、珊瑚石灰等应通过试验。

石灰剂量以石灰质量占全部粗细土颗粒干质量的百分率表示,即:

$$石灰剂量=石灰质量/干土质量$$

石灰的剂量对石灰土的强度影响较大。石灰剂量适量,强度和稳定性均能提高,但剂量超过一定范围时,强度反而降低。生产中常用的最佳剂量范围,对于黏性土及粉性土为8%~14%,对砂性土则为9%~16%。剂量的确定应根据结构层技术要求,进行混合料组成设计。

（三）拌和及压实

土的粉碎程度和拌和的均匀性对石灰稳定土的强度有很大影响，应尽可能采用粉碎与拌和效率高的机械，提高粉碎程度与拌和的均匀性。

压实对石灰土强度的影响也很大，交通部公路科研所统计分析 121 组无机结合料稳定细粒土的室内试验资料表明：压实度每增加 2%，抗压强度增加的最大值为 29.7%，最小值为 2.5%，平均增加 14.1%。

施工中土、石灰的粉碎程度，拌和均匀性都对石灰稳定土的强度有一定影响。因此，必须严格遵守操作规格，以确保工程质量。

（四）含水量

水是石灰土的重要组成部分，它促使石灰土发生物理化学变化，形成强度，施工时有利于土的粉碎、拌和与压实，并且有利于养生。

不同土质的石灰土各有其最佳含水量。需通过标准击实试验确定，并用以控制施工中的含水量。所用水应是干净、可供饮用的水。对于工矿污水和含有害盐类的水源，应通过试验来决定能否采用。

（五）石灰土的龄期

石灰稳定土强度随龄期而缓慢增长，在一定条件下，石灰与土中的黏粒成分经过物理化学作用，发生一系列质的变化，使石灰土产生较高的强度和水稳性。到 28 d 龄期时，只能达到 30% 左右的强度。一般石灰土强度在 90 d 以前增长比较显著，以后增长比较缓慢。

（六）养生条件（温度和湿度）

石灰土在成型阶段要有一定的养生条件。高温和适当的湿度对石灰土强度的形成是有利的。这是因为温度高时，物理化学作用大，硬化快，强度增长就快，可使反应过程加快。反之，强度增长就缓慢，在负温度下甚至不增长。大量事实证明：热季施工的石灰土一般很少损害，可见成型期间养生温度很重要。因此，要求石灰稳定土层施工期的最低温度应在 5 ℃以上，第一次重冰冻（-3 ~ -5 ℃）到来之前 1 个月到 1 个半月完成，并且应该经历半月以上温暖和热的气候养生。

养生时的潮湿条件对石灰土的强度也有很大的影响。实践证明，潮湿条件下养生时，强度形成条件比一般空气中养生要好。因此，石灰稳定土在养生期必须保持一定的湿度，以利于石灰土路面成型和使其强度有较快的增长。

二、石灰土基层的应用

石灰稳定土不但具有较高的抗压强度，而且也具有一定的抗弯拉强度，且强度随龄期逐渐增加，稳定性好，具有一定的抗冻性。因此，石灰稳定土适用于各级公路的底基层，以及二级和二级以下公路的基层，但石灰土不得用作二级公路的基层和二级以下公路高级路面的基层。在冰冻地区的潮湿路段及其他地区的过分潮湿路段，不宜采用石灰土做基层。当只能采用石灰土时，应采取措施防止水分浸入石灰土层（如砂砾垫层等）。沥青面层不宜直接铺在石灰稳定土基层上，其层间应设置碎石联结层。

三、石灰稳定土配合比设计

石灰稳定类土配合比设计应根据重型击实标准制作，在非冰冻区 25 ℃、冰冻区 20 ℃

条件下湿养 6 d、浸水 1 d,进行 7 d 龄期的无侧限抗压强度试验,试件的压实度和 7 d 龄期的无侧限抗压强度代表值应满足表 7-8 的要求。

表 7-8　石灰稳定类材料的压实度及 7 d 无侧限抗压强度

层位	类别	重、中交通		轻交通	
		压实度(%)	抗压强度(MPa)	压实度(%)	抗压强度(MPa)
基层	集料			≥97	≥0.8
	细粒土			≥95	
底基层	集料	≥97	≥0.8	≥96	0.7
	细粒土	≥95		≥95	

注:1. 在低塑性土(塑性指数小于 10)地区,石灰稳定砂砾土和碎石的 7 d 抗压强度应大于 0.5 MPa。

2. 低限用于塑性指数小于 10 的土,高限用于塑性指数大于 10 的土。

3. 对三级公路、四级公路,压实机具有困难时,压实度可减小 1%。

石灰稳定类土按下列石灰剂量配制同一种土样、不同石灰剂量的混合料:

(1)做基层用:

砂砾土和碎石土:3%,4%,5%,6%,7%;

塑性指数大于 12 的黏性土:10%,12%,13%,14%,16%;

塑性指数小于 12 的黏性土:5%,7%,9%,11%,13%。

(2)做底基层用:

塑性指数大于 12 的黏性土:8%,10%,11%,12%,14%;

塑性指数小于 12 的黏性土:5%,7%,8%,9%,11%。

石灰稳定类土配合比设计的基本步骤与水泥稳定土基本相同,这里不再叙述。

四、石灰稳定土基(垫)层施工

我国广泛采用路拌法施工,近年来越来越多地采用中心站集中拌和法(简称厂拌法)施工。对于二级以下公路和不适宜采用机械施工的小工程,可以采用人工沿路拌和法施工。

中心站集中拌和法和水泥稳定土施工方法基本相同。本节主要讲述路拌法施工,其施工工艺流程如图 7-2 所示。

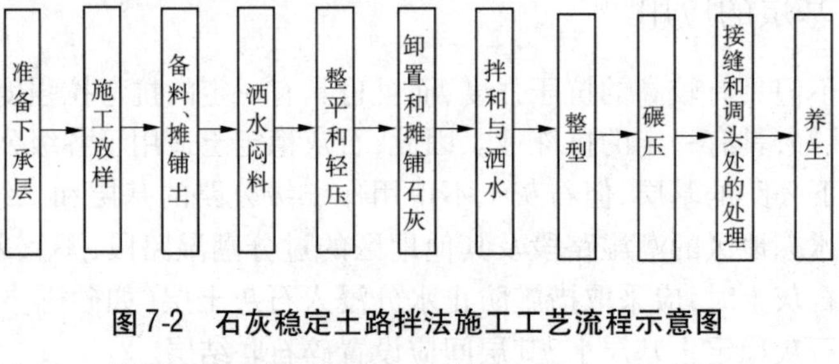

图 7-2　石灰稳定土路拌法施工工艺流程示意图

准备下承层和施工放样工作同水泥稳定土施工。

(一)备料

除应符合水泥稳定土中的相关要求外,还应符合下列规定:

（1）当需分层采集土时，应将土先分层堆放在一场地上，然后从前到后将上下层土一起装车运送到现场。

（2）对于塑性指数小于 15 的黏性土，机械拌和时，可视土质和机械性能确定是否需要过筛。人工拌和时，应筛除 15 mm 以上的土块。

（3）石灰应选择公路两侧宽敞、临近水源且地势较高的场地集中堆放。当堆放时间较长时，应覆盖封存。石灰堆放在集中拌和场地时间较长时，也应覆盖封存。

（4）生石灰块应在使用前 7 ~ 10 d 充分消解。消解后的石灰应保持一定的湿度，不得产生扬尘，也不可过湿成团。

（5）消石灰宜过孔径 10 mm 的筛，并尽快使用。

（二）摊铺土

应事先通过试验确定土的松铺系数，人工摊铺混合料时，其松铺系数可参考表 7-9 的值。

表 7-9　人工摊铺混合料松铺系数表

材料名称	松铺系数	备注
石灰土	1.53 ~ 1.58	现场人工摊铺土和石灰，机械拌和，人工整平
	1.65 ~ 1.70	路外集中拌和，运到现场人工摊铺
石灰土砂砾	1.52 ~ 1.56	路外集中拌和，运到现场人工摊铺

（三）洒水闷料

同水泥稳定土施工。

（四）整平和轻压

同水泥稳定土施工。

（五）运送和摊铺石灰

计算每车或每袋石灰的纵横距，用石灰在土层或集料层上做卸置石灰的标记。同时划出摊铺石灰的边线。用刮板将石灰均匀摊开，石灰摊铺后，表面应没有空白位置。然后，量测石灰的松铺厚度，根据石灰的含水量和松密度，校核石灰用量是否合适。

（六）拌和与洒水

同水泥稳定土施工。

（七）整型

同水泥稳定土施工。

（八）碾压

同水泥稳定土施工。

（九）接缝和“调头”处的处理

两工作段的搭接部分应采用对接形式。前一段拌和后，留 5 ~ 8 m 不进行碾压。后一段施工时，将前一段留下未压部分一起再进行拌和。

拌和机械及其他机械不宜在已压成的石灰稳定土层上调头。如必须在其上进行调头，应采取措施（如覆盖一层 10 cm 厚的砂或砂砾），保护调头部分，使石灰稳定土表层不受破坏。

石灰稳定土层的施工应该尽可能避免纵向接缝,必须分两幅施工时,纵缝必须垂直相接,不应斜接。纵缝应按下述方法处理:

(1)在前一幅施工时,在靠中央一侧用方木或钢模板做支撑,方木或钢模板的高度与稳定土层的压实厚度相同。

(2)混合料拌和结束后,靠近支撑木(或板)的一条带,应人工进行补充拌和,然后进行整型和碾压。

(3)在铺筑另一幅时,或在养生结束后,拆除支撑木(或板)。

(4)第二幅混合料拌和结束后,靠近第一幅的一条带,应人工进行补充拌和,然后进行整型和碾压。

(十)养生及交通管理

石灰稳定土在养生期间应保持一定的湿度,不应过湿或忽干忽湿。养生期不宜少于7 d。每次洒水后,应用两轮压路机将表层压实。石灰稳定土基层碾压结束后1~2 d,当其表层较干燥(如石灰土的含水量不大于10%,石灰粒料土的含水量为5%~6%)时,可以立即喷洒透层沥青,然后做下封层或铺筑面层,但初期应禁止重型车辆通行。

在养生期间未采用覆盖措施的石灰稳定土层上,除洒水车外,应封闭交通。在采用覆盖措施的石灰稳定土层上,不能封闭交通时,应限制车速不得超过30 km/h,禁止重型卡车通行。

养生期结束后,在铺筑沥青面层前,应清扫基层并喷洒透层沥青或做下封层。如面层是沥青混凝土,在喷洒透层沥青后,应撒布5~10 mm的小碎(砾)石,小碎(砾)石应均匀撒布约60%的面积。如喷洒的透层沥青能透入基层,其上作业车辆不会破坏沥青膜,可以不撒小碎(砾)石。在喷洒沥青时,石灰稳定土层的上层应比较湿润。

石灰稳定土分层施工时,下层石灰稳定土碾压完成后,可以立即铺筑上一层石灰稳定土,不需专门的养生期。

第四节 碎(砾)石类基(垫)层

碎(砾)石类基(垫)层通常有级配碎石基(垫)层、级配砾石基(垫)层、填隙碎石、泥结碎石基(垫)层等数种。

碎(砾)石类基(垫)层结构强度形成的特点是:矿料颗粒之间的联结强度,一般都要比矿料颗粒本身的强度小得多;在外力作用下,材料首先将在颗粒之间产生滑动和位移,使其失去承载能力而遭到破坏。因此,对于这种松散材料组成的路面结构强度,其中矿料颗粒本身强度固然重要,但是起决定作用的则是颗粒之间的联结强度。

一、强度形成原理

(一)纯碎石材料

1. 嵌挤原则

嵌挤原则的理论基础是填充理论,即大颗粒填料间空隙如何填充才能使空隙率最小,并且大小颗粒间又不会产生挤开现象。

嵌挤结构强度主要取决于石料本身的强度、形状、尺寸、均匀性、表面粗糙度以及施工时的压实程度。当石料强度高,形状接近正立方块、有棱角、尺寸均匀、表面粗糙、压实度高时,内摩阻力就大。

2. 最佳级配组成原则

最佳级配组成的理论基础是 C. A. G. 魏矛斯(Weymooth)提出的干涉理论,认为颗粒间的空隙应由次一级颗粒填充,但填隙的颗粒不得大于其间隙的距离,否则大小颗粒间势必发生干涉现象。为避免干涉,大小粒子间应按一定数量分配,常见的粒料级配有连续级配、间断级配两类。

连续级配的级配曲线平顺圆滑,相邻粒径间有一定的质量比例,混合料不易离析。在连续级配中剔除其中一个或几个粒径分级形成一种不连续的级配称为间断级配。间断级配的粗料可以互相靠拢而不受干涉,从而提高混合料的摩阻力;细料部分仍按连续级配原则以保持其黏聚力,且粗料的空隙以更小的粒径而不是次级集料填充会得到更大的密实度。因此,间断级配兼有嵌挤原则与级配原则的优点,是摩阻力、黏聚力、密实度都最好的混合料。

(二)土-碎(砾)石混合料

土-碎(砾)石混合料的强度和稳定性取决于内摩阻力和黏结力的大小。当混合料中含土较少时,按嵌锁原则形成强度;反之,则按级配密实原则形成强度。其中,以集料大小分配,特别是主集料与细料(0.074 mm 以下颗粒)的比例最为重要,土-碎(砾)石混合料主要有以下三种物理状态:

第一种为不含或很少含细料(0.074 mm 以下颗粒)的混合料,它的强度和稳定性依靠颗粒之间的摩阻力获得。其密度较低,但透水性好,不易冰冻。由于这种材料没有黏结性,施工时压实困难。

第二种为含有足够的细料来填充颗粒间空隙的混合料,仍能够从颗粒接触而获得强度,其抗剪强度、密实度有所提高,透水性低,施工时易压实。

第三种混合料含有大量细料,粗颗粒间没有直接接触,集料"浮"在细料之中。这种混合料施工时易压实,但密实度较低,易冰冻,难透水,强度和稳定性受含水量影响大。

二、级配碎石基(垫)层施工

级配碎石基(垫)层是指由粗细碎石和砂(石屑)以及土按一定比例的密实级配要求组成的混合料经加水拌和碾压成型的结构层。级配碎石可用于各级公路的基层和底基层。

用于二级和二级以上公路基层与底基层的级配碎石,应用预先筛分成几组不同粒径的碎石(如 37.5~19 mm、19~9.5 mm、9.5~4.75 mm 的碎石)及 4.75 mm 以下的石屑组配而成。在其他等级公路上,级配碎石可用未筛分碎石和石屑组配而成。缺乏石屑时,可以添加细砂砾或粗砂,也可以用颗粒组成合适的含细集料较多的砂砾与未筛分碎石组配成级配碎砾石。

级配集料的施工可分为路拌法和厂拌法。根据我国的公路施工现状,路拌法仅适用于各级公路底基层和二级及其以下公路的基层施工。随着筑路机械化水平的提高,要修筑质量较高的级配集料基层和底基层,应尽可能采用厂拌法。

路拌法施工的程序及工艺流程见图7-3。

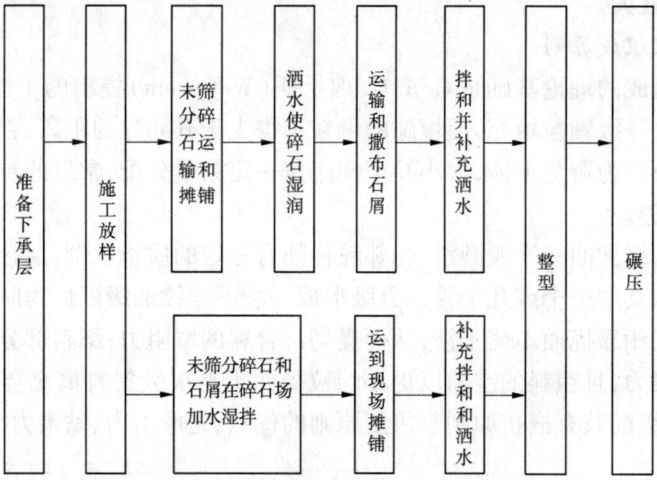

图7-3 路拌法施工的程序及工艺流程

(一)准备工作

下承层不宜做成槽式断面,其余要求同水泥稳定土施工。

(二)施工测量

同水泥稳定土施工。

(三)备料

采用未筛分碎石和石屑组成级配碎石时,计算未筛分碎石和石屑的配合比。采用不同粒级的单一尺寸碎石和石屑组成级配碎石时,计算不同粒级碎石和石屑的配合比。

根据各路段基层或底基层的宽度、厚度及规定的压实干密度并按确定的配合比,分别计算各段需要的未筛分碎石和石屑的数量或不同粒级碎石和石屑的数量,并计算每车料的堆放距离。

(四)运输和摊铺集料

集料装车时,应控制每车料的数量基本相等。在同一料场供料的路段内,由远到近将料按计算的距离卸置于下承层上,卸料距离应严格掌握,避免造成集料不够或过多,且料堆每隔一定距离应留一缺口。

集料在下承层上的堆置时间不应过长,运送集料较摊铺集料工序宜只提前数天。集料过早运送到路上,原先含水量合适的集料水分会蒸发,集料变干;在雨季施工时,碎石过早堆放在路上,下雨时,料堆会变成滞水坑,使堆下下承层的含水量明显增大,影响下承层的强度均匀性,在以后的施工碾压过程中,甚至会产生局部"弹簧"现象。

为保证拌和均匀,宜先摊铺石料,然后铺黏土,最后铺砂。集料的松铺系数应事先通过试验确定。人工摊铺级配碎石时,其松铺系数为1.40~1.50,平地机摊铺时松铺系数为1.25~1.35。

用平地机或其他合适的机具将料均匀地摊铺到预定的宽度上,表面应力求平整,并具有规定的路拱,同时摊铺路肩用料。

(五)拌和及整形

对于二级及二级以上公路,应采用专用稳定土拌和机拌和级配碎石。对于二级以下的公路,在无稳定土拌和机的情况下,可采用平地机或多铧犁与缺口圆盘耙相配合进行拌和。

用稳定土拌和机应拌和两遍以上。拌和深度应直到级配碎石层底。在进行最后一遍拌和之前,必要时先用多铧犁紧贴底面翻拌一遍。

用平地机进行拌和,宜翻拌 5 ~6 遍,使石屑均匀分布于碎石料中。平地机拌和的作业长度,每段宜为 300 ~500 m。拌和时,平地机刀片的安装角度的调整直接影响拌和效果,一般根据平地机的性能和经验及试拌确定。用平地机将拌和均匀的混合料,按规定的路拱进行整平和整型,在整型过程中,应注意消除粗细集料离析现象。拌和均匀后,即可将混合料在宽度范围内按虚方厚度整型成规定路拱的横坡度。

拌和混合料可采用稳定土拌和机或平地机或拖拉机牵引多铧犁进行。

用平地机进行拌和,根据平地机的性能和施工经验及试拌确定平地机刀片的安装角度,调整刀片的安装角度将直接影响拌和效果。用平地机一般需翻拌 5 ~6 遍,使混合料均匀。平地机拌和的作业长度一般为 300 ~500 m。拌和时,用洒水车洒水使混合料达到最佳含水量,拌和结束时,使混合料的含水量均匀,并较最佳含水量大 1% 左右,混合料的粗细颗粒没有离析现象。如发现粗细颗粒的离析现象,应及时用平地机充分拌和。拌和结束后,用平地机及时将拌和均匀的混合料,按规定的路拱进行整平和整型,以防止混合料的水分蒸发。

用拖拉机、平地机或轮胎压路机在已初平的路段上快速碾压一遍,以暴露潜在的不平整,再用平地机进行整平和整型。

用拖拉机牵引犁进行拌和,拌和的作业长度与压路机工作能力和气温高低有关,每个作业段宜选 100 ~150 m,第一遍由路中心开始,将混合料向中间翻,同时碾压机械慢速行驶。第二遍相反,从路两边开始,将混合料由内向外翻。在拌和过程中,用洒水车洒水,使混合料达到最佳含水量,一般需拌 5 ~6 遍。拌和遍数以双数为宜。用平地机或其他机具按规定的路拱进行整平和整型。在整型过程中,必须禁止任何车辆通行。

(六)碾压

整型后,当混合料的含水量等于或略大于最佳含水量时,应立即用 12 t 以上三轮压路机、振动压路机或轮胎压路机进行碾压。直线段和不设超高的平曲线段,由两侧路肩开始向路中心碾压;在有超高的路段上,由内侧路肩向外侧路肩进行碾压。碾压时,后轮应重叠 1/2 轮宽;后轮必须超过两段的接缝处。后轮压完路面全宽时,即为一遍。碾压一直进行到要求的密实度为止。一般需碾压 6 ~8 遍,应使表面无明显轮迹。压路机的碾压速度,头两遍采用 1 挡(1. 5 ~1. 7 km/h)为宜,以后用 2 挡(2. 0 ~2. 5 km/h),不宜过快,否则会产生推挤及波浪,影响平整度和路拱。路面的两侧应多压 2 ~3 遍。

严禁压路机在已完成的或正在碾压的路段上调头或急刹车。

(七)铺筑封层

为防止碾压结束后表面呈现粗集料外露而周围缺少细料的麻面现象或干燥地面容易

出现的松散现象，常在级配碎石上浇洒一层黏土浆封层，用扫帚扫均匀后随即覆盖粗砂或石屑再扫均匀后用轻型压路机碾压 3～4 遍。封层厚度一般在 1 cm 以内。

(八)横缝和纵缝的处理

两作业段的衔接处，应搭接拌和。第一段拌和后，留 5～8 m 不进行碾压。第二段施工时，前段留下的未压部分与本施工段一起拌和整平后进行碾压。

应避免纵向接缝。在必须分两幅铺筑时，纵缝应搭接拌和。前一幅全宽碾压密实，在后一幅拌和时，应将相邻的前幅边部约 0.3 m 搭接拌和，整平后一起碾压密实。

三、级配砾石基(垫)层施工

级配砾石基(垫)层是指由粗细砾石和砂(石屑)以及土按一定比例的密实级配要求组成的混合料经加水拌和碾压成型的结构层。其材料及级配应满足《公路路面基层施工技术规范》(JTJ 034—2000)的规定要求。在我国级配砾石可用于二级及二级以下公路的基层和各级公路的底基层。

级配砾石基(垫)层施工方法有路拌法和厂拌法。路拌法的施工工艺流程如图 7-4 所示。

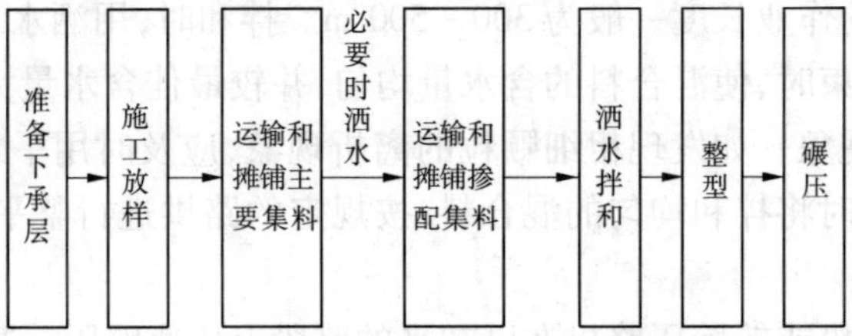

图 7-4　级配砾石路拌法施工工艺流程图

(一)准备工作

要求同水泥稳定土施工。

(二)施工测量

要求同水泥稳定土施工。

(三)备料

与级配碎石相同。

(四)运输和摊铺集料

与级配碎石相同。

(五)拌和及整型

用平地机拌和时，每一作业段的长度宜为 300～500 m。

一般需拌和 5～6 遍。在拌和过程中，用洒水车洒足所需的水分。拌和结束时，混合料的含水量应均匀，并较最佳含水量大 1% 左右，应无粗细颗粒离析现象。

使用符合级配要求的天然砂砾时，如摊铺后混合料有粗细颗粒离析现象，应用平地机进行补充拌和。用平地机将拌和均匀的混合料按规定的路拱进行整平和整型。用拖拉机、平地机或轮胎压路机在已初平的路段上快速碾压一遍，以暴露潜在的不平整，再用平地机进行整平和整型。

用拖拉机牵引四铧犁或五铧犁进行拌和时,每一作业段的长度宜为 100 ~ 150 m。第一遍由路中心开始,将混合料向中间翻,同时碾压机械应慢速前进。第二遍则应从两边开始,将混合料向外翻。在拌和过程中,用洒水车洒足所需的水分。拌和遍数以双数为宜,一般需拌 6 遍。拌和结束时,混合料含水量应均匀,并较最佳含水量大 1% 左右,且无离析现象。

用平地机或用其他机具按规定的路拱进行整平和整型。在整型过程中,严禁任何车辆通行。

(六)碾压

与级配碎石相同。

(七)横缝和纵缝的处理

与级配碎石相同。

四、填隙碎石层施工

填隙碎石是以尺寸较均匀的机械轧制碎石为主集料,并以石渣、石屑嵌缝及黏土或石灰土填缝,经加水拌和碾压而成的结构层。按加水程度可分为干压碎石和水结碎石。

碎石颗粒尺寸范围 5 ~ 75 mm,其材料及等级应满足《公路路面基层施工技术规范》(JTJ 034—2000)的规定要求。

填隙碎石施工方法分干法和湿法两种,湿法施工适用于水结碎石,干法施工适用于干压碎石。干法施工的填隙碎石特别适用于干旱缺水地区。当碎石间的孔隙缺乏石屑时,也可以用细砾砂或粗砂等细集料填加,但其技术性质不如石屑。

(一)水结碎石的施工程序

1. 摊铺主层粗碎石

将粗碎石均匀摊铺在预定的工作面上,摊铺厚度要考虑系数。

2. 不洒水进行第一阶段碾压

用 6 ~ 8 t 轻型压路机碾压,使粗碎石层稳定就位。

3. 洒水进行第二阶段碾压

用中型压路机碾压,碾压至碎石不再松动,其表面无轮迹为准。

4. 铺嵌缝料并进行第三阶段碾压

将嵌缝料均匀扫入缝隙内,继续洒水至饱和后碾压滚浆。这一阶段为成型期,宜采用重型压路机压至形成密实表面层且不出现轮迹为止,然后在上面撒铺石粉或粗砂,用中型压路机碾压,干压 3 ~ 5 遍即可。

5. 干燥

碾压完成的路段要经过一段时间的水分蒸发干燥后,表面多余的细料要扫除干净,使表面粗碎石外露 5 ~ 10 mm。

(二)干压碎石的施工程序

干压碎石施工程序除洒水程序改为只洒少量水或不洒水且无干燥程序外,其余与水结碎石施工程序一样,但施工难度相应大于水结碎石,适用于干旱缺水地区施工。

填隙碎石的质量要求表面平整、坚实,嵌缝料不得浮于表面或聚集成一层,用 12 t 以上的重型压路机碾压后轮痕深度不大于5 mm。质量标准参见《公路工程质量检验评定标准》(JTG F801—2012)。

第五节　石灰工业废渣类基(垫)层

公路上常用的工业废渣有火力发电厂的粉煤灰和煤渣、钢铁厂的高炉矿渣和钢渣、化工厂的电石渣以及煤矿的煤矸石等;石灰稳定工业废渣可分为两大类:一类是石灰粉煤灰类,包括石灰粉煤灰(二灰)、石灰粉煤灰土(二灰土)、石灰粉煤灰砂(二灰砂)、石灰粉煤灰砂砾(二灰砂砾)、石灰粉煤灰碎石(二灰碎石)、石灰粉煤灰矿渣(二灰矿渣)、石灰粉煤灰煤矸石(二灰煤矸石)等;另一类是石灰其他废渣类,包括石灰煤渣、石灰煤渣碎石、石灰煤渣砂砾、石灰煤渣矿渣、石灰煤渣碎石土等。通常把粉煤灰同一定比例的石灰拌和使用,称之为二灰。如果在其中加入碎(砾)石(石渣)等粗骨料,则称为二灰碎石。石灰工业废渣稳定土可适用于各级公路的基层和底基层,但二灰、二灰土和二灰砂不应用作二级及二级以上公路高级路面的基层。

一、材料

(一)石灰

石灰工业废渣稳定土所用石灰,质量等级Ⅲ级及以上,可以使用。有效钙含量在20%以上的等外石灰、贝壳石灰、珊瑚石灰、电石渣等,其混合料强度通过试验符合表7-10标准时,都可以应用。

(二)粉煤灰

粉煤灰中 SiO_2、Al_2O_3 和 Fe_2O_3 的总含量应大于70%,粉煤灰的烧失量不应超过20%,灰的比表面积宜大于2 500 cm^2/g(或90%通过0.3 mm筛孔,70%通过0.075 mm筛孔)。

干粉煤灰和湿粉煤灰都可以应用。湿粉煤灰的含水量不宜超过35%。

表7-10　石灰稳定工业废渣混合料的强度标准

层位	强度标准(MPa)	
	二级和二级以下公路	高速公路和一级公路
基层	0.6～0.8	0.8～1.1①
底基层	≥0.5	≥0.6

注:①设计累计标准轴次小于 12×10^6 的高速公路用低限值,大于 12×10^6 的高速公路用中值,主要行驶重载车辆的高速公路用高限值,同一高速公路应采用同一种强度标准。

(三)煤渣

煤渣的最大粒径不应大于30 mm,颗粒组成宜有一定级配,且不宜含杂质。

(四)电炉渣

电炉渣及其他钢渣,可单独使用。一般应在露天堆放2～6个月以上,直至不再分解方可使用,最大粒径不应大于10 cm。

（五）石渣（碎石、砂砾）

二灰稳定土用作底基层时，石料颗粒的最大粒径不应超过 53 mm。二灰稳定土用作基层时，石料颗粒的最大粒径不应超过 37.5 mm；碎石、砾石或其他粒状材料的质量宜占 80% 以上，并符合级配范围的规定，见表 7-11。

表 7-11　二灰级配砂砾中集料的颗粒组成范围

编号	通过下列筛孔（mm）的质量百分率（%）								
	37.5	31.5	19.0	9.50	4.75	2.36	1.18	0.60	0.075
1	100	85 ~ 100	65 ~ 85	50 ~ 70	35 ~ 55	25 ~ 45	17 ~ 35	10 ~ 27	0 ~ 15
2		100	85 ~ 100	55 ~ 75	39 ~ 59	27 ~ 47	17 ~ 35	10 ~ 25	0 ~ 10

（六）土

土宜采用塑性指数为 12 ~ 20 的黏性土（亚黏土）。土块的最大粒径不应大于 15 mm。有机质含量超过 10% 的土不宜选用。二灰稳定的中粒土和粗粒土不宜含有塑性指数的土。

（七）水淬渣

水淬渣是铁渣经水骤然冷却后的废渣，活性高，稳定性好，质地易脆，分酸性、中性和碱性，路用水淬渣宜用碱性渣。水淬渣堆放过久会自行胶结，因此宜选用新鲜的水淬渣。

二、石灰工业废渣混合料组成设计

石灰工业废渣混合料组成材料的配合比，各地所用数值并不一致，参考各地施工用配合比。选用配合比时，除应考虑混合料的强度外，还应考虑材料的来源、备料、施工等因素，通过必要的试验，以选择技术、经济上合理的配合比。

石灰工业废渣混合料采用质量配合比计算，以石灰∶粉煤灰∶集料（或土）的质量比表示。例如石灰粉煤灰土（二灰土）混合料中石灰、粉煤灰、土三者的质量配合比可采用 10∶20∶70等。

（一）混合料组成设计技术要求

（1）石灰工业废渣稳定土的组成设计应根据其强度标准，通过试验选取最适宜于稳定的土，确定石灰与粉煤灰或石灰与煤渣的比例，确定石灰粉煤灰或石灰煤渣与土的质量比例，确定混合料的最佳含水量。

（2）对于 CaO 含量 2% ~ 6% 的硅铝粉煤灰，采用石灰粉煤灰做基层或底基层时，石灰与粉煤灰的比例可以是 1∶2 ~ 1∶9。

（3）采用二灰土做基层或底基层时，石灰与粉煤灰的比例可用 1∶2 ~ 1∶4（对于粉土，以 1∶2为宜），石灰粉煤灰与细粒土的比例可以是 30∶70，采用此比例时，石灰与粉煤灰之比宜为 1∶2 ~ 1∶3。

（4）采用二灰级配集料做基层时，石灰与粉煤灰的比例可用 1∶2 ~ 1∶4，石灰粉煤灰与集料的比应是 20∶80 ~ 15∶85。

(5)采用石灰煤渣做基层或底基层时,石灰与煤渣的比例可用20:80~15:85。

(6)采用石灰煤渣土做基层或底基层时,石灰与煤渣的比例可选用1:1~1:4,石灰煤渣与细粒土的比例可以是1:1~1:4。混合料中石灰不应少于10%,或通过试验选取强度较高的配合比。

(7)采用石灰煤渣集料做基层或底基层时,石灰:煤渣:集料可选用(7~9):(26~33):(67~58)。为提高石灰工业废渣的早期强度,可外加1%~2%的水泥。

(二)混合料的设计步骤

(1)制备不同比例的石灰粉煤灰混合料(如10:90,15:85,20:80,25:75,30:70,35:65,40:60,45:55和50:50),确定其各自的最佳含水量和最大干密度,确定同一龄期和同一压实度试件的抗压强度,选用强度最大时的石灰粉煤灰比例。

(2)根据上款所得的二灰比例,制备同一种土样的4~5种不同配合比的二灰土或二灰级配集料。

(3)确定各种二灰土或二灰级配集料的最佳含水量和最大干密度(用重型试验法)。

(4)按规定达到的压实度,分别计算不同配合比时二灰土、二灰级配集料试件应有的干密度。

(5)按最佳含水量和计算得的干密度制备试件进行强度试验时,作为平行试验的试件数量应符合试验规定。

(6)试件在规定温度下保湿养生6 d,浸水24 h后,按《公路工程无机结合料稳定材料试验规程》(JTG E51—2009)进行无侧限抗压强度试验。

(7)计算试验结果的平均值和偏差系数。

(8)根据规定的强度标准,选定混合料的配合比,其计算方法同水泥土。

三、施工方法

工业废渣基层的施工方法基本上和石灰稳定土相同,有路拌法、厂拌法,有时也可采用人工沿路拌和法。

石灰工业废渣混合料可以在中心站用多种机械进行集中拌和,也可用路拌机械或人工在现场进行分批集中拌和。采用机械路拌时,应采用层铺法。即每种材料摊铺均匀后,宜先用两轮压路机碾压1~2遍,然后运送并摊铺下一种材料。摊铺每层材料时应力求平整,并具有规定的路拱。集料应较湿润,必要时先洒少量水。

对于高速公路和一级公路,应采用专用稳定土集中厂拌机械拌制混合料。采用集中拌和时,应符合下列要求:

(1)土块最大尺寸不应大于15 mm;粉煤灰块不应大于12 mm,且9.5 mm和2.36 mm筛孔的通过量应分别大于95%和75%。

(2)不同粒级的砾石或碎石以及细集料都应分开堆放。

(3)石灰、粉煤灰和细集料都应有覆盖,防止雨淋过湿。

(4)配料应准确,拌和应均匀。

(5)混合料的含水量应略大于最佳含水量,使混合料运到现场摊铺后碾压时的含水量接近最佳值。

拌成混合料的堆放时间不宜超过 24 h,宜在当天将拌成的混合料运送到铺筑现场,不应将拌成的混合料长时间堆放。

四、养生及交通管制要求

石灰工业废渣稳定土层碾压完成后的第二天或第三天开始养生,每天洒水的次数视气候条件而定,应始终保持表面潮湿,也可用泡水养生法。对于二灰稳定粗、中粒土的基层,也可用沥青乳液和沥青下封层进行养生,养生期一般为 7 d。二灰层宜采用泡水养生法,养生期应为 14 d。

在养生期间,除洒水车外,应封闭交通。

对于二灰集料基层,养生期结束后,宜先让施工车辆慢速通行 7 ~ 10 d,磨去表面的二灰薄层,或用带钢丝刷的机械扫刷去表面的二灰薄层。清扫和冲洗干净后再喷洒透层或黏层沥青。在喷洒透层或黏层沥青后,宜撒布 5 ~ 10 mm 的小碎(砾)石,小碎(砾)石均匀撒布 60% ~70% 的面积,然后应尽早铺筑沥青面层的底面层。

在清扫干净的基层上,也可先做下封层,防止基层干缩开裂,同时保护基层免遭施工车辆破坏。宜在铺设下封层后的 10 ~ 30 d 内开始铺筑沥青面层的底面层。如为水泥混凝土面层,也不宜让基层长期暴晒,以免开裂。

思考题

1. 什么是路面基层、垫层?在什么条件下设置垫层?
2. 什么是水泥稳定土基层?其配合比设计步骤如何进行?
3. 水泥稳定土基层路拌法施工工艺技术要点有哪些?
4. 影响石灰稳定土强度和稳定性的主要因素有哪些?
5. 石灰稳定土基(垫)层施工工艺及注意事项有哪些?
6. 石灰稳定土基层应用于哪些等级的公路?
7. 碎(砾)石类基(垫)层结构强度形成的特点是什么?
8. 级配碎石基(垫)层施工工艺及注意事项有哪些?
9. 石灰工业废渣稳定土配合比设计要求有哪些?

实训题

根据所在地区应用特点,调查分析典型公路所应用基层、垫层的类型和特点,掌握其施工工艺技术要点,写出调查报告。

第八章　沥青路面设计

学习目标

熟悉沥青类路面常用类型，掌握沥青路面基本概念、典型结构组成和结构设计方法，了解新型路面类型。

沥青类路面是由沥青材料做结合料黏结矿料修筑的面层，与各类基层和垫层组成的路面结构，是应用非常广泛的道路路面结构类型。沥青类路面设计包括交通量实测、分析与预测，各结构层的材料选择，混合料配合比设计，设计参数的测试与确定，路面结构组合设计与厚度计算，路面排水系统设计和其他路面工程设计等，并进行路面结构方案的技术经济综合比较，提出推荐方案。

沥青路面设计应遵循下列原则：

(1)应认真做好现场资料收集，掌握沿线路基特点，查明路基干湿类型，在对不良地质路段处理的基础上，进行路基路面综合设计。

(2)在满足交通量和使用要求的前提下，应遵循因地制宜、合理选材、节约投资的原则，选择技术先进、经济合理、安全可靠、方便施工的路面结构方案。

(3)应结合当地条件，积极、慎重地推广新材料、新工艺、新技术，并认真铺筑试验段，总结经验，不断完善，逐步推广。

(4)设计方案应符合国家环境保护的有关规定，注意施工中废弃料的处理，积极推动旧面层和基层的再生利用，应保护施工人员的健康和安全。

本章重点阐述沥青类路面及其结构设计方法。

第一节　沥青路面设计轴载与交通分级

一、路面设计标准轴载

路面设计以单轴双轮组 100 kN 为标准轴载，以 BZZ－100 表示。我国沥青路面设计交通量的计算应将不同轴重的各种车辆换算成 BZZ－100 标准轴重的当量轴次。标准轴载的计算参数按表 8-1 确定。

二、交通量换算

设计交通量的计算应将不同轴重的各种车辆换算成 BZZ－100 标准轴重的当量轴次。

(1)以弯沉值和沥青层层底拉应力为指标时的标准轴载换算。

表 8-1　标准轴载的计算参数

标准轴载	BZZ－100
标准轴载 P(kN)	100
轮胎接地压强 p(MPa)	0.70
单轮传压面当量圆直径 d(cm)	21.30
两轮中心距(cm)	$1.5d$

注:对运煤或运建筑材料等大型载重车为主的公路,应根据实际情况,经论证选用设计荷载计算参数进行设计。

当以弯沉值和沥青层层底拉应力为指标时,各种车辆的前、后轴均应按式(8-1)换算成标准轴载 P 的当量轴次 N:

$$N = \sum_{i=1}^{K} C_1 C_2 n_1 \left(\frac{P_i}{P}\right)^{4.35} \tag{8-1}$$

式中　N——标准轴载的当量轴次,次/d;

n_1——各种被换算汽车的作用次数,次/d;

P——标准轴载,kN;

P_i——各种被换算车型的轴载,kN;

C_1——轮组系数,双轮组为 1,单轮组为 6.4,四轮组为 0.38;

C_2——轴数系数,当轴间距大于 3 m 时,应按一个单独的轴载计算,当轴间距小于 3 m 时,双轴或多轴的轴数系数按式(8-2)计算:

$$C_2 = 1 + 1.2(m - 1) \tag{8-2}$$

式中　m——轴数。

(2)以半刚性材料层的拉应力为设计指标时的标准轴载换算。

当计算半刚性材料层的弯拉应力时,各种车辆的前、后轴均应按式(8-3)换算成标准轴载 P 的当量作用次数 N':

$$N' = \sum_{i=1}^{K} C'_1 C'_2 n_1 \left(\frac{P_i}{P}\right)^{8} \tag{8-3}$$

式中　C'_1——轮组系数,双轮组为 1.0,单轮组为 18.5,四轮组为 0.09;

C'_2——轴数系数。

以拉应力为设计指标时,双轴或多轴的轴数系数按式(8-4)计算:

$$C'_2 = 1 + 2(m - 1) \tag{8-4}$$

(3)上述轴载换算公式,适用于单轴轴载小于或等于 130 kN 的各种车型的轴载换算。

三、累计当量轴次计算

设计交通量是根据不同公路等级的设计年限、第一年双向日平均当量轴次(N_1)、年平均交通量增长率、车道系数及该公路交通特点计算的设计年限内一个方向上一个车道的累计当量轴次,按式(8-5)计算:

$$N_e = \frac{[(1+\gamma)^t - 1] \times 365}{\gamma} N_1 \eta \tag{8-5}$$

式中 N_e——设计年限内一个方向上一个车道的累计当量轴次,次;

t——路面结构设计年限,各级公路的沥青路面设计年限不宜低于下列要求:高速公路、一级公路 15 年,二级公路 12 年,三级公路 8 年,四级公路 6 年;

N_1——路面营运第一年双向日平均当量轴次,次/d;

γ——设计年限内交通量的平均年增长率(%)。

η——车道系数,宜按照表 8-2 选定,若公路无分隔,路面窄宜选高值,路面宽宜选低值。

表 8-2 车道系数 η

车道特征	车道系数
双向单车道	1.0
双向两车道	0.6 ~ 0.7
双向四车道	0.4 ~ 0.5
双向六车道	0.3 ~ 0.4
双向八车道	0.25 ~ 0.35

四、交通等级划分

将交通量划分为轻交通、中等交通、重交通和特重交通四个等级,见表 8-3。设计时有两种划分方法:一是可根据累计标准轴次 N_e(次/车道)来进行;二是可根据每车道、每日平均大型客车及中型以上的各种货车交通量(辆/(d·车道))来划分。按两种方法划分后,选择一个较高的交通等级作为沥青路面设计交通等级。

表 8-3 交通等级

交通等级	BZZ－100 累计标准轴次 N_e(次/车道)	大型客车及中型以上各种货车交通量(辆/(d·车道))
轻交通	$<3\times10^6$	<600
中等交通	$3\times10^6 \sim 1.2\times10^7$	600 ~ 1 500
重交通	$1.2\times10^7 \sim 2.5\times10^7$	1 500 ~ 3 000
特重交通	$>2.5\times10^7$	>3 000

第二节 沥青面层技术性能与类型选择

沥青路面设计应为汽车行驶提供快捷、舒适、安全、稳定的服务功能,并须满足设计交通量下应具有的整体刚度(承载能力)及各结构层的应力应变的要求。

一、沥青路面路用性能技术指标

沥青面层应具有坚实、平整、抗滑、耐久的品质，同时还应具有高温抗车辙、低温抗开裂、抗水损害以及防止雨水渗入基层的功能。新建高速公路、一级公路路用性能技术指标包括平整度、抗滑性能、高温稳定性、水稳性和抗裂性能，二级及二级以下公路可参考前述指标执行不同的标准。

（一）平整度

路面平整度指的是路表面纵向的凹凸量的偏差值。平整度直接反映了车辆行驶的舒适度及路面的安全性和使用期限情况。为了减少汽车振动冲击力，提高行车速度和增进行车舒适性、安全性，路面应保持一定的平整度。用国际平整度指数 *IRI* 和平整度标准差 σ 作为控制路面平整度指标。

国际平整度指数（*IRI*）的概念是以 1/4 汽车模型在速度为 80 km/h 时的值为 *IRI* 值。*IRI* 其实是一个无量纲的指数，因为它来自于 1/4 车模拟统计值，但习惯上用m/km表示。我国高速公路、一级公路要求，国际平整度指数 $IRI<2.0$ m/km、平整度标准差 $\sigma<1.0$ mm。

（二）抗滑性能

为保证在不同路况下行车安全，路面应有一定的抗滑性能。

高速公路、一级公路沥青路面的抗滑性能，以横向力系数测试车在 60 km/h 车速下测得的横向力系数（SFC_{60}）和构造深度（TC）为主要指标。在交工验收前或开放一年之内（除冬季外）测试的路面抗滑性能指标应符合表 8-4 的技术要求。二级公路可参照执行。

表 8-4 抗滑技术指标

年平均降水量（mm）	交工验收值	
	横向力系数 SFC_{60}	构造深度 TC（mm）
>1 000	≥54	≥0.55
500 ~ 1 000	≥50	≥0.50
250 ~ 500	≥45	≥0.45

注：1. 横向力系数 SFC_{60} 为用横向力测试车，在 60 km/h ± 1 km/h 车速下测得的横向力系数。

2. 路面宏观构造深度用铺砂法测定。

（三）高温稳定性

沥青混合料以动稳定度来评价其高温稳定性。中等交通以上公路的表面层和中面层的动稳定度应符合表 8-5 的规定。当沥青混合料达不到技术指标的要求时，应采取调整集料级配和沥青用量、提高沥青稠度、使用改性沥青等技术措施，以提高热稳定性。

（四）水稳性

密级配热拌沥青混合料的水稳性宜符合表 8-6 的要求。当沥青混合料水稳定性指标不满足要求时，应按照本规范有关条文的规定采取技术措施，提高水稳性。

（五）抗裂性能

对寒冷地区的高速公路、一级公路密级配沥青混凝土的低温抗裂性能，应以低温弯曲试验所得的破坏应变值评价，其破坏应变宜符合表 8-7 的要求。

表 8-5　沥青混合料车辙试验动稳定度技术要求

气候条件与技术指标		相应于下列气候分区所要求的动稳定度(次/mm)									
7 月平均最高气温(℃)及气候分区		>30				20~30				<20	试验方法
		夏炎热区				热区				夏凉区	
		1-1	1-2	1-3	1-4	2-1	2-2	2-3	2-4	3-2	
普通沥青混合料,不小于		800		1 000		600	800			600	T0719
改性沥青混合料,不小于		2 400		2 800		2 000	2 400			1 800	
SMA 混合料	非改性,不小于	1 500									
	改性,不小于	3 000									
OGFC 混合料		1 500(一般交通路段)、3 000(重交通量路段)									

表 8-6　沥青混合料水稳定性指标技术要求

年降水量(mm)	≥500	<500	试验方法
冻融劈裂试验劈裂强度比(%)	≥75	≥70	T0729
浸水马歇尔试验残留稳定度(%)	≥80	≥75	T0709

表 8-7　沥青混合料低温弯曲试验破坏应变技术要求

气候条件及技术指标	年极端最低气温(℃)				试验方法
	<-37.0	-21.5~-37.0	-9.0~-21.5	>-9	T0728
试验极限破坏应变(με)	≥2 600	≥2 300	≥2 000		

二、沥青混合料路面类型与应用

沥青混合料是指由矿料与沥青结合料拌和而成的混合料的总称。用沥青混合料做面层铺筑的路面统称为沥青混合料路面。

(一)沥青混合料路面类型

沥青混合料的分类,按材料组成及结构,可划分为连续级配、间断级配混合料;按矿料级配组成及空隙率大小分为密级配、半开级配、开级配混合料;按公称最大粒径的大小可分为特粗式(公称最大粒径等于或大于 31.5 mm)、粗粒式(公称最大粒径 26.5 mm)、中粒式(公称最大粒径 16 mm 或 19 mm)、细粒式(公称最大粒径 9.5 mm 或 13.2 mm)、砂粒式(公称最大粒径小于 9.5 mm)沥青混合料;按制造工艺分为热拌沥青混合料、冷拌沥青混合料、再生沥青混合料等。另外,按照矿料组成和空隙率,沥青混合料还可划分为沥青混凝土混合料、沥青稳定碎石混合料、沥青玛瑅脂碎石混合料等。

1. 密级配沥青混合料

密级配沥青混合料是按密实级配原理设计组成的各种粒径颗粒的矿料,与沥青结合料拌和而成的,包括设计空隙率较小的密实式沥青混凝土混合料(AC)和密实式沥青稳定碎石混合料(ATB)。按关键性筛孔通过率的不同又可分为细型、粗型密级配沥青混合料等。粗集料嵌挤作用较好的也称嵌挤密实型沥青混合料。

2. 开级配沥青混合料

开级配沥青混合料矿料级配主要由粗集料嵌挤组成,细集料及填料较少,设计空隙率18%的混合料,包括开级配沥青碎石(ATPB)和开级配沥青磨耗层(OGFC)。开级配(OGFC)用于排水表面层时,设计空隙率宜为18% ~24%。

3. 半开级配沥青碎石混合料

由适当比例的粗集料、细集料及少量填料(或不加填料)与沥青结合料拌和而成,经马歇尔标准击实成型试件的剩余空隙率在6% ~12%的半开式沥青碎石混合料(AM)。

4. 沥青玛瑅脂碎石混合料

由沥青结合料与少量的纤维稳定剂、细集料以及较多量的填料(矿粉)组成的沥青玛瑅脂,填充于间断级配的粗集料骨架的间隙,组成一体形成的沥青混合料,称为沥青玛瑅脂碎石混合料,简称SMA。

(二)沥青混合料路面应用

沥青路面大多数情况下采用热拌热铺修筑,热拌沥青混合料按设计空隙率可分为密级配和半开级配、开级配。冷拌沥青混合料适用于交通量小的三、四级公路做面层,应使用乳化沥青、改性沥青或液体沥青拌制,混合料配合比设计可根据当地成功的经验或试拌、试铺确定。沥青混合料路面选择时应考虑以下几个方面:

(1)新建高速公路、一级公路沥青路面面层选择密实式沥青混凝土混合料(AC)、沥青玛瑅脂碎石混合料(SMA)和开级配沥青磨耗层(OGFC)。规范规定:抗滑面层宜选用沥青玛瑅脂碎石SMA、密级配粗型沥青混合料AC-C,有条件时可采用开级配抗滑表层OGFC,在各沥青层中有至少一层为密级配沥青混合料。

(2)开级配沥青磨耗层(OGFC)做排水表面层适用于年降水量大于800 mm的地区,可显著提高雨天行车安全性,也适用于城郊、住宅区周边等减少噪声影响的路段。

(3)半开级配热拌沥青混合料用于三级公路、四级公路的沥青面层或调平层、补强层。用于三级公路、四级公路的沥青面层时,设计空隙率宜控制在10%以内;当用于改建工程需要较厚的调平层、补强层时,设计空隙率不宜超过15%。

(4)热拌密实式沥青碎石混合料(ATB)可用于二级公路、三级公路的面层,以及各级公路柔性基层、调平层。开级配沥青碎石(ATPB)适用于排水基层。

沥青玛瑅脂碎石混合料(SMA)适用于高速公路、一级公路的抗滑表面层。沥青玛瑅脂碎石混合料宜用改性沥青。改性沥青的技术要求应根据当地的气候条件、交通等级及改性沥青品种确定,混合料中应掺入纤维稳定剂,剂量为0.3% ~0.4%。集料的级配宜符合技术要求。

沥青混合料的分类、压实最小厚度与适宜厚度见表8-8。

三、沥青贯入式路面及应用

沥青贯入式路面是用沥青贯入碎(砾)石做基层、联结层、面层的路面,即在初步压实的碎石(或破碎砾石)上,分层浇洒沥青、撒布嵌缝料,或再在上部铺筑热拌沥青混合料封层,经压实而成的沥青面层。

表 8-8 沥青混合料的分类、压实最小厚度与适宜厚度

沥青混合料类型		最大粒径（mm）	公称最大粒径（mm）	符号	压实最小厚度（mm）	适宜厚度（mm）
密级配沥青混合料（AC）	砂粒式	9.5	4.75	AC－5	15	15～30
	细粒式	13.2	9.5	AC－10	20	25～40
		16	13.2	AC－13	35	40～60
	中粒式	19	16	AC－16	40	50～80
		26.5	19	AC－20	50	60～100
	粗粒式	31.5	26.5	AC－25	70	80～120
密级配沥青碎石（ATB）	粗粒式	31.5	26.5	ATB－25	70	80～120
		37.5	31.5	ATB－30	90	90～150
	特粗式	53	37.5	ATB－40	120	120～150
开级配沥青碎石（ATPB）	粗粒式	31.5	26.5	ATPB－25	80	80～120
		37.5	31.5	ATPB－30	90	90～150
半开级配沥青碎石（AM）	细粒式	16	13.2	AM－13	35	40～60
	中粒式	19	16	AM－16	40	50～70
		26.5	19	AM－20	50	60～80
	粗粒式	31.5	26.5	AM－25	80	80～120
	特粗式	53	37.5	AM－40	120	120～150
沥青玛琋脂碎石混合料（SMA）	细粒式	13.2	9.5	SMA－10	25	25～50
		16	13.2	SMA－13	30	35～60
	中粒式	19	16	SMA－16	40	40～70
		26.5	19	SMA－20	50	50～80
开级配沥青磨耗层（OGFC）	细粒式	13.2	9.5	OGFC－10	20	20～30
		16	13.2	OGFC 13	30	30～40

沥青贯入式面层的厚度一般为 40～80 mm。当沥青贯入式的上部加铺沥青混合料时，也称为上拌下贯式路面。此时，拌和层的厚度宜为 25～40 mm，其总厚度为 70～100 mm。贯入的结合料宜用石油沥青或改性乳化沥青。

沥青贯入式路面适用于三级及三级以下公路，也可作为沥青路面的联结层或基层。

四、沥青表面处治、微表处和稀浆封层类型及应用

（一）沥青表面处治

沥青表面处治是用沥青和集料按层铺法或拌和方法施工，厚度不超过 3 cm 的薄层沥青路面面层结构。由于处治层很薄，一般不起提高强度作用，其主要作用是抵抗行车的磨

耗和大气作用，增强防水性，提高平整度，改善路面的行车条件。

沥青表面处治适用于三级公路、四级公路的面层。层铺法表处可分为单层、双层、三层，厚度宜为 10 ~ 30 mm。单层表处厚度为 10 ~ 15 mm，双层表处厚度为 15 ~ 25 mm，三层表处厚度为 25 ~ 30 mm。

（二）微表处和稀浆封层

封层是为封闭表面空隙、防止水分侵入而在沥青面层或基层上铺筑的有一定厚度的沥青混合料薄层。铺筑在沥青面层表面的称为上封层，铺筑在沥青面层下面、基层表面的称为下封层。近年来，我国公路除沥青表面处治做封层以外，较多地推广使用了微表处、稀浆封层等用作路面封层，取得较好的效果。

1. 微表处

微表处是用适当级配的石屑或砂、填料（水泥、石灰、粉煤灰、石粉等），采用聚合物改性乳化沥青、外掺剂和水，按一定比例拌和而成的流动状态的沥青混合料，将其均匀地摊铺在路面上形成的沥青封层。

微表处按照矿料粒径的不同，可分为 MS－2 型和 MS－3 型，单层厚度分别为 4 ~ 6 mm 和 8 ~ 10 mm。MS－3 型微表处适用于高速公路、一级公路的罩面。MS－2 型微表处适用于中等交通量高速公路、一级公路、二级公路的罩面。

2. 稀浆封层

稀浆封层是指用适当级配的石屑或砂、填料（水泥、石灰、粉煤灰、石粉等）与乳化沥青、外掺剂和水，按一定比例拌和而成的流动状态的沥青混合料，将其均匀地摊铺在路面上形成的沥青封层。

稀浆封层按照矿料粒径的不同，可分为 ES－1 型、ES－2 型和 ES－3 型，其单层厚度分别为 2.5 ~ 3 mm、4 ~ 6 mm 和 8 ~ 10 mm。稀浆封层可分为普通乳化沥青稀浆封层、改性乳化沥青稀浆封层。ES－1 型稀浆封层适用于三级公路、四级公路、停车场罩面；ES－2 型稀浆封层适用于二级及二级以下公路罩面，以及新建公路的下封层；ES－3 型稀浆封层适用于二级公路的罩面，以及新建公路的下封层。

微表处和稀浆封层矿料级配见表 8-9。

表 8-9　微表处和稀浆封层矿料级配

级配类型	通过下列筛孔（mm）的质量百分率（%）							
	9.5	4.75	2.36	1.18	0.6	0.3	0.15	0.075
ES－1		100	90 ~ 100	65 ~ 90	40 ~ 65	25 ~ 42	15 ~ 30	10 ~ 20
MS－2，ES－2	100	90 ~ 100	65 ~ 90	45 ~ 70	30 ~ 50	18 ~ 30	10 ~ 21	5 ~ 15
MS－3，ES－3	100	70 ~ 90	45 ~ 70	28 ~ 50	19 ~ 34	12 ~ 25	7 ~ 18	5 ~ 15
允许波动范围	—	±5	±5	±5	±5	±4	±3	±2

沥青贯入式、沥青表面处治的压实最小厚度和适宜厚度见表 8-10。

表 8-10 沥青贯入式、沥青表面处治的压实最小厚度和适宜厚度

结构层类型	压实最小厚度(mm)	适宜厚度(mm)
贯入式沥青碎石	40	40 ~ 80
上拌下贯沥青碎石	60	60 ~ 80
沥青表面处治	10	10 ~ 30

第三节 沥青路面结构组合设计

一、对路面各结构层的要求

路面结构层可由面层、基层(底基层)、垫层等多层结构组成,下面分别阐述各结构层要求。

(一)面层

面层直接承受车轮荷载反复作用和各种自然因素影响,并将荷载传递到基层以下的结构层,因此它应满足表面功能性和结构性的使用要求。面层可为单层、双层或三层。双层结构分为表面层、下面层,三层结构分为表面层、中面层、下面层。

表面层应具有平整密实、抗滑耐磨、稳定耐久的服务功能,同时应具有高温抗车辙、抗低温开裂、抗老化等品质。旧路面可加设磨耗层以改善表面服务功能。中、下面层应密实、基本不透水,并具有高温抗车辙、抗剪切、抗疲劳的力学性能。

各类沥青路面适用情况与选择方法如下:

热拌沥青混凝土适用于各级公路的面层;贯入式沥青碎石、上拌下贯沥青碎石可用于三级公路、四级公路的面层;沥青表面处治与稀浆封层可用于三级公路、四级公路的面层;冷拌沥青混合料可用于交通量小的三级公路、四级公路的面层。

各沥青层的厚度应与混合料的公称最大粒径相匹配,沥青混合料的一层压实最小厚度不宜小于混合料公称最大粒径的 2.5 ~ 3 倍,对 OGFC 或 SMA 的沥青混合料,其一层压实最小厚度不宜小于公称最大粒径的 2 ~ 2.5 倍,以利于辗压密实,提高其耐久性、水稳性。

各类沥青路面的适宜面层及其厚度,参见表 8-10。

高速公路、一级公路的沥青混合料配合比设计应选择工程用的材料,按推荐级配范围和实践经验,选择几条级配曲线,进行配合比设计、沥青混合料性能试验和设计参数的测试,根据试验结果确定目标配合比范围。沥青混合料配合比设计宜用马歇尔试验方法,有条件时,可选用经实践证明行之有效的其他配合比设计方法。

二级及二级以下公路可根据级配范围和实践经验确定目标配合比。

规范推荐的各种沥青混合料矿料级配范围见表 8-11,沥青贯入式、沥青表面处治面层材料规格和用量参见《公路沥青路面设计规范》(JTG D50—2006)。

表 8-11　各种沥青混合料矿料级配范围

级配类型		通过各筛孔(mm)的质量百分率(%)														
		53	37.5	31.5	26.5	19.0	16.0	13.2	9.5	4.75	2.36	1.18	0.6	0.3	0.15	0.075
密级配沥青混凝土	AC－5								100	90～100	55～75	35～55	20～40	12～28	7～18	5～10
	AC－10							100	90～100	45～75	30～58	20～44	13～32	9～23	6～16	4～8
	AC－13						100	90～100	68～85	38～68	24～50	15～38	10～28	7～20	5～15	4～8
	AC－16					100	90～100	70～92	60～82	34～62	20～48	13～36	9～26	7～18	5～14	4～8
	AC－20				100	90～100	74～92	62～82	50～72	26～56	16～44	12～33	8～24	5～17	4～13	3～7
	AC－25			100	90～100	70～90	60～83	51～76	40～65	24～52	14～42	10～33	7～24	5～17	4～13	3～7
沥青玛琋脂碎石	SMA－13						100	90～100	50～75	20～34	15～26	14～24	12～20	10～16	9～15	8～12
	SMA－16					100	90～100	65～85	45～65	20～32	15～24	14～22	12～18	10～15	9～14	8～12
	SMA－20				100	90～100	72～92	62～82	40～55	18～30	13～22	12～20	10～16	9～14	8～13	8～12
密级配沥青碎石基层	ATB－25			100	90～100	60～80	48～68	42～62	32～52	20～40	15～32	10～25	8～18	5～14	3～10	2～6
	ATB－30		100	90～100	70～90	53～72	44～66	39～60	31～51	20～40	15～32	10～25	8～18	5～14	3～10	2～6
	ATB－40	100	90～100	72～92	65～85	49～71	43～63	37～57	30～50	20～40	15～32	10～25	8～18	5～14	3～10	2～6
半开级配沥青碎石	AM－13						100	90～100	50～80	20～45	8～28	4～20	2～16	0～10	0～8	0～6
	AM－16					100	90～100	60～85	45～68	18～40	6～25	3～18	1～14	0～10	0～8	0～5
	AM－20				100	90～100	60～85	50～75	40～65	15～40	5～22	2～16	1～12	0～10	0～8	0～5
	AM－25			100	70～98	50～85	—	32～62	20～50	6～29	6～18	3～15	2～10	1～7	1～6	1～4
	AM－40	100	75～98	67～96	50～80	25～60	—	15～40	10～35	6～25	6～18	3～15	2～10	1～7	1～6	1～4
开级配沥青碎石基层	ATPB－25			100	80～100	60～100	45～90	30～82	16～70	0～3	0～3	0～3	0～3	0～3	0～3	0～3
	ATPB－30		100	80～100	70～95	53～85	36～80	26～75	14～60	0～3	0～3	0～3	0～3	0～3	0～3	0～3
	ATPB－40	100	70～100	65～90	55～85	43～75	32～70	20～65	12～50	0～3	0～3	0～3	0～3	0～3	0～3	0～3

（二）基层（底基层）

基层是主要承重层，应具有稳定、耐久、较高的承载能力。基层可为单层或双层，双层分为基层和底基层。无论是沥青混合料或是粒料类柔性基层，还是半刚性基层、刚性基层，均要求具有相对较高的物理力学性能指标。

底基层是设置在基层之下，并与面层、基层一起承受车轮荷载反复作用的次承重层。因此，对底基层材料的技术指标要求可比基层材料略低。

基层、底基层设计应贯彻就地取材、就近取材的原则，认真做好当地材料的调查，根据交通量及其组成、气候条件、筑路材料以及路基水文状况等因素，选择技术可靠、经济合理的结构。基层可选用无机结合料稳定集料类或沥青混合料、粒料、贫混凝土等材料，底基层应充分利用沿线地方材料，可采用无机结合料稳定细粒土类或粒料类等。

柔性基层、底基层可用于各级公路。热拌沥青碎石宜用于中等交通及其以上公路的基层、底基层；贯入式碎石宜用于中、重交通的公路基层或底基层；热拌沥青碎石、贯入式沥青碎石均可以用于改建工程的调平层。

级配碎石可用于各级公路的基层和底基层，以及沥青面层与半刚性基层之间的过渡层。级配砾石、级配碎砾石以及符合级配、塑性指数等技术要求的天然砂砾，可用作轻交通的二级和二级以下公路的基层和各级公路的底基层。

填隙碎石适用于三级公路、四级公路的基层和各级公路的底基层。

基层、底基层厚度应根据交通量大小、材料力学性能和扩散应力的效果，充分发挥压实机具的功能，以及有利于施工等因素选择各结构层的厚度。各结构层的材料变化不宜过于频繁，不利于施工组织、管理。各种结构层施工最小厚度与适宜厚度应符合表 8-12 的要求。半刚性材料基层、底基层的一层压实厚度宜为 180 ~ 200 mm，并不得分层铺筑小于 150 mm 的薄层。

表 8-12　结构层最小压实厚度与适宜厚度　（单位：mm）

结构层类型	最小压实厚度	适宜厚度
级配碎石	80	100 ~ 120
水泥稳定类	150	180 ~ 200
石灰稳定类	150	180 ~ 200
石灰粉煤灰稳定类	150	180 ~ 200
贫混凝土	150	180 ~ 240
级配砾石	80	100 ~ 200
泥结碎石	80	100 ~ 150
填隙碎石	100	100 ~ 120

（三）垫层

当路基所在路段排水不良或有冰冻影响时需设置垫层。垫层是设置在底基层与土基之间的结构层，起排水、隔水、防冻、防污及减少层间模量比、降低半刚性底基层拉应力的作用。

根据作用不同,垫层分为防冻垫层、隔水垫层等。冰冻地区各级公路的中湿、潮湿路段,设计时应进行防冻厚度验算。根据交通量计算的结构层总厚度应不小于表8-13最小防冻厚度的规定。防冻厚度与路基潮湿类型、路基土类、道路冻深以及路面结构层材料的热物性有关。若结构层总厚度小于最小防冻层厚度,应增加防冻层,使其满足最小防冻厚度的要求。

表8-13 最小防冻厚度 (单位:cm)

路基类型	道路冻深	黏性土、细亚砂土			粉性土		
		砂石类	稳定土类	工业废料类	砂石类	稳定土类	工业废料类
中湿	50~100	40~45	35~40	30~35	45~50	40~45	30~40
	100~150	45~50	40~45	35~40	50~60	45~50	40~45
	150~200	50~60	45~55	40~50	60~70	50~60	45~50
	>200	60~70	55~65	50~55	70~75	60~70	50~65
潮湿	60~100	45~55	40~50	35~45	50~60	45~55	40~50
	100~150	55~60	50~55	45~50	60~70	55~65	50~60
	150~200	60~70	55~65	50~55	70~80	65~70	60~65
	>200	70~80	65~75	55~70	80~100	70~90	65~80

注:1.在《公路自然区划标准》(JTJ 003)中,对潮湿系数小于0.5的地区,Ⅱ、Ⅲ、Ⅳ等干旱地区防冻厚度应比表中值减少15%~20%。
2.对Ⅱ区砂性土路基防冻厚度应相应减少5%~10%。

以上是路面结构层的基本组成,各级公路应根据具体情况设置必要的结构层,但是,对三级公路、四级公路最少也不得低于两层,即面层和基层。

二、路面结构组合设计

(一)沥青路面结构组合类型

路面结构应根据公路所在区域的水文地质、气候特点、公路等级与使用要求、交通量及其交通组成等因素,结合当地实际经验,选择适宜的路面结构组合,拟定沥青层厚度。根据基层组合成以下典型路面结构。

1.半刚性基层沥青路面

半刚性基层沥青路面是在半刚性基层上铺设沥青面层结构。高速公路、一级公路、二级公路的沥青层最小厚度分别是120 mm、100 mm和60 mm。三级公路的沥青层最小厚度为30~50 mm(拌和法)或15~30 mm(层铺法表面处治),四级公路的沥青面层宜为表面处治10~30 mm或稀浆封层。

2.柔性基层沥青路面

柔性基层沥青路面结构是指各结构层由沥青混合料,或沥青贯入碎石,或冷拌沥青混合料、级配碎石、砂砾等柔性材料层组成,无半刚性材料层的结构类型。面层可选100 mm或120 mm厚的两层式,其下设沥青混合料基层、贯入式碎石、级配碎石等柔性基层。各沥青层厚度根据公路等级、交通量等具体条款计算确定。

3. 刚性基层沥青路面

刚性基层沥青路面结构是指采用贫混凝土、混凝土等做基层的沥青路面。高速公路、一级公路的沥青层最小厚度100 mm。因沥青层较薄，层间模量比较大，应提高沥青混合料高温抗剪强度，加强层间结合，以防止沥青层剪切、推移和反射裂缝的出现。

(二)沥青路面结构组合设计方法与要求

1. 层间模量比

对半刚性沥青路面结构组合设计，基层与沥青面层之间的模量比宜为1.5～3，基层与底基层之间的模量比不宜大于3.0，底基层与土基之间的模量比宜为2.5～12.5。

2. 刚性基层层间结合

对刚性基层应采取措施加强沥青层与刚性基层间的紧密结合，并提高界面抗剪强度和沥青混合料的抗剪强度，以增加沥青层抗剪切、推移变形的能力。

3. 沥青面层要求

为防止雨雪下渗，浸入基层、土基，沥青面层应选用密级配沥青混合料。当采用排水基层时，其下均应设防水层，并设置结构内部的排水系统，将雨水排除到路基外。

4. 垫层设置

为排除路面、路基中滞留的自由水，确保路面结构处于干燥或中湿状态，下列情况下的路基应设置垫层：

(1)地下水位高，排水不良，路基经常处于潮湿、过湿状态的路段。

(2)排水不良的土质路堑，有裂隙水、泉眼等水文不良的岩石挖方路段。

(3)季节性冰冻地区的中湿、潮湿路段，可能产生冻胀需设防冻垫层的路段。

(4)基层或底基层可能受污染以及路基软弱的路段。

5. 防止反射裂缝

对半刚性基层宜采取以下措施减少低温缩裂，防止反射裂缝：

(1)选用骨架密实型半刚性基层，并严格控制细料含量、水泥剂量、含水量。

(2)采用混合式沥青路面结构(在半刚性或刚性材料层与沥青面层之间设置柔性基层的路面结构)。

(3)在半刚性基层上设置改性沥青应力吸收膜或应力吸收层。

6. 沥青路面结构各层的层间结合与加强整体性措施

设计时应采取技术措施，加强路面结构各层之间的紧密结合，提高路面结构整体性，避免产生层间滑移。

(1)沥青层之间应设黏层。黏层是为加强路面沥青层与沥青层之间、沥青层与水泥混凝土路面之间的黏结而洒布的沥青材料薄层。黏层沥青宜用乳化沥青，洒布数量宜为0.3～0.6 kg/m^2。

(2)各种基层上应设置透层沥青。透层是为使沥青面层与非沥青材料基层结合良好，在基层上喷洒的透入基层表面一定深度的沥青薄层。透层沥青应具有良好的渗透性能，可用液体沥青(稀释沥青)、乳化沥青等。

(3)在半刚性基层上应设下封层。下封层宜用沥青单层表面处治或砂粒式、细粒式密级配沥青混合料，稀浆封层等。其材料规格与要求均应符合有关技术规定。

(4)新、旧沥青层之间，沥青层与旧水泥混凝土板之间应洒布黏层沥青，宜用热沥青、改性热沥青或改性乳化沥青。

(5)拓宽路面时，新、旧路面接槎处，宜喷涂黏结沥青。

(6)双层式半刚性材料基层宜采取连续摊铺、碾压工艺，增强层间结合，以形成整体层。

三、典型路面结构组合示例

近年来，我国公路建设迅猛发展，路基路面结构也随着交通荷载繁重而呈不断加强的趋势，"强基强面"进行路基路面综合设计成为必然。各地方公路设计创新和发展了不少的路基路面结构类型，下面介绍几种典型的路面设计方案组合。

(一)高速公路典型路面结构

根据我国公路现状和国内外研究成果，有些地方研究提出了高速公路改良的半刚性路面结构一般方案为：

沥青层厚度取 18 ~ 20 cm，路面总厚度在 75 cm 左右。

面层(18 ~ 20 cm)：采用三层式结构。表面层为 4 cm 细粒式改性沥青混凝土 AC - 13 或 SMA - 13，中面层为 6 cm 中粒式改性沥青混凝土 AC - 20，下面层为 8 ~ 10 cm 粗粒式沥青混凝土 AC - 25。表面层下设 SBS 改性沥青防水黏结层 1.5 ~ 2 mm。

基层(36 ~ 40 cm)：上基层采用 18 ~ 20 cm 水泥稳定碎石基层，下基层采用 18 ~ 20 cm 石灰、粉煤灰级配碎石。水泥稳定碎石基层顶面设置橡胶沥青应力吸收膜(SAMI) 3 ~ 5 mm。

底基层：采用石灰、粉煤灰稳定土或水泥稳定砂砾，其厚度由计算后论证确定，一般为 18 ~ 20 cm。

(二)组合式基层沥青路面结构

近年来，交通部公路研究院及河北、四川、青海、江苏等有关部门，相继开展了组合式基层路面或柔性路面的研究试验工作，并取得了阶段性成果。有些研究的初步成果表明：以半刚性基层沥青路面为基础的路面弯沉、路面弯拉应力验算等我国现行的沥青路面设计规范方法，对组合式基层路面或柔性路面并不适应。特别是柔性路面弯沉过大，超出半刚性基层路面的 1.6 倍以上。建议采用沥青层底弯拉应变和路基顶面的压应变作为主要设计指标。

组合式基层沥青路面结构，沥青层厚度取 25 ~ 28 cm，面层 17 ~ 18 cm，路面总厚度在 75 cm 左右。

面层 17 ~ 18 cm：三层式面层结构，表面层采用 4 cm 细粒式改性沥青混凝土 AC - 13 或 SMA - 13，中面层为 6 cm 中粒式改性沥青混凝土 AC - 20C，下面层为 7 ~ 8 cm 粗粒式沥青混凝土 AC - 25C。表面层下设 SBS 改性沥青防水黏结层 1.5 ~ 2 mm。

组合式基层：上基层采用 8 ~ 10 cm 沥青稳定碎石 ATB - 25 + 16 ~ 20 cm 水泥稳定级配碎石，下基层采用 16 ~ 20 cm 石灰、粉煤灰级配碎石底基层，石灰、粉煤灰稳定土或水泥稳定砂砾，其厚度由计算后论证确定，一般为 16 ~ 20 cm。

（三）“Superpave + 水泥混凝土”复合式路面结构方案

甘肃省成县至武都高速公路项目通过对项目附近已运营公路的路面状况的调查及分析，结合本项目所处地域地质、水文、气候特点，充分考虑沿线材料供应情况，提出“Superpave + 水泥混凝土”复合式路面结构方案，见图 8-1。

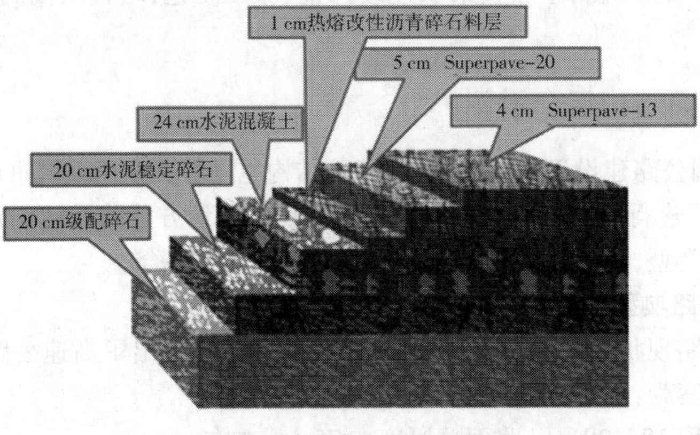

图 8-1 “Superpave + 水泥混凝土”复合式路面结构方案示意图

Superpave 是 Superior Performing Asphalt Pavement 的缩写，中文意思就是“高性能沥青路面”。Superpave 沥青混合料设计法是一种全新的沥青混合料设计法，是美国战略公路研究计划（SHRP）的研究成果之一，包含沥青结合料规范，沥青混合料体积设计方法，计算机软件及相关的使用设备、试验方法和标准。

所谓 Superpave 混合料体积设计法，就是根据沥青混合料的空隙率、矿料间隙率、沥青填隙率等体积特性进行热拌沥青混合料设计的，方法主要有设计材料选择、沥青混合料拌和、沥青混合料体积分析以及混合料验证，包括体积性质和水敏感性。沥青混合料体积设计过程主要由四部分组成：①材料选择；②集料级配选择；③确定沥青混合料最佳沥青含量；④评估沥青混合料的验证，包括体积性质和水敏感性。

Superpave 沥青混合料设计方法在我国得到研究和应用，有些成果已经纳入公路规范。它的试件成型方式可较真实模拟路面结构的实际压实情况，还给出了可对矿料集料级配进行设计的方法，并提出了控制点和禁区概念。它针对混合料的摊铺、碾压、行车压实不同阶段用不同的旋转压实次数（N_{ini}，N_{des}，N_{max}）进行模拟，使混合料的受力更加符合路面实际使用过程。经试验，Superpave 抗车辙动稳定度平均可达 6 000 次/mm 以上，最大可达 10 000 次/mm，较普通沥青混合料有大幅提高，具有较好的高温稳定性、抗水损害和抗疲劳性能，综合能力较强。因此，Superpave 是一种较真实模拟实际路用情况的混合料设计方法，可适用于各种沥青路面的上、中、下面层。其作为当今世界较为先进的沥青混合料设计方法，在未来的公路建设当中必将得到更加广泛的推广和采用。

（四）城市道路典型路面结构

沥青混凝土路面设计年限：15 年；荷载标准：路面轴载标准 BZZ－100，地下构筑物采用公路－Ⅱ级汽车荷载。

车行道路面结构为：3.5 cm 细式沥青混凝土 AC－13F + 4 cm 中粒式沥青混凝土

AC－16C＋7 cm 粗粒式沥青混凝土 AC－25C＋20 cm 水泥稳定碎石（5%）＋15 cm 水泥稳定碎石（3%）＋15 cm 级配碎石垫层（级配碎石适用于池塘段等软基路段），参见图 8-2。

面层、基层顶面的回弹弯沉值用后轴重 100 kN 的标准车检验。各沥青层之间加铺黏层沥青，沥青层与水稳层之间加铺透层沥青。

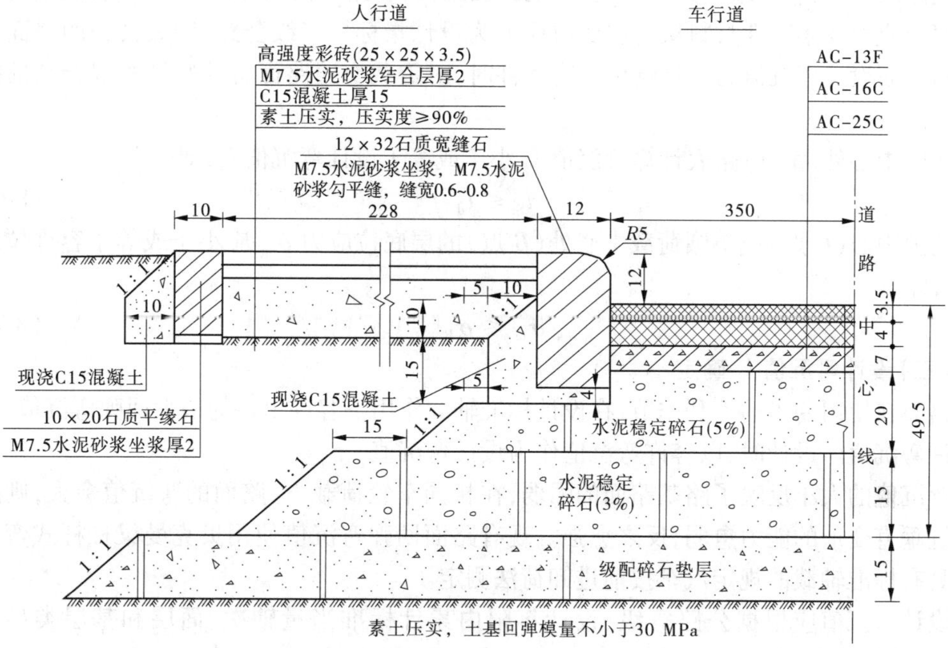

图 8-2　某城市道路路面结构　（单位：cm）

第四节　新建沥青路面结构层厚度设计

一、结构层设计理论基础与控制指标

（一）计算图示和计算点

路面结构设计应采用双圆均布垂直荷载作用下的弹性层状连续体系理论进行计算，路面荷载及计算点如图 8-3 所示。图示中 A 点是路表面弯沉计算点，B、C 点分别是单轮中心和双轮轮隙中心处结构层弯拉应力计算点。

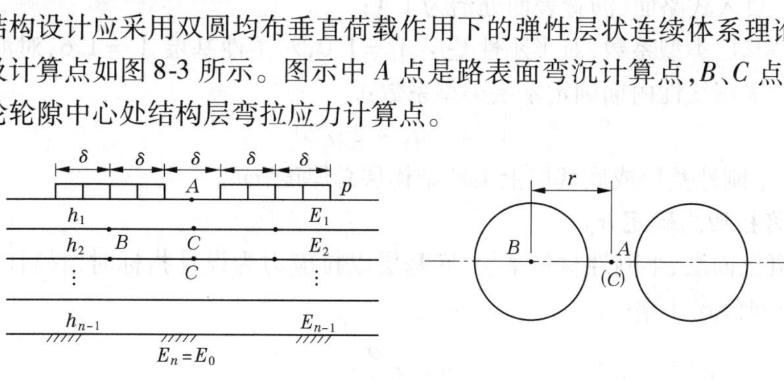

图 8-3　路面荷载及计算点图示

(二)设计控制指标

路面结构厚度设计应满足结构整体承载力与抵抗疲劳开裂的要求,故采用双轮轮隙中心处(A 点)路表计算弯沉值 l_S 和轮隙中心(C 点)或单圆荷载中心处(B 点)的层底拉应力 σ_m 作为路面结构计算控制指标。

我国高速公路、一级公路、二级公路的路面结构,以路表面回弹弯沉值、沥青混凝土层的层底拉应力及半刚性材料层的层底拉应力为设计指标。三级公路、四级公路的路面结构以路表面设计弯沉值为设计指标。有条件时,对重载交通路面宜检验沥青混合料的抗剪切强度。

轮隙中心处(A 点)路表计算弯沉值 l_S 小于或等于设计弯沉值 l_d,即

$$l_S \leqslant l_d \tag{8-6}$$

轮隙中心(C 点)或单圆荷载中心处(B 点)的层底拉应力 σ_m 应小于或等于容许拉应力 σ_R,即

$$\sigma_m \leqslant \sigma_R \tag{8-7}$$

(三)设计弯沉值 l_d 确定

路面在使用期末的不利季节,在设计标准轴载作用下容许出现的最大回弹弯沉值,称为容许弯沉值。设计时,以容许弯沉值作为设计弯沉值。

弯沉值的大小反映了路基路面的强弱,在相同车轮荷载下,路面的弯沉值愈大,则路面抵抗垂直变形的能力愈弱,反之愈强。现有路面回弹弯沉值使用贝克曼梁杠杆式弯沉仪和具有标准轴载的规定汽车按前进卸荷法测定。

设计弯沉值应根据公路等级、设计年限内累计标准当量轴次、面层和基层类型按式(8-8)计算确定:

$$l_d = 600\ N_e^{-0.2} A_c A_s A_b \tag{8-8}$$

式中 l_d——设计弯沉值,0.01 mm;

N_e——设计年限内一个车道累计当量轴次;

A_c——公路等级系数,高速公路、一级公路为1.0,二级公路为1.1,三级公路、四级公路为1.2;

A_s——面层类型系数,沥青混凝土面层为1.0,热拌和冷拌沥青碎石、上拌下贯或贯入式路面、沥青表面处治为1.1;

A_b——基层类型系数,对半刚性基层 $A_b = 1.0$,对柔性基层 $A_b = 1.6$,对混合式基层采用线性内插确定基层类型系数:

$$A_b = (H_F + 2)/20$$

其中,H_F——半刚性基层或底基层上柔性结构层总厚度,cm。

(四)容许拉应力确定 σ_R

沥青混凝土面层、半刚性材料基层、底基层以拉应力为设计指标时,材料的容许拉应力 σ_R 应按下列公式计算:

$$\sigma_R = \frac{\sigma_S}{K_S} \tag{8-9}$$

式中 σ_R——路面结构层材料的容许拉应力,MPa;

σ_S——沥青混凝土或半刚性材料的极限劈裂强度,MPa;

K_S——抗拉强度结构系数。

沥青混凝土的极限劈裂强度,是指 15 ℃时的极限劈裂强度,对水泥稳定类材料龄期为 90 d 的极限劈裂强度,对二灰稳定类、石灰稳定类的材料指龄期为 180 d 的极限劈裂强度,对水泥粉煤灰稳定类材料指龄期为 120 d 的极限劈裂强度,详见表 8-14、表 8-15。

表 8-14 沥青混合料设计参数

材料名称		抗压模量(MPa)		15 ℃劈裂强度(MPa)	备注
		20 ℃	15 ℃		
细粒式沥青混凝土	密级配	1 200 ~ 1 600	1 800 ~ 2 200	1.2 ~ 1.6	AC - 10, AC - 13
	开级配	700 ~ 1 000	1 000 ~ 1 400	0.6 ~ 1.0	OGFC
沥青玛𤧛脂碎石		1 200 ~ 1 600	1 600 ~ 2 000	1.4 ~ 1.9	SMA
中粒式沥青混凝土		1 000 ~ 1 400	1 600 ~ 2 000	0.8 ~ 1.2	AC - 16, AC - 20
密级配粗粒式沥青混凝土		800 ~ 1 200	1 000 ~ 1 400	0.6 ~ 1.0	AC - 25
沥青碎石基层	密级配	1 000 ~ 1 400	1 200 ~ 1 600	0.6 ~ 1.0	ATB - 25, ATB - 35
	半开级配	600 ~ 800	—	—	AM - 25, AM - 40
沥青贯入式		400 ~ 600	—	—	—

表 8-15 基层、底基层材料设计参数

材料名称	配合比或规格要求	抗压模量 E(MPa)(弯沉计算用)	抗压模量 E(MPa)(拉应力计算用)	劈裂强度 σ(MPa)
水泥砂砾	4% ~6%	1 100 ~ 1 500	3 000 ~ 4 200	0.4 ~ 0.6
水泥碎石	4% ~6%	1 300 ~ 1 700	3 000 ~ 4 200	0.4 ~ 0.6
二灰砂砾	7:13:80	1 100 ~ 1 500	3 000 ~ 4 200	0.6 ~ 0.8
二灰碎石	8:17:80	1 300 ~ 1 700	3 000 ~ 4 200	0.5 ~ 0.8
石灰水泥粉煤灰砂砾	6:3:16:75	1 200 ~ 1 600	2 700 ~ 3 700	0.4 ~ 0.55
水泥粉煤灰碎石	4:16:80	1 300 ~ 1 700	2 400 ~ 3 000	0.4 ~ 0.55
石灰土碎石	粒料 >60%	700 ~ 1 100	1 600 ~ 2 400	0.3 ~ 0.4
碎石灰土	粒料 >40% ~50%	600 ~ 900	1 200 ~ 1 800	0.25 ~ 0.35
水泥石灰砂砾土	4:3:25:68	800 ~ 1 200	1 500 ~ 2 200	0.3 ~ 0.4
二灰土	10:30:60	600 ~ 900	2 000 ~ 2 800	0.2 ~ 0.3
石灰土	8% ~12%	400 ~ 700	1 200 ~ 1 800	0.2 ~ 0.25
石灰土处理路基	4% ~7%	200 ~ 350	—	—

续表 8-15

材料名称	配合比或规格要求	抗压模量 E(MPa)（弯沉计算用）	抗压模量 E(MPa)（拉应力计算用）	劈裂强度 σ(MPa)
级配碎石	基层连续级配型	300 ~ 350	—	—
	基层骨架密实型	300 ~ 500	—	
	底基层、垫层	200 ~ 250	—	
填隙碎石	底基层	200 ~ 280	—	—
未筛分碎石	底基层	180 ~ 200	—	—
级配砂砾、天然砂砾	底基层	150 ~ 200	—	—
中粗砂	垫层	80 ~ 100	—	—

对沥青混凝土面层的抗拉强度结构系数，宜按式(8-10)计算：

$$K_S = 0.09N_e^{0.2}/A_c \tag{8-10}$$

对无机结合料稳定集料类：

$$K_S = 0.35N_e^{0.11}/A_c \tag{8-11}$$

对无机结合料稳定细粒土类：

$$K_S = 0.45N_e^{0.11}/A_c \tag{8-12}$$

二、路表面弯沉值计算

轮隙中心处表回弹弯沉的计算应按式(8-13)计算：

$$l_S = 1\ 000\frac{2p\delta}{E_1}\alpha_c F \tag{8-13}$$

$$F = 1.63\left(\frac{l_S}{2\ 000\delta}\right)^{0.38}\left(\frac{E_0}{p}\right)^{0.36} \tag{8-14}$$

式中 l_S——路面计算弯沉值，0.01 mm；

p,δ——标准车型的轮胎接地压强，MPa，以及当量圆半径，cm；

F——弯沉综合修正系数；

α_c——理论弯沉系数，可利用计算机软件计算得到：

$$\alpha_c = f\left(\frac{h_1}{\delta},\frac{h_2}{\delta},\cdots,\frac{h_{n-1}}{\delta};\frac{E_2}{E_1},\frac{E_3}{E_2},\cdots,\frac{E_0}{E_{n-1}}\right) \tag{8-15}$$

式中 E_0——土基抗压回弹模量值，MPa；

$E_1,E_2,\cdots,E_{n-1}$——各层材料抗压回弹模量，MPa；

$h_1,h_2,\cdots,h_{n-1}$——各结构层厚度，cm。

以路表弯沉值为设计指标时，设计参数采用抗压回弹模量，对于沥青混凝土试验温度为 20 ℃，详见表 8-15。计算路表弯沉值时，抗压回弹模量设计值应按照实验数据数理统计方法计算确定。

三、拉应力计算

层底拉应力 σ_m 计算以单圆中心（B 点）及双圆轮隙中心（C 点）为计算点，并取较大值作为层底拉应力，按下式计算层底最大拉应力：

$$\sigma_m = p\overline{\sigma}_m \tag{8-16}$$

$$\overline{\sigma}_m = f\left(\frac{h_1}{\delta},\frac{h_2}{\delta},\cdots,\frac{h_{n-1}}{\delta};\frac{E_2}{E_1},\frac{E_3}{E_2},\cdots,\frac{E_0}{E_{n-1}}\right) \tag{8-17}$$

式中 $\overline{\sigma}_m$——理论最大拉应力系数，可利用计算机软件计算得到；

其他符号意义同前。

需要特别说明的是：以沥青层或半刚性材料结构层层底拉应力为设计或演算指标时，应在 15 ℃条件下测试沥青混合料的抗压回弹模量；半刚性材料应在规定龄期测定抗压回弹模量（水泥稳定类材料龄期为 90 d，石灰稳定类材料龄期为 180 d，水泥粉煤灰稳定类为 120 d）。除沥青类和半刚性材料以外的结构层材料设计参数采用其相应的抗压回弹模量，其中碎砾石土设计参数见表 8-16。

表 8-16 碎砾石土设计参数

碎石含量（%）	路基干湿类型	回弹模量值（MPa）	密度（t/m^3）	含水量（%）
>70	干燥	90～100	2.05～2.25	7
	中湿	70～80	2.00～2.20	8
	潮湿	55～65	1.95～2.15	11
50～70	干燥	75～85	2.00～2.20	7
	中湿	55～65	1.95～2.15	8
	潮湿	45～55	1.90～2.10	11
30～50	干燥	47～57	1.90～2.10	<10
	中湿	30～40	1.85～1.95	10～15
	潮湿	20～30	1.75～1.85	>15
<30	干燥	30～40	1.80～1.90	<10
	中湿	15～25	1.70～1.80	10～15
	潮湿	15	1.60～1.70	>15

四、土基和路面材料设计参数

按弹性层状体系理论求解路表弯沉或路面结构层底面的拉应力时，必须知道路基土和路面各结构层材料的回弹模量值。

（一）路基土的回弹模量值

道路路基必须密实、均匀、稳定，填方路基的填料选择、路床的压实度以及填方路堤的基底处理等均应符合公路路基设计规范的规定。必须采取防止地面水和地下水浸入路面、路基的措施，以保证路基的强度和稳定性。设计时，宜使路基处于干燥或中湿状态。潮湿、过湿状态的路基应采取掺入固化材料或换填砂、砂砾、碎石渗水性材料，以及设置土工合成材料等加强路基排水的技术措施，进行综合处理，土基回弹模量值应大于 30 MPa。重交通、特重交通公路土基回弹模量值应大于 40 MPa。

土基回弹模量设计值可以通过现场实测法、室内实验法、换算法和查表法确定，详见本书第二章第三节相关内容。

(二)路面材料的设计参数

路面设计中各结构层的材料设计参数主要有抗压模量、劈裂强度，应根据公路等级和设计阶段的要求确定。

(1)高速公路、一级公路施工图设计阶段应根据拟采用的路面材料实测设计参数；各级公路采用新材料时，也必须进行材料试验，实测设计参数。

(2)高速公路、一级公路初步设计阶段或二级及其以下公路施工图设计阶段可借鉴本地区已有的相近材料试验资料，根据使用经验确定设计参数。

(3)初步设计阶段可根据试验经验值确定设计参数，见表 8-14 ~ 表 8-16。

五、沥青路面结构设计步骤与方法

(一)沥青路面结构设计步骤

(1)根据设计任务书的要求，按弯沉或弯拉指标分别计算设计年限内一个车道的累计标准当量轴次，确定设计交通量与交通等级、面层、基层类型，并计算设计弯沉值或容许拉应力。

(2)按路基土类与干湿类型及路基横断面形式，将路基划分为若干路段，确定各个路段土基回弹模量设计值。

(3)参考本地区的经验拟订几种可行的路面结构组合与厚度方案，根据选用的材料进行配合比试验，测定各结构层材料的抗压回弹模量、弯拉模量与抗拉强度等，确定各结构层的设计参数。

(4)根据设计指标采用多层弹性体系理论设计程序计算路面厚度，通常采用 APDS 专用程序进行厚度设计计算。

(5)对于季节性冰冻地区，应验算防冻厚度是否符合要求。

(6)进行技术经济比较，确定路面结构方案。

(二)沥青路面结构设计方法

沥青路面各结构层的厚度可按计算法或验算法确定。

1. 计算法

根据路用性能要求或工程经验确定路面结构组合类型，先拟定某一层作为设计层，然后根据混合料类型与施工工艺要求确定其他各层的厚度，按规定的流程计算设计层厚度。设计层厚度应不小于最小施工厚度。

设计时，应先拟定某一层作为设计层，根据施工厚度要求拟定面层和其他各层的厚度。当采用半刚性基层、底基层结构时，可选用任一层为设计层；当采用半刚性基层、粒料类材料为底基层时，宜拟定面层、底基层厚度，一般半刚性基层为设计层时可得到合理的结构;当采用柔性路面结构时,宜拟定面层、底基层的厚度,计算基层的厚度,当求得基层厚度太厚时,可考虑选用半刚性底基层,其上选用沥青稳定碎石作基层,以减小路面总厚度,增加结构强度和稳定性。

2. 验算法

根据本地区典型结构确定路面结构组合类型,然后根据混合料类型与施工工艺拟定各结构层的厚度,按规定的流程进行结构验算,验算通过后即可作为备选结构。

六、交工验收弯沉控制

路面交工时应在不利季节采用 BZZ－100 标准轴载实测轮隙中心处路表弯沉值。其弯沉代表值应符合式(8-18)的要求:

$$l_{0j} \leqslant l_a \tag{8-18}$$

式中 l_{0j}——实测某路段的弯沉代表值,0.01 mm;

l_a——路表弯沉检测标准值,0.01 mm。

检测代表弯沉值应用标准轴载 BZZ－100 的汽车实测路表弯沉值,若为非标准轴载应进行换算。对半刚性基层结构宜用 5.4 m 的弯沉仪,对柔性结构可用 3.6 m 的弯沉仪测定。

测定弯沉时应以 1～3 km 为一评定路段。检测频率视公路等级每车道每 10～50 m 测 1 点,高速公路、一级公路每千米检查不少于 80 点,二级及二级以下公路每千米检查不少于 40 点。

路段内实测路表弯沉代表值(0.01 mm)按式(8-19)计算:

$$l_0 = (\bar{l}_0 + Z_a S) K_1 K_3 \tag{8-19}$$

式中 l_0——路段内实测路表弯沉代表值,0.01 mm;

$\bar{l}_0$——路段内实测路表弯沉平均值,0.01 mm;

S——路段内实测路表弯沉标准差,0.01 mm;

Z_a——与保证率有关的系数,对高速公路、一级公路 $Z_a = 1.645$,对其他公路 $Z_a = 1.5$;

K_1——季节影响系数,根据当地经验确定;

K_3——温度修正系数。

当沥青层厚度小于或等于 50 mm 时可不进行温度修正,在其他情况下均应进行温度修正。若在非不利季节测定,应考虑季节修正。温度修正系数 K_3 计算方法,可按照《公路路基路面现场测试规程》(JTJ 059)中的规定进行,也可按照下式进行修正:

$$K_3 = \frac{l_{20}}{l_T} \tag{8-20}$$

式中 l_{20}——换算为 20 ℃时沥青路面的弯沉值,0.01 mm;

l_T——测定时沥青面层内平均温度为 T 时的弯沉值,0.01 mm;

T——测定时沥青面层平均温度,℃,$T = a + bT_0$,其中 $a = -2.65 + 0.52h$,$b = 0.62 - 0.008h$。

当 $T \geqslant 20$ ℃时

$$K_3 = e^{\left(\frac{1}{T} - \frac{1}{20}\right)h} \tag{8-21}$$

当 $T<20$ ℃时 $$K_3 = e^{0.002(20-T)h} \tag{8-22}$$

式中 h——沥青面层厚度，cm。

第五节 改建沥青路面设计

改建路面设计主要适用于原有路面补强设计，对于加宽路面、提高路基、调整纵坡的路段，应视具体情况按新建或改建路面设计。本节介绍改建沥青路面设计的基本理论与方法。

一、原路面调查与分析

改建沥青路面设计应对原有路面做好调查，主要调查内容如下：

(1)调查破损情况，包括裂缝率、车辙深度、修补面积等。

(2)采用贝克曼梁弯沉仪评价原路面结构承载能力。

(3)根据破损情况调查和承载能力测试与评价，选择路面外观好、中、差路面典型使用状况，进行分层钻孔取样和探坑取样，采集沥青混合料和基层、底基层、土基的样品进行试验，分析破坏原因，判断其破坏层位和是否可以利用。

(4)取样调查路床范围内路基土的分层含水量、土质类型及承载力等，分析路基的稳定性、强度以及路基路面范围内排水状况等。

二、路段划分与计算弯沉值

(一)原路路段划分

分段时，应考虑下列因素：

(1)将原路面的破损形态、弯沉值、破损原因相近的划分为一个路段。

(2)在同一路段内中，若局部路段弯沉值很大，可先修补处理，再进行补强。在计算该段代表弯沉值时，可不考虑个别大点。

(3)一般按 1 km 为单位对路况进行评价，当路况评价指标基本接近时可将路段延长。在水文、土质条件复杂或需要特殊处理的路段，其分段长度可视实际情况确定。

(二)各路段的计算弯沉值

各路段的弯沉值应采用 BZZ－100 标准轴载汽车，用贝克曼梁测定原有路面的弯沉值，每 20～50 m 测 1 点，弯沉值变化较大时可加密测点，每车道、每路段的测点数不少于 20 点。弯沉仪测试简图如图 8-4 所示。

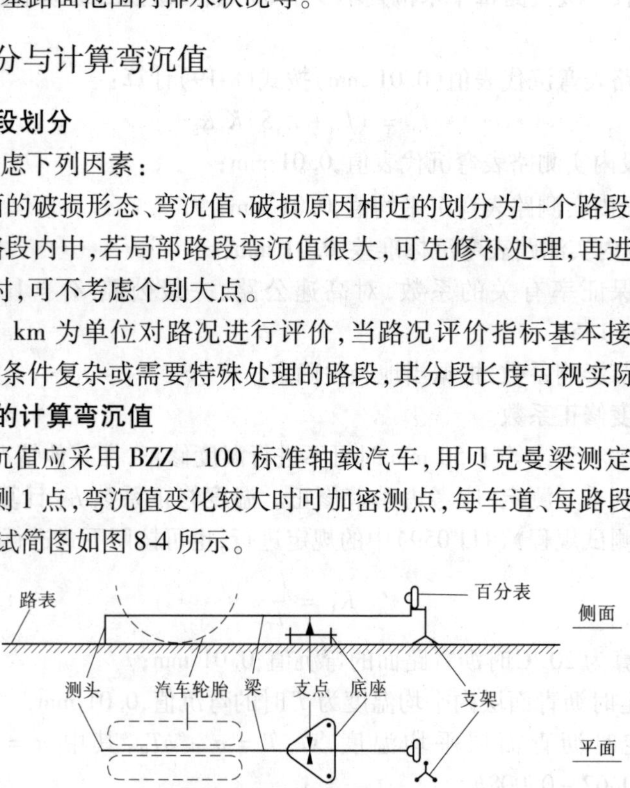

图 8-4 弯沉仪测试简图

各路段的计算弯沉值 l_0 应按下式计算：

$$l_0 = (\bar{l}_0 + Z_a S)K_1 K_2 K_3 \tag{8-23}$$

式中 l_0——旧路面的计算弯沉值，0.01 mm；

K_2——湿度影响系数，根据当地经验确定；

其他符号意义同前。

贝克曼梁弯沉测定方法是测定路面弯沉值的最基本方法，可靠度也很高。它适用于测定各类路基、路面的回弹弯沉，用以评定其整体承载能力，可供路面结构设计使用，也可供路基、路面竣工验收、改建及补强使用。

三、旧沥青路面的处理与加铺罩面层

（一）旧沥青路面的处理

加铺改建路面结构层前，应对旧路面进行处理，要点如下：

（1）沥青路面整体强度基本符合要求，车辙深度小于 10 mm，轻度裂缝而平整度及抗滑性能差时，可直接加铺罩面，恢复表面使用功能。

（2）对中度、重度裂缝段宜视具体情况铣刨路面；否则，应对裂缝进行灌缝处理，修补松散、坑槽等，必要时采取防裂措施再加铺沥青层。对沥青层网裂、龟裂或沥青老化的路段，应进行铣刨并清除干净，设置黏层沥青后，再加铺沥青层。

（3）对整体强度不足或破损严重的路段，视路面破损程度确定挖除深度、范围以及加铺补强层的结构与厚度。

（二）加铺罩面层

当原沥青路面较平整、车辙深度小于 10 mm，且路面无结构性破坏（如纵、横向裂缝，网裂）时可设计加铺罩面层的方法。加铺罩面层主要是指薄层罩面，是提高旧沥青路面服务功能的主要措施，其具体要求如下：

（1）为改善沥青表面层的服务功能，加铺面层可采取沥青混凝土罩面、表面处治或其他预防性养护措施。一般单层沥青混凝土罩面层的厚度可为 30 ~ 50 mm；超薄层罩面厚度宜为 20 ~ 25 mm。预防性养护措施可用改性沥青稀浆封层、微表处或养护剂。

（2）超薄沥青混凝土磨耗层是一种构造深度大、抗滑性能较好的薄层路面结构，一般厚度为 20 ~ 25 mm，混合料可选用有断级配 SMA – 10、UTAC – 10 等。结合料宜用改性沥青或掺入其他添加剂，以提高超薄磨耗层的水稳性。

（3）施工时要求控制施工碾压温度，保证罩面层压实度及与下层紧密黏结。

四、原路面当量回弹模量的计算

应根据路段的划分，依据各路段相应的计算弯沉值，按照式（8-24）确定各路段的当量回弹模量值：

$$E_t = 1\,000 \frac{2p\delta}{l_0} m_1 m_2 \tag{8-24}$$

式中 E_t——旧路面的当量回弹模量，MPa；

p、δ——标准车型的轮胎触地压强，MPa，以及当量圆半径，cm；

m_1——回弹变形值之比，即轮板对比值，m_1 应根据各地的对比试验结果论证地确定，在没有对比试验资料的情况下，可取 $m_1 = 1.1$（轮隙弯沉法）进行计算；

m_2——原路面当量回弹模量扩大系数。

计算与旧路面接触的补强层层底拉应力时，m_2 按式(8-25)计算；计算其他补强层层底拉应力及弯沉值时，$m_2 = 1.0$。

$$m_2 = e^{0.037\frac{h'}{\delta}\left(\frac{E_{n-1}}{p}\right)^{0.25}} \tag{8-25}$$

式中 E_{n-1}——与原路面接触层材料的抗压模量，MPa；

h'——各补强层等效为与原路面接触层 E_{n-1} 相当的等效总厚度，cm。

等效总厚度 h' 按式(8-26)计算：

$$h' = \sum_{i=1}^{n-1} h_i (E_i / E_{n-1})^{0.25} \tag{8-26}$$

式中 E_i——第 i 层补强层材料的抗压回弹模量，MPa；

h_i——第 i 层补强层的厚度，cm；

$n-1$——补强层层数。

五、柔性路面加铺补强层设计方法与步骤

(一)加铺补强层设计方法

加铺补强层设计方法要点如下：

(1)当强度不足时应进行补强设计，设计方法与新建沥青路面相同，并仍采用弹性层状体系理论进行设计计算。

(2)加铺补强层的结构设计，应根据旧路面综合评价公路等级、交通量，结合纵、横断面调坡设计，并与周围环境相协调，选用直接加铺或开挖旧路至某一结构层位，采取加铺一层或多层沥青补强层，或半刚性基层、贫混凝土基层等结构层。

(3)原路面与补强层之间视加铺层的结构与厚度，宜洒布黏层沥青，或采用相应的减少裂缝措施，或铺设调平层，或直接加铺结构层。

(二)加铺补强层设计步骤

(1)计算原有路面的当量回弹模量，见式(8-24)等。

(2)拟定几种可行的结构组合及结构层厚度，并通过试验或参照当地成熟经验确定各补强层的材料参数。

(3)根据加铺层的类型确定设计指标，当以路表回弹弯沉值为设计指标时弯沉值综合修正系数按式(8-27)计算：

$$F = 1.45\left(\frac{l_s}{2\,000\delta}\right)^{0.61}\left(\frac{E_t}{p}\right)^{0.61} \tag{8-27}$$

对于二级和二级以上的公路，以拉应力为设计指标时，仍然按式(8-14)的规定计算。

(4)设计层的厚度采用弹性层状体系理论设计程序计算。对季节性冰冻地区的中、潮湿路段还应验算防冻厚度。

(5)根据各方案的计算结果，进行技术经济比较，确定采用的补强方案。

第六节　新型路面简介

一、土工合成材料加筋沥青混凝土路面

土工合成材料类型应用于强沥青路面的土工合成材料主要有塑料格栅、玻璃纤维格栅和土工织物。塑料格栅和玻璃纤维格栅均为网状结构;土工织物是透水性的平面土工合成材料,按制造方法分为无纺(非织造)土工织物和有纺(织造)土工织物。用土工合成材料对沥青路面进行加筋,使沥青路面结构层提高了对裂缝的抑制能力,减少反射裂缝的数量,延缓反射裂缝产生,减少沥青路面车辙,从而延长了沥青路面结构层的疲劳寿命。

土工合成材料加筋沥青混凝土路面结构可以提高其疲劳寿命、抗反射裂缝和抗高温车辙能力,成为沥青路面路用技术性能改善的一个有效途径。试验结果表明,聚酯玻璃纤维布加筋结构具有较好的低温抗裂性能,而玻璃纤维格栅加筋结构的高温稳定性较好。.

二、RCC－AC 复合式路面

RCC－AC 复合式路面,即由碾压混凝土和沥青混凝土组成的复合式路面结构。碾压混凝土(RCC)具有强度高、稳定性好的特点,沥青混凝土(AC)具有舒适性好、维修方便的特点。RCC－AC 复合式路面集两者的优点于一身,大大地提高了路面的使用性能。

碾压混凝土(RCC)是一种水灰比小,通过振动碾压工艺成型,达到高密度、高强度的零坍落度的水泥混凝土。碾压混凝土路面具有节约水泥,强度高,施工进度快,开放交通早,比普通混凝土路面投资少等技术经济上的优势。在 RCC 面板上加铺沥青混凝土(AC)层,形成碾压混凝土与沥青混凝土(RCC－AC)复合式路面,刚柔相济,既发挥了碾压混凝土强度高、承载力大的优势,又可克服混凝土路面行车的冲击、振动,提高行车的舒适性与安全性。

用 RCC－AC 作公路路面,虽然目前造价尚高些,但其具有施工速度快、开放交通早等诸多优点,值得进一步推广使用。

现以厦门市某Ⅰ级主干道修筑的 RCC－AC 复合式路面的结构为例,说明其结构组成。该路面由垫层、3% 水泥稳定碎石基层、碾压混凝土和沥青混凝土面层组成,见图 8-5,其中碾压混凝土厚度为 26 cm,设计抗弯拉强度为 4.5 MPa。

三、再生沥青混凝土路面技术

沥青路面再生技术的种类很多,根据沥青再生和回收协会的定义,可分为热厂拌再生、热现场再生、冷厂拌再生、冷现场再生、全厚度再生。这里主要介绍就地热再生沥青混凝土路面和就地冷再生沥青路面。

(一)就地热再生沥青混凝土路面

20 世纪 70 年代以来,欧、美、日等工业发达国家和地区为了在道路维修中充分利用旧沥青混合料,节省资源,相继推出了沥青混凝土路面就地热再生(以下简称就地热再生)工艺,即采用就地热再生设备对需再生路面进行就地加热、翻松、搅拌、摊铺等连续作

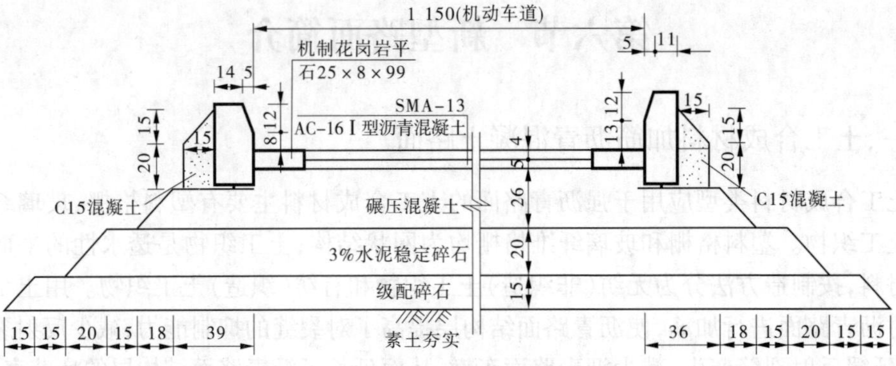

图 8-5　RCC - AC 复合式路面的结构　(单位:cm)

业,最后用压路机碾压,一次成型新路面的施工方法。近些年来,我国再生沥青混凝土路面技术也得到越来越多的应用和推广。

就地热再生路面具有如下主要特点:

(1)主要用于路基完好,路面破损深度小于 6 cm 的沥青混凝土路面的维修。原有沥青材料经再生处理后,能恢复其原有性能和寿命。

(2)能够去除深达 6 cm 的轮胎压痕,并能在单一车道修护中修正排水坡度。

(3)就地热再生完成的车道,因 100% 热结合,可完全避免车道接缝所产生的纵向开裂。

(4)就地热再生 100% 利用现有旧料,可降低施工成本且无任何废料,为环保性养护机械。

(5)单线道路施工方式,使交通阻塞及危险降至最低。

(6)一次完成的回收再利用方式,比传统的回收方式增加 75% 的效益,比传统的路面翻新方式在成本上节省 20% ~50% 。

(7)施工结束即可开放交通。

(8)施工产生的振动、噪声比其他施工方法小,市区可以进行夜间作业。

沥青混凝土就地热再生设备主要由两大系统组成:加热系统和复拌系统。

加热系统主要由燃烧装置、加热装置、燃料罐、液压装置、发动机、操纵装置、行走装置等组成。它的用途是将需要再生处理的沥青路面均匀地加热至要求的温度,加热中沥青路面表面温度一般不超过 180 ℃,表面以下 1 ~2 cm 处的温度为 120 ~130 ℃,表面以下 3 ~6 cm 处的温度为 70 ~100 ℃,通常加热深度为 2 ~6 cm,为了加热均匀和不烧焦沥青,一般分 2 级加热或多级加热,加热系统之后跟随复拌系统。加热方式主要有 3 种:热风循环加热式、红外线辐射加热式和红外线热风并用式。所用燃料为液化石油气或柴油。

复拌系统主要由新料接料斗、供料装置、路面翻松装置、搅拌装置、添加剂喷洒装置、熨平装置、辅助加热装置、行走装置等组成。一般复拌系统具备 3 种再生作业功能,即整平、重铺、复拌作业。

(二)就地冷再生沥青路面

就地冷再生是利用现有的旧路材料(面层或部分基层),根据设计级配确定是否需要加入部分新集料，并按比例加入一定量的再生剂（乳化沥青、泡沫沥青）或化学稳定剂（水泥、粉煤灰或石灰等）和添加剂，在自然环境温度下完成乳化沥青和水的喷洒，旧路的铣刨及拌和，再生料的提升，摊铺及碾压成型的连续作业过程。就地冷再生技术与传统的沥青路面养护维修方式相比，能够节约原材料，提高旧路等级，缩短工期，对交通影响小，节省养护资金，同时循环利用废料，保护环境，能彻底消除原面层的拥包、车辙、裂缝和松散等病害，还可以对基层病害进行适当处理。因而具有明显的环境效益、经济效益和社会效益优势。

德国维特根路面就地冷再生设备在我国道路建设中应用较多。该施工设备将原路面铣刨一定深度（一般 15 cm）后，加入一定配合比泡沫沥青、水泥和碎石，就地拌和碾压成型为柔性基层，然后加铺 5 cm 厚的沥青混凝土，是目前国内最先进的沥青路面维修的新设备。此工艺由于原位利用路面材料，且无须加热，是一种环保低碳的沥青路面养护技术。利用泡沫沥青可以将传统的路面结构改造成柔性基层路面结构，延长路面使用寿命，从而延长大中修周期。从长远角度看，这将大大减少公路养护资金。

四、排水沥青路面

排水沥青路面，又称透水沥青路面，指压实后空隙率在 20% 左右，能够在混合料内部形成排水通道的新型沥青混凝土面层，其实质为单一粒径碎石按照嵌挤机制形成骨架－空隙结构的开级配沥青混合料。此外，针对以改善表面抗滑功能为主的开级配表面薄层应用又称开级配磨耗层（OGFC）、多孔隙沥青磨耗层（PAWC）等。这些材料的构成特征基本相同，但由于使用功能、描述角度和突出重点有所区别，被赋予不同名称，有时在技术特点上也有所不同。

排水沥青路面采用大空隙沥青混合料做表层，将降雨透入到排水功能层，并通过层内将雨水横向排出，从而消除了带来诸多行车不利作用的路表水膜，显著提高雨天行车的安全性、舒适性；同时，由于排水沥青路面的多孔特征可以大幅降低交通噪声，也被称为低噪声沥青路面。随着经济社会的快速发展，人们的出行质量需求不断升级，交通建设也愈加突显“环境友好”的理念。在道路工程领域，如何提高路面的使用功能，如何向社会提供高安全、更舒适、更环保的道路表面特性，已成为新时期我国交通部门追求的新目标。

综观国内外技术前沿，具有大空隙特征的排水沥青路面铺装因为具有抗滑性能高、噪声低、抑制水雾、防止水漂、减轻眩光等突出优点，可以说达到了现有沥青路面技术中的“顶端路用性能”。

五、橡胶沥青路面

我国已经成为汽车生产和使用大国，由此产生的废旧轮胎逐年快速增长。将轮胎橡胶粉应用于铺筑橡胶沥青路面是轮胎橡胶粉无害化、资源化利用的主要途径之一。

橡胶沥青是先将废旧轮胎原质加工成为橡胶粉粒，再按一定的粗细级配比例进行组合，同时添加多种高聚合物改性剂，并在充分拌和的高温（180 ℃以上）条件下，与基质沥青充分熔胀反应后形成的改性沥青胶结材料。橡胶沥青具有高温稳定性、低温柔韧性、抗老化性、抗疲劳性、抗水损坏性等性能，是较为理想的环保型路面材料，目前主要应用于道路结构中的应力吸收层、封层和表面层中。开级配沥青混合料(OGFC 和排水面层)也可选用橡胶沥青作为黏结材料。利用橡胶沥青可铺筑热拌橡胶沥青混合料、橡胶沥青表面处治等路面。

橡胶沥青应力吸收层，是指将单一粒径的石料均匀地满铺在橡胶沥青层上，用胶轮压路机进行嵌挤碾压，橡胶沥青被挤压到石料高度的约 3/4，石料嵌锁形成后将构成结构性支撑，这时所形成的碎石封层模式的路面。它具有抗反射裂缝、抗水损坏和黏结作用好的特点。

与常规沥青混合料相比，橡胶沥青混合料拥有较高的沥青用量(7.5%左右)，有开级配和间断级配两种类型。

开级配橡胶沥青混合料，由高用量橡胶沥青(9%~10%)与以单一粒径碎石为主的集料拌和而成，具有良好的抗滑、防溅水、降噪声和持久稳定性，是高速公路和城市快速道路的理想表面层材料。同时开级配混合料因具有突出的抗反射裂缝能力，被广泛用于水泥路面超薄罩面。

间断级配橡胶沥青混合料，由中间粒径间断级配与橡胶沥青拌和而成，由于具备较好的表面构造、密水性、抗剪切稳定性，间断级配橡胶沥青混合料被普遍用于交叉和变速较多的城市道路面层和补强结构。

六、彩色沥青路面

彩色沥青路面，是指脱色沥青与各种颜色石料、色料和添加剂等材料在特定的温度下混合拌和，即可配制成各种色彩的沥青混合料，再经过摊铺、碾压而形成具有一定强度和路用性能的彩色沥青路面。

彩色沥青路面性能特点如下：

(1)具有良好的路用性能，在不同的温度和外部环境作用下，其高温稳定性、抗水损坏性及耐久性均非常好，且不出现变形、沥青膜剥落等现象，与基层黏结性良好。

(2)色泽鲜艳持久、不褪色、能耐 77 ℃的高温和 -23 ℃的低温，维护方便。

(3)具有较强的吸音功能，汽车轮胎在马路上高速滚动时，不会因空气压缩产生强大的噪声，同时还能吸收来自外界的其他噪声。

(4)具有良好的弹性和柔性，"脚感"好，最适合老年人散步，且冬天还能防滑，再加上色彩主要来自石料自身颜色，也不会对周围环境造成危害。

彩色沥青路面的主要用途有以下几点：

(1)方便交通管理。如专用于公共交通的公交车道、自行车道、小型机动车道，专用于紧急服务和贵宾证持有者的电子收费站车道。

(2)防止交通事故。彩色防滑系统有卓越的防滑性能，尤其是阴雨天气可以消除水膜现象对道路安全造成的隐患。此外，使用在急转弯和斜坡时，汽车打滑和侧滑被显著地降低了，这对于跨线桥、高速公路出入口和高速公路收费站前后等需要快速降低车速的区域尤为适用。

(3)交通减速提示。彩色沥青路面在一些减速带进行色彩的区分,可以有效减少交通违规,增加交通行驶安全。

(4)吸收噪声,美化环境。彩色沥青路面的普及可以在很大程度上改观城市的形象,体现城市的特色。彩色沥青路面有较好的吸音效果,可以使城市噪声污染减小,也可有效改善公路上汽车噪声的污染。

思考题

1. 沥青路面设计应遵循哪些原则?
2. 沥青混合料路面类型有哪些? 如何应用?
3. 试说明沥青路面结构组合类型和设计方法与要求。
4. 沥青路面结构层设计的理论基础与控制指标有哪些?
5. 新型沥青路面有哪些? 其特点是什么?
6. 旧沥青路面的处理与加铺罩面层的技术要求是什么?

实训题

1. 根据表 8-17,进行标准轴载换算。

表 8-17　我国常用汽车路面设计参数

汽车型号	总重(kN)	载重(kN)	前轴重(kN)	后轴重(kN)	后轴数	轮组数	日交通量(次)
解放 CA390	105.15	60.15	35.00	70.15	1	双	300
东风 EQ140	92.90	50.00	23.70	69.20	1	双	350
黄河 JN150	150.60	82.60	49.00	101.60	1	双	150
黄河 JN162	174.50	100.00	59.50	115.00	1	双	120

(1)以设计弯沉值和沥青层层底拉应力为指标时的标准轴载换算。

(2)以半刚性材料层的拉应力为设计指标时的标准轴载换算。

(3)路面设计年限 15 年,分析交通等级。

2. 根据当地实际,调查 1 ~3 条高速公路或一级公路典型沥青路面结构,并对其交通等级、当地材料类型、结构特点和性能进行分析。

第九章　沥青路面施工

学习目标

了解沥青路面材料在公路上的应用，熟悉沥青表面处治与封层、沥青贯入式路面施工工艺，掌握热拌沥青混合料路面施工技术要求，了解冷拌沥青混合料路面、其他路面铺装施工技术。

第一节　沥青路面材料

沥青类路面通常采用的沥青材料有道路石油沥青、乳化沥青、液体石油沥青、煤沥青、改性沥青，以及粗集料、细集料、填料和纤维稳定剂等。

一、道路石油沥青

道路石油沥青是沥青路面混合材料中的胶结材料，它的性能直接影响沥青路面的使用品质和寿命。道路石油沥青分为A、B、C级三个等级，分别适用于不同等级的公路和不同的结构层次。选用沥青材料应符合表9-1的规定。

表9-1　道路石油沥青的适用范围

沥青等级	适用范围
A级沥青	各个等级的公路，适用于任何场合和层次
B级沥青	①高速公路、一级公路沥青下面层及以下的层次，二级及二级以下公路的各个层次； ②用作改性沥青、乳化沥青、改性乳化沥青、稀释沥青的基质沥青
C级沥青	三级及三级以下公路的各个层次

沥青路面采用的沥青标号，宜按照公路等级、气候条件、交通条件、路面类型及在结构层中的层位及受力特点、施工方法等，结合当地的使用经验，经技术论证后确定。

对高速公路、一级公路，夏季温度高、高温持续时间长、重载交通、山区及丘陵区上坡路段、服务区、停车场等行车速度慢的路段，尤其是汽车荷载剪应力大的层次，宜采用稠度大、60 ℃黏度大的沥青，也可提高高温气候分区的温度水平后，再选用沥青等级；对冬季寒冷的地区或交通量小的公路、旅游公路宜选用稠度小、低温延度大的沥青；对温度日温差、年温差大的地区宜注意选用针入度指数大的沥青。当高温要求与低温要求发生矛盾时应优先考虑满足高温性能的要求。

当缺乏所需标号的沥青时，可采用不同标号掺配的调和沥青，其掺配比例由试验决定。

沥青必须按品种、标号分开存放。除长期不使用的沥青可放在自然温度下贮存外，沥青在储罐中的贮存温度不宜低于130 ℃，并不得高于170 ℃。桶装沥青应直立堆放，加盖苫布。道路石油沥青在贮运、使用及存放过程中应有良好的防水措施，避免雨水或加热管道蒸汽进入沥青中。

二、乳化沥青

乳化沥青在常温下具有较好的流动性，可以在常温下进行喷洒、贯入或拌和摊铺，现场无须加热，施工程序简便、环保。乳化沥青按乳化剂的不同，分为三大类：阳离子乳化沥青、阴离子乳化沥青、非离子乳化沥青。乳化沥青适用于沥青表面处治、沥青贯入式路面、冷拌沥青混合料，修补裂缝，喷洒透层、黏层与封层等。乳化沥青的品种和适用范围宜符合表9-2的规定。乳化沥青的质量应符合技术规范的规定，在高温条件下宜采用黏度较大的乳化沥青，寒冷条件下宜使用黏度较小的乳化沥青。

表9-2　乳化沥青品种及适用范围

分类	品种及代号	适用范围
阳离子乳化沥青	PC-1	表面处治、贯入式路面及下封层用
	PC-2	透层油及基层养生用
	PC-3	黏层油用
	BC-1	稀浆封层或冷拌沥青混合料用
阴离子乳化沥青	PA-1	表面处治、贯入式路面及下封层用
	PA-2	透层油及基层养生用
	PA-3	黏层油用
	BA-1	稀浆封层或冷拌沥青混合料用
非离子乳化沥青	PN-2	透层油用
	BN-1	与水泥稳定集料同时使用(基层路拌或再生)

乳化沥青类型根据集料品种及使用条件选择。阳离子乳化沥青可适用于各种集料品种，阴离子乳化沥青适用于碱性石料。乳化沥青的破乳速度、黏度宜根据用途与施工方法选择。制备乳化沥青用的基质沥青，对高速公路和一级公路，宜符合道路石油沥青A、B级沥青的要求，其他情况可采用C级沥青。乳化沥青宜存放在立式罐中，并保持适当搅拌，贮存期以不离析、不冻结、不破乳为度。

三、液体石油沥青

液体石油沥青适用于透层、黏层及拌制冷拌沥青混合料。根据使用目的与场所，可选用快凝、中凝、慢凝的液体石油沥青，其质量应符合技术规定。

液体石油沥青宜采用针入度较大的石油沥青，使用前按先加热沥青后加稀释剂的顺序，掺配煤油或轻柴油，经适当的搅拌、稀释制成。掺配比例根据使用要求由试验确定。液体石油沥青在制作、贮存、使用的全过程中必须通风良好，并有专人负责，确保安全。基质沥青的加热温度严禁超过140 ℃，液体沥青的贮存温度不得高于50 ℃。

四、煤沥青

道路用煤沥青的标号应根据气候条件、施工温度、使用目的选用。道路用煤沥青适用于下列情况：

(1)各种等级公路的各种基层上的透层，宜采用T-1级或T-2级，其他等级不符合喷洒要求时可适当稀释使用。

(2)三级及三级以下的公路铺筑表面处治或沥青贯入式路面，宜采用T-5、T-6级或T-7级。

(3)与道路石油沥青、乳化沥青混合使用，以改善渗透性。

道路用煤沥青严禁用于热拌热铺的沥青混合料，作其他用途时的贮存温度宜为70～90 ℃，且不得长时间贮存。

五、改性沥青

改性沥青可单独或复合采用高分子聚合物、天然沥青及其他改性材料制作。制造改性沥青的基质沥青应与改性剂有良好的配伍性，其质量宜符合A级或B级道路石油沥青的技术要求。供应商在提供改性沥青的质量报告时应提供基质沥青的质量检验报告或沥青样品。天然沥青可以单独与石油沥青混合使用或与其他改性沥青混融后使用。

改性沥青宜在固定式工厂或在现场设厂集中制作，也可在拌和厂现场边制作边使用，改性沥青的加工温度不宜超过180 ℃。胶乳类改性剂和制成颗粒的改性剂可直接投入拌和缸中生产改性沥青混合料。

现场制作的改性沥青宜随配随用，需作短时间保存，或运送到附近的工地时，使用前必须搅拌均匀，在不发生离析的状态下使用。改性沥青制作设备必须设有随机采集样品的取样口，采集的试样宜立即在现场灌模。工厂制作的成品改性沥青到达施工现场后存贮在改性沥青罐中，改性沥青罐中必须加设搅拌设备并进行搅拌，使用前改性沥青必须搅拌均匀。在施工过程中应定期取样检验产品质量，发现离析等质量不符合要求的改性沥青不得使用。

六、改性乳化沥青

改性乳化沥青宜按表9-3选用。

表9-3　改性乳化沥青的品种和适用范围

品种		代号	适用范围
改性乳化沥青	喷洒型改性乳化沥青	PCR	黏层、封层、桥面防水黏结层用
	拌和用乳化沥青	BCR	改性稀浆封层和微表处用

七、粗集料

沥青层用粗集料包括碎石、破碎砾石、筛选砾石、钢渣、矿渣等，但高速公路和一级公路不得使用筛选砾石和矿渣。粗集料必须由具有生产许可证的采石场生产或施工单位自行加工。粗集料应该洁净、干燥、表面粗糙,质量应符合规定。当单一规格集料的质量指标达不到沥青混合料用粗集料质量技术要求,而按照集料配比计算的质量指标符合要求时,工程上允许使用。对受热易变质的集料,宜采用经拌和机烘干后的集料进行检验。

采石场在生产过程中必须彻底清除覆盖层及泥土夹层。生产碎石用的原石不得含有土块、杂物,集料成品不得堆放在泥土地上。

八、细集料

沥青路面的细集料包括天然砂、机制砂、石屑。细集料必须由具有生产许可证的采石场、采砂场生产。细集料应洁净、干燥、无风化、无杂质,并有适当的颗粒级配,其质量应符合沥青混合料细集料质量技术要求。细集料的洁净程度,天然砂以小于0.075 mm含量的百分数表示,石屑和机制砂以砂当量(适用于0~4.75 mm)或亚甲蓝值(适用于 0~2.36 mm或0~0.15 mm)表示。

热拌密级配沥青混合料中天然砂的用量通常不宜超过集料总量的20%,SMA和OGFC混合料不宜使用天然砂。

石屑是采石场破碎石料通过4.75 mm或2.36 mm的筛下部分。采石场在生产石屑的过程中应具备抽吸设备,高速公路和一级公路的沥青混合料,宜将S14与S16组合使用,S15可在沥青稳定碎石基层或其他等级公路中使用。机制砂宜采用专用的制砂机制造,并选用优质石料生产,其级配应符合S16的要求。

九、填料

沥青混合料的矿粉必须采用石灰岩或岩浆岩中的强基性岩石等憎水性石料经磨细得到的矿粉,原石料中的泥土杂质应除净。矿粉应干燥、洁净,能自由地从矿粉仓流出。

拌和机的粉尘可作为矿粉的一部分回收使用,但每盘用量不得超过填料总量的25%,掺有粉尘填料的塑性指数不得大于4%。粉煤灰作为填料使用时,用量不得超过填料总量的50%,粉煤灰的烧失量应小于12%,与矿粉混合后的塑性指数应小于4%,其余质量要求与矿粉相同。高速公路、一级公路的沥青面层不宜采用粉煤灰作填料。

十、纤维稳定剂

在沥青混合料中掺加的纤维稳定剂宜选用木质素纤维、矿物纤维等,木质素纤维的质量应符合表9-4的技术要求。

表9-4　木质素纤维质量技术要求

项目	单位	指标	试验方法
纤维长度,不大于	mm	6	水溶液用显微镜观测
灰分含量	%	18±5	高温590~600 ℃燃烧后测定残留物
pH值		7.5±1.0	水溶液用pH试纸或pH计测定
吸油率,不小于		纤维质量的5倍	用煤油浸泡后放在筛上经振敲后称量
含水率(以质量计),不大于	%	5	105 ℃烘箱烘2 h后冷却称量

纤维应在250 ℃的干拌温度不变质、不发脆，使用纤维必须符合环保要求，不危害身体健康。纤维必须在混合料拌和过程中能充分分散均匀。矿物纤维宜采用玄武岩等矿石制造，易影响环境及造成人体伤害的石棉纤维不宜直接使用。

纤维应存放在室内或有棚盖的地方，松散纤维在运输及使用过程中应避免受潮，不结团。纤维稳定剂的掺加比例以沥青混合料总量的质量百分率计算，通常情况下用于SMA路面的木质素纤维不宜低于0.3%，矿物纤维不宜低于0.4%，必要时可适当增加纤维用量。纤维掺加量的允许误差宜不超过±5%。

第二节 沥青表面处治与封层施工

一、沥青表面处治

沥青表面处治适用于三级及三级以下公路的沥青面层。各种封层适用于加铺薄层罩面、磨耗层、水泥混凝土路面上的应力缓冲层、各种防水和密水层、预防性养护罩面层。沥青表面处治与封层宜选择在干燥和较热的季节施工，并在最高温度低于15 ℃到来以前半个月及雨季前结束。

（一）施工准备

沥青表面处治施工应在路缘石安装完成以后进行，基层必须清扫干净。施工前应检查沥青洒布车的油泵系统、输油管道、油量表、保温设备等，确保机械设备的完好性能。

在清扫干净的碎（砾）石路面上铺筑沥青表面处治时，应喷洒透层油。在旧沥青路面、水泥混凝土路面、块石路面上铺筑沥青表面处治路面时，可在第一层沥青用量中增加10%～20%，不再另洒透层油或黏层油。

沥青表面处治喷洒沥青材料时应对道路人工构造物、路缘石等外露部分作防污染遮盖。沥青表面处治施工应确保各工序紧密衔接，每个作业段长度应根据施工能力确定，并在当天完成。人工撒布集料时应等距离划分段落备料。

（二）施工方法

层铺法沥青表面处治路面宜采用沥青洒布车及集料撒布机联合作业。沥青洒布车喷洒沥青时应保持稳定速度和喷洒量，并保持整个洒布宽度喷洒均匀。小规模工程可采用机动或手摇的手工沥青洒布机洒布沥青。洒布设备的喷嘴应适用于沥青的稠度，确保能成雾状，与洒油管成15°～25°的夹角，洒油管的高度应使同一地点接收2～3个喷油嘴喷洒的沥青，不得出现花白条。

按照洒布沥青及铺撒矿料的层次多少，沥青表面处治可分为单层式、双层式和三层式三种。三层式沥青表面处治的施工工艺应按下列步骤进行：

（1）清扫基层，洒布第一层沥青。沥青的洒布温度根据气温及沥青标号选择，石油沥青宜为130～170 ℃，煤沥青宜为80～120 ℃，乳化沥青在常温下洒布，加温洒布的乳液温度不得超过60 ℃。前后两车喷洒的接茬处用铁板或建筑纸铺1～1.5 m，使搭接良好。分几幅浇洒时，纵向搭接宽度宜为100～150 mm。洒布第二、三层沥青的搭接缝应错开。

（2）洒布主层沥青后应立即用集料撒布机或人工撒布第一层主集料。撒布集料后应及时扫匀，达到全面覆盖、厚度一致、集料不重叠，也不露出沥青的要求。局部有缺料时适当找补，集料过多的将多余集料扫出。两幅搭接处，第一幅洒布沥青应暂留 100 ~ 150 mm 宽度不撒布石料，待第二幅一起洒布。

(3)撒布主集料后，不必等全段撒布完，立即用 6 ~ 8 t 钢筒双轮压路机从路边向路中心碾压 3 ~ 4 遍，每次轮迹重叠约 300 mm。碾压速度开始不宜超过 2 km/h，以后可适当增加。

(4)第二、三层的施工方法和要求应与第一层相同，但可以采用 8 t 以上的压路机碾压。双层式或单层式沥青表面处治浇洒沥青及撒布集料的次数相应减少，其施工程序和要求同上述步骤。

(5)除乳化沥青表面处治应待破乳、水分蒸发并基本成型后方可通车外，沥青表面处治在碾压结束后即可开放交通，并通过开放交通补充压实，成型稳定。在通车初期应设专人指挥交通或设置障碍物控制行车，限制行车速度不超过 20 km/h，严禁畜力车及铁轮车行驶，使路面全部宽度均匀压实。沥青表面处治应注意初期养护。当发现有泛油时，应在泛油处补撒与最后一层石料规格相同的嵌缝料并扫匀，过多的浮料应扫出路外。

二、封层

封层是为了封闭路面结构层的表面空隙，防止水分浸入面层或基层而铺筑的沥青混合料薄层。其中，铺筑在面层表面的称为上封层，铺筑在面层下面的称为下封层。

上封层的类型根据使用目的、路面的破损程度按以下方式选用：裂缝较细、较密的可采用涂洒类密封剂、软化再生剂等涂刷罩面；对二级及二级以下公路的旧沥青路面可以采用普通的乳化沥青稀浆封层，也可在喷洒道路石油沥青后撒布石屑(砂)后碾压作为封层；对高速公路、一级公路有轻微损坏的宜铺筑微表处；对用于改善抗滑性能的上封层，可采用稀浆封层、微表处或改性沥青集料封层。

下封层宜采用层铺法表面处治或稀浆封层法施工。稀浆封层可采用乳化沥青或改性乳化沥青作结合料。下封层的厚度不宜小于 6 mm，且做到完全密水。以层铺法沥青表面处治铺筑下封层时，通常采用单层式，矿料用量宜为 5 ~ 8 m^3/1 000 m^2，沥青用量可采用要求范围的中高限。

封层的施工采用拌和法铺筑上封层及下封层，其施工流程：备料→基础准备→洒布沥青→撒布矿料→碾压→初期养护。

(一)准备工作和路面附属物的处理

在沥青表面处治施工前，应对基础及路面附属物，如路缘石、雨水口及各种管线检查井等进行处理，对不符合施工要求的基础和附属物进行整修。同时，根据施工计划准备需要的工程材料。在表面处治层施工前，应将路面基层清扫干净，使基层矿料大部分外露，并保持干燥。对有坑槽、不平整的路段应先修补和整平。若基础是路面基层，需浇洒透层沥青；若基层整体强度不足，则应先予补强。

(二)洒布沥青

在基层施工后，基层表面略干稍余水分时，乳化沥青由于有亲水性，沥青微粒随水分即能较好地渗入基层，一般在基层施工完成后 1 ~ 2 h 洒布。乳化沥青洒布应均匀、数量准确,无花白条。

沥青洒布的长度应与矿料铺撒相配合,应避免沥青洒布后等待较长时间才铺撒矿料。在每段接茬处,可用铁板或建筑纸等横铺在本段起洒点前及终点后,宽度为1.0~1.5 m。如需分两幅洒布,应保证接茬搭接良好,纵向搭接宽度宜为10~15 cm。

(三)集料撒布

在乳化沥青适当下渗和破乳之前进行集料撒布。两幅搭接处,第一幅洒布沥青后应暂留10~15 cm宽度不撒矿料,待第二幅洒布沥青后一起铺撒矿料。

(四)碾压

撒布一段石屑后应立即用6~8 t胶轮压路机碾压,碾压速度开始不宜超过2 km/h,以后适当增加。碾压宜"先边后中",叠压宽度30 cm,碾压3~4遍。

(五)初期养护

除乳化沥青表面处治应待破乳后水分蒸发并基本成型后方可通车外,其他沥青表面处治在碾压结束后即可开放交通。通车初期应设专人指挥交通或设置障碍物控制行车,使路面全部宽度获得均匀压实。成型前应限制行车速度不超过20 km/h。

在通车初期,如有泛油现象,应在泛油地点补撒与最后一层矿料规格相同的养护料(城市道路的养护料,宜在施工时与最后一遍料一起铺撒),并仔细扫匀,过多的浮动矿料应扫出路面外,以免搓动其他已经黏着在位的矿料,当有其他破坏现象,应及时进行修补。

三、稀浆封层和微表处

稀浆封层一般用于二级及二级以下公路的预防性养护,也适用于新建公路的下封层。微表处主要用于高速公路及一级公路的预防性养护以及填补轻度车辙,也适用于新建公路的抗滑磨耗层。

稀浆封层和微表处必须使用专用的摊铺机进行摊铺。单层微表处适用于旧路面车辙深度不大于15 mm的情况,超过15 mm的必须分两层铺筑,或先用V字形车辙摊铺箱摊铺,深度大于40 mm时不适宜微表处处理。

稀浆封层和微表处施工前,应彻底清除原路面的泥土、杂物,修补坑槽、凹陷,较宽的裂缝宜清理灌缝。在水泥混凝土路面上铺筑微表处时宜洒布黏层油,过于光滑的表面需拉毛处理。

稀浆封层和微表处两幅纵缝搭接的宽度不宜超过80 mm,横向接缝宜做成对接缝。分两层摊铺时,第一层摊铺后至少应开放交通24 h后方可进行第二层摊铺。稀浆封层和微表处铺筑后的表面不得有超粒径料拖拉的严重划痕,横向接缝和纵向接缝处不得出现余料堆积或缺料现象,用3 m直尺测量接缝处的不平整度不得大于6 mm。微表处路面不得有横向波浪和深度超过6 mm的纵向条纹。经养生和初期交通碾压稳定的稀浆封层和微表处,在行车作用下应不飞散且完全密水。

稀浆封层和微表处的最低施工温度不得低于10 ℃,严禁在雨天施工,摊铺后尚未成型的混合料遇雨时应予铲除。

第三节　沥青贯入式路面施工

沥青贯入式路面是在初步压实的碎石层上，分层浇洒沥青、撒布嵌缝料，或再在上部铺筑热拌沥青混合料封层，经压实而成的沥青路面。沥青贯入式路面适用于三级及三级以下公路，也可作为沥青路面的联结层或基层。

沥青贯入式结构层是一种多孔结构，它的强度主要依靠碎石之间的嵌挤锁结作用，沥青只起黏结碎石的作用，故温度稳定性较好，抗滑性能也好，其厚度宜为 40 ~ 80 mm。为了防止路表水的浸入，沥青贯入式路面应设置封层。下部采用层铺法施工，上部铺筑热拌沥青混合料封层形成的沥青路面也叫作上拌下贯沥青路面。其总厚度宜为 70 ~ 100 mm，其中拌和层的厚度宜为 25 ~ 40 mm。它属于贯入式结构层，但综合了贯入式和热拌沥青混合料的施工特点，具有成型快、质量易控制、平整度较好等优点。沥青贯入式路面的最上层应撒布封层料或加铺拌和层。沥青贯入层作为联结层使用时，可不撒表面封层料。

沥青贯入式路面宜选择在干燥和较热的季节施工，并宜在日最高温度降低至 15 ℃以前半个月结束，使贯入式结构层通过开放交通碾压成型。

一、施工准备

沥青贯入式路面施工前，基层必须清扫干净。当需要安装路缘石时，应在路缘石安装完成后施工。路缘石应予遮盖。乳化沥青贯入式路面必须浇洒透层或黏层沥青。沥青贯入式路面厚度小于或等于 5 cm 时，也应浇洒透层或黏层沥青。

二、施工方法

沥青贯入式路面的施工应按下列步骤进行：

(1)采用碎石摊铺机、平地机或人工摊铺主层集料。铺筑后严禁车辆通行。

(2)碾压主层集料。撒布后应采用 6 ~ 8 t 的轻型钢筒式压路机自路两侧向路中心碾压，碾压速度宜为 2 km/h，每次轮迹重叠约 30 cm。碾压一遍后检验路拱和纵向坡度，当不符合要求时，应调整找平后再压。然后用重型的钢轮压路机碾压，每次轮迹重叠 1/2 左右，宜碾压 4 ~ 6 遍，直至主层集料嵌挤稳定，无显著轮迹。

(3)浇洒第一层沥青。采用乳化沥青贯入时，为防止乳液下漏过多，可在主层集料碾压稳定后，先撒布一部分上一层嵌缝料，再浇洒主层沥青。

(4)采用集料撒布机或人工撒布第一层嵌缝料。撒布后尽量扫匀，不足处应找补。当使用乳化沥青时，石料撒布必须在乳液破乳前完成。

(5)立即用 8 ~ 12 t 钢筒式压路机碾压嵌缝料，轮迹重叠轮宽的 1/2 左右，宜碾压 4 ~ 6 遍，直至稳定。碾压时随压随扫，使嵌缝料均匀嵌入。因气温较高在碾压过程中发生较大推移现象时，应立即停止碾压，待气温稍低时再继续碾压。

(6)按上述方法浇洒第二层沥青、撒布第二层嵌缝料，然后碾压，再浇洒第三层沥青。

(7)按撒布嵌缝料方法撒布封层料。

(8)采用 6 ~ 8 t 压路机作最后碾压，宜碾压 2 ~ 4 遍，然后开放交通。

铺筑上拌下贯式路面时，贯入层不撒布封层料，拌和层应紧跟贯入层施工，使上下成为一个整体。贯入部分采用乳化沥青时应待其破乳、水分蒸发且成型稳定后方可铺筑拌和层，当拌和层与贯入部分不能连续施工，且要在短期内通行施工车辆时，贯入层部分的第二遍嵌缝料应增加用量 2 ~ 3 m^3/1 000 m^2，在摊铺拌和层沥青混合料前，应作补充碾压，并浇洒黏层沥青。

第四节　热拌沥青混合料路面施工

热拌沥青混合料(HMA)是由矿料与沥青结合料拌和而成的混合料的总称。热拌沥青混合料(HMA)适用于各种等级公路的沥青路面。其种类按集料公称最大粒径、矿料级配、空隙率划分，分类见表 9-5。

表 9-5　热拌沥青混合料种类

混合料类型	密级配		开级配			半开级配	公称最大粒径(mm)	最大粒径(mm)
	连续级配		间断级配	间断级配				
	沥青混凝土	沥青稳定碎石	沥青玛琋脂碎石	排水式沥青磨耗层	排水式沥青碎石基层	沥青稳定碎石		
特粗式	—	ATB－40	—	—	ATPB－40	—	37.5	53.0
粗粒式	—	ATB－30	—	—	ATPB－30	—	31.5	37.5
	AC－25	ATB－25	—	—	ATPB－25	—	26.5	31.5
中粒式	AC－20	—	SMA－20	—	—	AM－20	19.0	26.5
	AC－16	—	SMA－16	OGFC－16	—	AM－16	16.0	19.0
细粒式	AC－13	—	SMA－13	OGFC－13	—	AM－13	13.2	16.0
	AC－10	—	SMA－10	OGFC－10	—	AM－10	9.5	13.2
砂粒式	AC－5	—	—	—	—	AM－5	4.75	9.5
设计空隙率(%)	3 ~ 5	3 ~ 6	3 ~ 4	>18	>18	6 ~ 12		

注：空隙率可按配合比设计要求适当调整。

各层沥青混合料应满足所在层位的功能性要求，便于施工，不容易离析。各层应连续施工并联结成为一个整体。当发现混合料结构组合及级配类型的设计不合理时应进行修改、调整，以确保沥青路面的使用性能。沥青面层集料的最大粒径宜从上至下逐渐增大，并应与压实层厚度相匹配。对热拌热铺密级配沥青混合料，沥青层一层的压实厚度不宜小于集料公称最大粒径的 2.5 ~ 3 倍，对 SMA 和 OGFC 等嵌挤型混合料不宜小于公称最大粒径的 2 ~ 2.5 倍，以减少离析，便于压实。

一、配合比设计

我国现行《公路沥青路面施工技术规范》(JTG F40—2004)规定，我国沥青混凝土配合比设计采用马歇尔试验配合比设计方法。该方法是先按配合比设计拌制沥青混合料，然后制成规定尺寸的试件，12 h 后测定其物理指标（包括表观密度、空隙率、沥青饱和度、矿料间隙率等），然后测定稳定度和流值。

高等级公路沥青混合料的配合比设计应在调查以往同类材料的配合比设计经验和使用效果的基础上按以下步骤进行：

(1)目标配合比设计阶段：利用实际工程使用的材料，按照《公路沥青路面施工技术规范》(JTG F40—2004)中要求的方法，优选矿料级配，确定沥青最佳用量，使之符合配合比设计技术标准和检验要求，并依次作为设计目标配合比，供拌和机确定各冷料仓的供料比例、进料速度及试拌使用。

(2)生产配合比设计阶段：当使用间歇式拌和机时，应按规定的方法取样测试各料仓的材料级配，确定各热料仓的配合比，供拌和机控制室使用，并选择适宜的筛孔尺寸和安装角度，使各料仓的供料大体平衡；对连续式拌和机可省略生产配合比设计步骤。

(3)生产配合比验证阶段：拌和机按照生产配合比结果进行试拌、铺筑试验段，并取样进行马歇尔试验，同时从路上钻取芯样观察孔隙率的大小，由此确定生产用的标准配合比。对确定的标准配合比应再次进行车辙试验和水稳性试验。

(4)确定施工级配允许波动的范围。根据标准配合比和规范中规定的质量管理中的各筛孔的允许波动范围，制定施工用的级配控制范围，用于检查施工中沥青混合料的生产质量。

经设计确定的标准配合比在施工过程中不得随意更改。在生产过程中应加强跟踪检测，严格控制进场材料的质量。如果材料发生变化，经检测沥青混合料的矿料级配、马歇尔技术指标不符合要求，应及时调整配合比，使沥青混合料的质量符合要求并保持相对稳定，必要时重新进行配合比设计。

二级及二级以下公路的热拌沥青混合料的配合比设计可按以上方法进行。当材料和同类道路完全相同时，也可直接引用成功的经验。

二、沥青路面施工技术要求

(一)施工准备

(1)铺筑沥青层前，应检查基层或下卧沥青层的质量，不符合要求的不得铺筑沥青面层。旧沥青路面或下卧沥青层已被污染时，必须清洗或经铣刨处理后方可铺筑沥青混合料。

(2)石油沥青加工及沥青混合料施工温度应根据沥青标号及黏度、气候条件、铺装层的厚度确定。普通沥青结合料的施工温度宜通过在 135 ℃及 175 ℃条件下测定的黏度—温度曲线确定。缺乏黏度—温度曲线数据时，可参照表 9-6 的范围选择，并根据实际情况确定使用高值或低值。当表中温度不符合实际情况时，容许作适当调整。

(二)沥青混合料的拌制

沥青混合料必须在沥青拌和厂(场、站)采用拌和机械拌制。拌和厂与工地现场距离应充分考虑交通堵塞的可能，确保混合料的温度下降不超过要求，且不致因颠簸造成混合料离析。拌和厂应具有完备的排水设施。各种集料必须分隔贮存，细集料应设防雨顶棚，料场及场内道路应作硬化处理，严禁泥土污染集料。沥青混合料可采用间歇式拌和机或连续式拌和机拌制。

表 9-6　热拌沥青混合料的施工温度　（单位：℃）

<table>
<tr><th colspan="2" rowspan="2">施工工序</th><th colspan="4">石油沥青的标号</th></tr>
<tr><th>50 号</th><th>70 号</th><th>90 号</th><th>110 号</th></tr>
<tr><td colspan="2">沥青加热温度</td><td>160 ~ 170</td><td>155 ~ 165</td><td>150 ~ 160</td><td>145 ~ 155</td></tr>
<tr><td rowspan="2">矿料加热温度</td><td>间隙式拌和机</td><td colspan="4">集料加热温度比沥青温度高 10 ~ 30</td></tr>
<tr><td>连续式拌和机</td><td colspan="4">矿料加热温度比沥青温度高 5 ~ 10</td></tr>
<tr><td colspan="2">沥青混合料出料温度</td><td>150 ~ 170</td><td>145 ~ 165</td><td>140 ~ 160</td><td>135 ~ 155</td></tr>
<tr><td colspan="2">混合料贮料仓贮存温度</td><td colspan="4">贮料过程中温度降低不超过 10</td></tr>
<tr><td colspan="2">混合料废弃温度，高于</td><td>200</td><td>195</td><td>190</td><td>185</td></tr>
<tr><td colspan="2">运输到现场温度，不低于</td><td>150</td><td>145</td><td>140</td><td>135</td></tr>
<tr><td rowspan="2">混合料摊铺温度，
不低于</td><td>正常施工</td><td>140</td><td>135</td><td>130</td><td>125</td></tr>
<tr><td>低温施工</td><td>160</td><td>150</td><td>140</td><td>135</td></tr>
<tr><td rowspan="2">开始碾压的混合料内部
温度，不低于</td><td>正常施工</td><td>135</td><td>130</td><td>125</td><td>120</td></tr>
<tr><td>低温施工</td><td>150</td><td>145</td><td>135</td><td>130</td></tr>
<tr><td rowspan="3">碾压终了的表面
温度，不低于</td><td>钢轮压路机</td><td>80</td><td>70</td><td>65</td><td>60</td></tr>
<tr><td>轮胎压路机</td><td>85</td><td>80</td><td>75</td><td>70</td></tr>
<tr><td>振动压路机</td><td>75</td><td>70</td><td>60</td><td>55</td></tr>
<tr><td colspan="2">开放交通的路表温度，不高于</td><td>50</td><td>50</td><td>50</td><td>45</td></tr>
</table>

注：1. 沥青混合料的施工温度采用具有金属探测针的插入式数显温度计测量。表面温度可采用表面接触式温度计测定。当采用红外线温度计测量表面温度时，应进行标定。

2. 表中未列入的 130 号、160 号及 30 号沥青的施工温度由试验确定配合比设计。

高速公路和一级公路宜采用间歇式拌和机拌和。连续式拌和机使用的集料必须稳定不变，一个工程从多处进料、料源或质量不稳定时，不得采用连续式拌和机。沥青混合料拌和设备的各种传感器必须定期检定，周期不少于每年一次。冷料供料装置需经标定得出集料供料曲线。

集料与沥青混合料取样应符合现行试验规程的要求。从沥青混合料运料车上取样时必须在设置取样台分几处采集一定深度下的样品。集料进场宜在料堆顶部平台卸料，经推土机推平后，铲运机从底部按顺序竖直装料，减小集料离析。

高速公路和一级公路施工用的间歇式拌和机必须配备计算机设备，在拌和过程中逐盘采集并打印各个传感器测定的材料用量和沥青混合料拌和量、拌和温度等各种参数，每个台班结束时打印出一个台班的统计量，进行沥青混合料生产质量及铺筑厚度的总量检验，总量检验的数据有异常波动时，应立即停止生产，分析原因。

沥青混合料的生产温度应符合要求。烘干集料的残余含水量不得大于1%。每天开始几盘集料应提高加热温度，并干拌几锅集料废弃，再正式加沥青拌和混合料。拌和机的矿粉仓应配备振动装置以防止矿粉起拱。添加消石灰、水泥等外掺剂时,宜增加粉料仓,也可由专用管线和螺旋升送器直接加入拌和锅,若与矿粉混合使用应注意防止二者因密度不同发生离析。

沥青混合料出厂时应逐车检测沥青混合料的重量和温度,记录出厂时间,签发运料单。沥青混合料拌和站参见图 9-1。

图 9-1 沥青混合料拌和站

(三)混合料的运输

热拌沥青混合料宜采用较大吨位的运料车运输,但不得超载运输,或急刹车、急弯掉头造成透层、封层损伤。运料车的运力应稍有富余,在施工过程中摊铺机前方应有运料车等候。对高速公路、一级公路,宜待等候的运料车多于 5 辆后开始摊铺。运料车每次使用前后必须清扫干净,在车厢板上涂一薄层防止沥青黏结的隔离剂或防黏剂,但不得有余液积聚在车厢底部。从拌和机向运料车上装料时,应多次挪动汽车位置,平衡装料,以减少混合料离析。运料车运输混合料宜用苫布覆盖保温、防雨、防污染。运料车进入摊铺现场时,轮胎上不得沾有泥土等可能污染路面的脏物,否则宜设水池洗净轮胎后进入工程现场。沥青混合料在摊铺地点凭运料单接收,若混合料不符合施工温度要求,或已经结成团块、已遭雨淋的不得铺筑。

摊铺过程中运料车应在摊铺机前 100 ~ 300 mm 处停住,空挡等候,由摊铺机推动前进开始缓缓卸料,避免撞击摊铺机。在有条件时,运料车可将混合料卸入转运车,经二次拌和后向摊铺机连续均匀地供料。运料车每次卸料必须倒净,尤其是对改性沥青或 SMA 混合料,如有剩余,应及时清除,防止硬结。

(四)沥青混合料的摊铺

热拌沥青混合料应采用沥青摊铺机摊铺,在喷洒有黏层油的路面上铺筑改性沥青混合料或 SMA 时,宜使用履带式摊铺机。摊铺机的受料斗应涂刷薄层隔离剂或防黏结剂。沥青摊铺机摊铺作业如图 9-2 所示。

1. 沥青摊铺机摊铺技术要求

(1)铺筑高速公路、一级公路沥青混合料时,一台摊铺机的铺筑宽度不宜超过 6 m(双车道)~7.5 m(3 车道以上),通常宜采用两台或更多台数的摊铺机前后错开 10 ~ 20 m 成梯队方式同步摊铺,两幅之间应有 30 ~ 60 mm 宽度的搭接,并避开车道轮迹带,上下层的搭接位置宜错开 200 mm 以上。

图 9-2　沥青摊铺机摊铺作业

(2)摊铺机开工前应提前 0.5 ~ 1 h 预热,熨平板不低于 100 ℃。在铺筑过程中应使熨平板的振捣或夯锤压实装置具有适宜的振动频率和振幅,以提高路面的初始压实度。熨平板加宽连接应仔细调节至摊铺的混合料没有明显的离析痕迹。

(3)摊铺机必须缓慢、均匀、连续不间断地摊铺,不得随意变换速度或中途停顿,以提高平整度,减少混合料的离析。摊铺速度宜控制在 2 ~ 6 m/min。对改性沥青混合料及 SMA 混合料宜放慢至 1 ~ 3 m/min。当发现混合料出现明显的离析、波浪、裂缝、拖痕时,应分析原因,予以消除。

(4)摊铺机应采用自动找平方式,下面层或基层宜采用钢丝绳引导的高程控制方式,上面层宜采用平衡梁或雪橇式摊铺厚度控制方式,中面层根据情况选用找平方式。直接接触式平衡梁的轮子不得黏附沥青。铺筑改性沥青或 SMA 路面时宜采用非接触式平衡梁。

(5)沥青路面施工必须有施工组织设计,并保证合理的施工日期。沥青路面不得在气温低于 10 ℃(高速公路和一级公路)或 5 ℃(其他等级公路),以及雨天、路面潮湿的情况下施工。寒冷季节遇大风降温,不能保证迅速压实时不得铺筑沥青混合料。

热拌沥青混合料的最低摊铺温度根据铺筑层厚度、气温、风速及下卧层表面温度按表 9-6等规定执行,且不得低于表 9-7 的要求。每天施工开始阶段宜采用较高温度的混合料。

表 9-7　沥青混合料的最低摊铺温度

下卧层的表面温度(℃)	相应于下列不同摊铺层厚度的最低摊铺温度(℃)					
	普通沥青混合料			改性沥青混合料或 SMA 沥青混合料		
	<50 mm	50 ~ 80 mm	>80 mm	<50 mm	50 ~ 80 mm	>80 mm
<5	不允许	不允许	140	不允许	不允许	不允许
5 ~ 10	不允许	140	135	不允许	不允许	不允许
10 ~ 15	145	138	132	165	155	150
15 ~ 20	140	135	130	158	150	145
20 ~ 25	138	132	128	153	147	143
25 ~ 30	132	130	126	147	145	141
>30	130	125	124	145	140	139

(6)沥青混合料的松铺系数应根据混合料类型由试铺试压确定。在摊铺过程中应随时检查摊铺层厚度及路拱、横坡等指标。摊铺机的螺旋布料器应相应于摊铺速度调整到保持一个稳定的速度均衡地转动，两侧应保持有不少于送料器2/3高度的混合料，以减少在摊铺过程中混合料的离析。

(7)用机械摊铺的混合料，不宜用人工反复修整。当不得不由人工作局部找补或更换混合料时，需仔细进行，特别严重的缺陷应整层铲除。

2. 人工摊铺技术要求

在路面狭窄部分、平曲线半径过小的匝道或加宽部分，以及小规模工程不能采用摊铺机铺筑时可用人工摊铺混合料。人工摊铺沥青混合料应符合下列要求：

(1)半幅施工时，路中一侧宜事先设置挡板。

(2)沥青混合料宜卸在铁板上，摊铺时应扣锹布料，不得扬锹远甩。铁锹等工具宜沾防黏结剂或加热使用。

(3)边摊铺边用刮板整平，刮平时应轻重一致，控制次数，严防集料离析。

(4)摊铺不得中途停顿，并加快碾压。如因故不能及时碾压，则应立即停止摊铺，并对已卸下的沥青混合料覆盖苫布保温。

(5)低温施工时，每次卸下的混合料应覆盖苫布保温。

(五)沥青路面的压实及成型

压实成型的沥青路面应符合压实度及平整度的要求。沥青混凝土的压实层最大厚度不宜大于100 mm，沥青稳定碎石混合料的压实层厚度不宜大于120 mm，但当采用大功率压路机且经试验证明能达到压实度时允许增大到150 mm。

沥青路面施工应配备足够数量的压路机，选择合理的压路机组合方式及初压、复压、终压(包括成型)的碾压步骤，以达到最佳碾压效果。高速公路铺筑双车道沥青路面的压路机数量不宜少于5台。施工气温低、风大、碾压层薄时，压路机数量应适当增加。

压路机应以慢而均匀的速度碾压，压路机的碾压速度应符合表9-8的规定。压路机的碾压路线及碾压方向不应突然改变而导致混合料推移。碾压区的长度应大体稳定，两端的折返位置应随摊铺机前进而推进，横向不得在相同的断面上。

表9-8　压路机碾压速度　(单位:km/h)

压路机类型	初压		复压		终压	
	适宜	最大	适宜	最大	适宜	最大
钢筒式压路机	2~3	4	3~5	6	3~6	6
轮胎压路机	2~3	4	3~5	6	4~6	8
振动压路机	2~3 (静压或振动)	3 (静压或振动)	3~4.5 (振动)	5 (振动)	3~6 (静压)	6 (静压)

1. 沥青混合料的初压技术要求

(1)初压应在紧跟摊铺机后碾压，并保持较短的初压区长度，以尽快使表面压实，减少热量散失。对摊铺后初始压实度较大，经实践证明采用振动压路机或轮胎压路机直接碾压无严重推移而有良好效果时,可免去初压直接进入复压工序。

(2)通常宜采用钢轮压路机静压1~2遍。碾压时应将压路机的驱动轮面向摊铺机,从外侧向中心碾压,在超高路段则由低向高碾压,在坡道上应将驱动轮从低处向高处碾压。

(3)初压后应检查平整度、路拱,有严重缺陷时进行修整乃至返工。

2. 沥青混合料复压技术要求

(1)复压应紧跟在初压后开始,且不得随意停顿。压路机碾压段的总长度应尽量缩短,通常不超过60~80 m。采用不同型号的压路机组合碾压时宜安排每一台压路机作全幅碾压。防止不同部位的压实度不均匀。

(2)密级配沥青混凝土的复压宜优先采用重型的轮胎压路机进行搓揉碾压,以增加密水性,其总质量不宜小于25 t,吨位不足时宜附加重物,使每一个轮胎的压力不小于15 kN,冷态时的轮胎充气压力不小于0.55 MPa,轮胎发热后不小于0.6 MPa,且各个轮胎的气压大体相同,相邻碾压带应重叠1/3~1/2的碾压轮宽度,碾压至要求的压实度。

(3)对粗集料为主的较大粒径的混合料,尤其是大粒径沥青稳定碎石基层,宜优先采用振动压路机复压。厚度小于30 mm的薄沥青层不宜采用振动压路机碾压。振动压路机的振动频率宜为35~50 Hz,振幅宜为0.3~0.8 mm。层厚较大时选用高频率大振幅,以产生较大的激振力,厚度较薄时采用高频率低振幅,以防止集料破碎。相邻碾压带重叠宽度为100~200 mm。振动压路机折返时应先停止振动。

(4)当采用三轮钢筒式压路机时,总质量不宜小于12 t,相邻碾压带宜重叠后轮的1/2宽度,并不应少于200 mm。

(5)对路面边缘、加宽及港湾式停车带等大型压路机难以碾压的部位,宜采用小型振动压路机或振动夯板作补充碾压。

3. 沥青混合料终压技术要求

终压应紧接在复压后进行,如经复压后已无明显轮迹时可免去终压。终压可选用双轮钢筒式压路机或关闭振动的振动压路机碾压不宜少于2遍,至无明显轮迹。

4. 其他

(1)SMA路面的压实应符合以下要求:除沥青用量较低,经试验证明采用轮胎压路机碾压有良好效果外,不宜采用轮胎压路机碾压,以防将沥青结合料搓揉挤压上浮。路面宜采用振动压路机或钢筒式压路机碾压。振动压路机应遵循“紧跟、慢压、高频、低幅”的原则,即紧跟在摊铺机后面,采取高频率、低振幅的方式慢速碾压。如发现SMA混合料高温碾压有推拥现象,应复查其级配是否合适。

(2)开级配沥青磨耗层路面OGFC宜采用小于12 t的钢筒式压路机碾压。

(3)碾压轮在碾压过程中应保持清洁,有混合料沾轮应立即清除。对钢轮可涂刷隔离剂或防黏结剂,但严禁刷柴油。当采用向碾压轮喷水(可添加少量表面活性剂)的方式时,必须严格控制喷水量且成雾状,不得漫流,以防混合料降温过快。轮胎压路机开始碾压阶段,可适当烘烤、涂刷少量隔离剂或防黏结剂,也可少量喷水,并先到高温区碾压使轮胎尽快升温,之后停止洒水。轮胎压路机轮胎外围宜加设围裙保温。

(4)压路机不得在未碾压成型路段上转向、调头、加水或停留。在当天成型的路面上，不得停放各种机械设备或车辆，不得散落矿料、油料等杂物。压路机碾压如图 9-3 所示。

图 9-3　压路机碾压图

(六)接缝

1. 沥青路面的施工接缝

沥青路面的施工必须接缝紧密、连接平顺，不得产生明显的接缝离析。上下层的纵缝应错开 150 mm(热接缝)或 300 ~ 400 mm(冷接缝)以上。相邻两幅及上下层的横向接缝均应错位 1 m 以上。接缝施工应用 3 m 直尺检查，确保平整度符合要求。

2. 纵向接缝部位的施工应符合的要求

(1)摊铺时采用梯队作业的纵缝应采用热接缝，将已铺部分留下 100 ~ 200 mm 宽暂不碾压，作为后续部分的基准面，然后作跨缝碾压以消除缝迹。

(2)当半幅施工或因特殊因素而产生纵向冷接缝时，宜加设挡板或加设切刀切齐，也可采用在混合料尚未完全冷却时用镐刨除边缘留下毛茬的方式，但不宜在冷却后采用切割机作纵向切缝。加铺另半幅前应涂洒少量沥青，重叠在已铺层上 50 ~ 100 mm，再铲走铺在前半幅上面的混合料，碾压时由边向中碾压留下 100 ~ 150 mm，再跨缝挤紧压实。或者先在已压实路面上行走碾压新铺层 150 mm 左右，然后压实新铺部分。

3. 横向接缝施工

高速公路和一级公路的表面层横向接缝应采用垂直的平接缝，以下各层可采用自然碾压的斜接缝，沥青层较厚时也可作阶梯形接缝(见图 9-4)。其他等级公路的各层均可采用斜接缝。

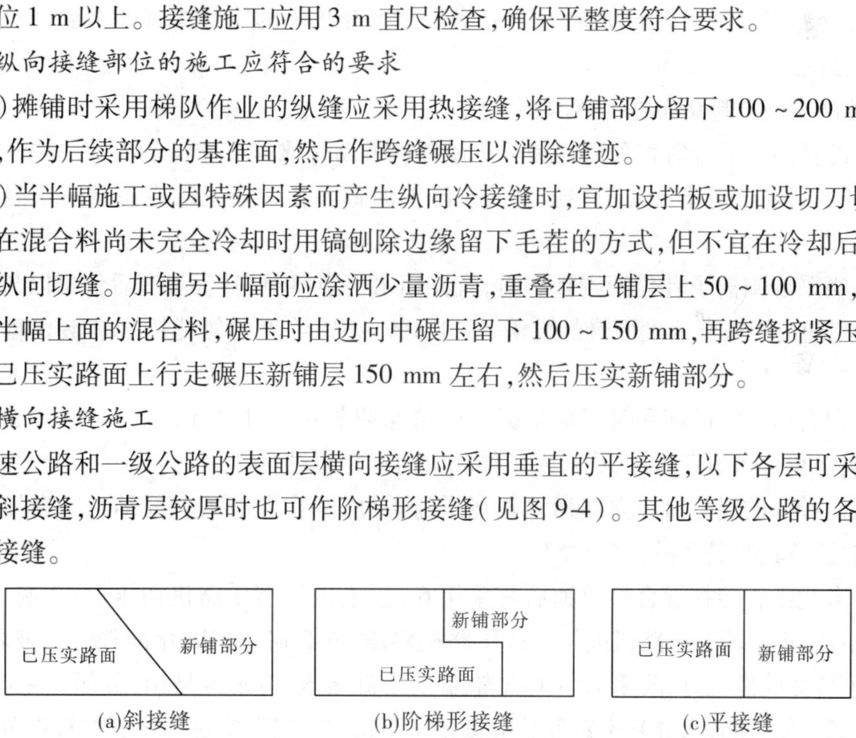

图 9-4　横向接缝的几种形式

斜接缝的搭接长度与层厚有关，宜为 0.4 ~ 0.8 m。搭接处应洒少量沥青，混合料中的粗集料颗粒应予剔除，并补上细料，搭接平整，充分压实。阶梯形接缝的台阶经铣刨而成,并洒黏层沥青,搭接长度不宜小于3 m。

平接缝宜趁尚未冷透时用凿岩机或人工垂直刨除端部层厚不足的部分,使工作缝成直角连接。当采用切割机制作平接缝时,宜在铺设当天混合料冷却但尚未结硬时进行。刨除或切割不得损伤下层路面。切割时留下的泥水必须冲洗干净,待干燥后涂刷黏层油。铺筑新混合料接头应使接茬软化,压路机先进行横向碾压,再纵向碾压成为一体,充分压实,连接平顺。

(七)开放交通及其他

热拌沥青混合料路面应待摊铺层完全自然冷却,混合料表面温度低于5 ℃后,方可开放交通。需要提早开放交通时,可洒水冷却降低混合料温度。

第五节　冷拌沥青混凝土料路面施工

冷拌沥青混合料适用于三级及三级以下公路的沥青面层、二级公路的罩面层以及各级公路沥青路面的基层、联结层或整平层施工。冷拌改性沥青混合料可用于沥青路面的坑槽冷补。冷拌沥青混合料宜采用乳化沥青或液体沥青拌制,也可采用改性乳化沥青。拌沥青混合料宜采用密级配沥青混合料,当采用半开级配的冷拌沥青碎石混合料路面时应铺筑上封层。

冷拌沥青混合料路面施工技术要求如下:

(1)冷拌沥青混合料宜采用拌和厂机械拌和及沥青摊铺机摊铺的方式。缺乏厂拌条件时也可采用现场路拌及人工摊铺方式。冷拌沥青混合料施工时应注意防止混合料离析。

(2)当采用阳离子乳化沥青拌和时,宜先用水使集料湿润,若湿润后仍难以与乳液拌和均匀,则应改用破乳速度更慢的乳液,或用1% ~3%浓度的氯化钙水溶液代替水润湿集料表面。

(3)混合料适宜的拌和时间应根据实际情况调节并通过试拌确定,矿料中加进乳液后的机械拌和时间不宜超过30 s,人工拌和时间不宜超过60 s。

(4)已拌好的混合料应立即运至现场进行摊铺,并在乳液破乳前结束。在拌和与摊铺过程中已破乳的混合料,应予废弃。

(5)乳化沥青冷拌混合料摊铺后宜采用6 t左右的轻型压路机初压1 ~2遍,使混合料初步稳定,再用轮胎压路机或钢筒式压路机碾压1 ~2遍。当乳化沥青开始破乳、混合料由褐色转变成黑色时,改用12 ~15 t轮胎压路机碾压,将水分挤出,复压2 ~3遍后停止,待晾晒一段时间,水分基本蒸发后继续复压至密实。当压实过程中有推移现象时应停止碾压,待稳定后再碾压。当天不能完全压实时,可在较高气温状态下补充碾压。当缺乏轮胎压路机时,也可采用钢筒式压路机或较轻的振动压路机碾压。

(6)乳化沥青混合料路面的上封层应在压实成型、路面水分完全蒸发后加铺。

(7)乳化沥青混合料路面施工结束后宜封闭交通2 ~6 h,并注意做好早期养护。开放交通初期，应设专人指挥，车速不得超过 20 km/h，不得刹车或掉头。

(8)在冷拌沥青混合料施工中遇雨应立即停止铺筑，以防雨水将乳液冲走。

第六节　其他沥青铺装工程

一、行人及非机动车道路

(1)人行道、非机动车道、园林公路、行人广场等主要供行人、非机动车使用的沥青层应平顺、舒适、排水良好。

(2)行人道路宜选择针入度较大的石油沥青或乳化沥青，沥青混合料的沥青用量宜比车行道用量增加 0.3% 左右。

(3)行人道路的表面层应采用细型的细粒式或砂粒式密级配沥青混凝土混合料。在无机动车通行的道路上也可铺筑透水路面。

(4)行人道路设置路缘石、井孔盖座、消防栓、电杆等公路附属设施时应预先安装，喷洒沥青或铺筑混合料前应采取措施防止污染，并避免因压路机碾压受到损坏。对使用大型压路机有困难的部位，可采用小型振动压路机、振动夯板、夯锤压实。

二、重型车停车场、公共汽车站

(1)高速公路服务区、停车场、公共汽车站等的沥青层应满足较长时间停驻重型车辆及承受反复启动制动水平力的功能要求。沥青混合料应有较高的抗永久性流动变形的能力。

(2)沥青混合料宜选择集料最大粒径较粗、嵌挤性能好的矿料级配，适当增加 4.75 mm以上的粗集料部分，减少天然砂用量。沥青结合料宜采用低针入度沥青或者改性沥青，沥青用量比标准配合比设计用量宜减少 0.3% ~0.5%。

(3)在大面积行人广场上铺筑沥青层时，应充分注意平整度、坡度及排水符合设计要求，施工时宜设置间距不大于 5 m 方格形样桩，随时用 3 m 直尺检查，不符合要求的及时趁热整修。

三、水泥混凝土桥面的沥青铺装层

(1)大中型水泥混凝土桥面铺筑的沥青铺装层，应满足与混凝土桥面的黏结、防止渗水、抗滑及有较高抵抗振动变形的能力等功能性要求，并设置有效的桥面排水系统。

(2)铺装沥青层的下卧层必须符合平整、粗糙、整洁的要求，桥面纵横坡符合要求。

(3)水泥混凝土桥面板表面应作铣刨拉毛处理，清除浮浆，除去过高的突出部位。

(4)铺设桥面铺装必须确保混凝土完全干燥，严禁在潮湿条件下铺设防水黏结层及摊铺沥青混合料，防止混凝土中的水分在施工或使用过程中遇热变成水汽使防水黏结层产生鼓包。

(5)喷洒沥青或改性沥青类桥面防水黏结层的施工应符合下列要求：整个铺筑过程直至铺设石屑保护层前严禁包括行人在内的一切交通。不洒黏层油，直接分 2 ~3 层喷洒或人工涂刷热沥青、热融或溶剂稀释的改性沥青、改性乳化沥青的防水黏结层,必须均匀一致,且达到要求的厚度。喷洒的防水层黏结后应立即撒布一层洁净的尺寸为3~5 mm的石屑作保护层,并用6~8 t轻型压路机以较慢的速度碾压。

(6)桥面铺装的复压宜采用轮胎压路机或钢筒式压路机进行,经试验或经验证明不致损坏桥梁结构时,也可采用振动压路机碾压。

(7)沥青面层所用的沥青应符合规范要求,必要时采用改性沥青。

(8)桥面铺装和土石方路基与桥头搭板上的路面应连接平顺,采取措施,预防桥头跳车。

四、钢桥面铺装

(1)钢桥面铺装必须具有以下功能性要求:

①能与钢板紧密结合成为整体,变形协调一致。

②防水性能良好,防止钢桥面生锈。

③具有足够的耐久性和较小的温度敏感性,满足使用条件下的高温抗流动变形能力、低温抗裂性能、水稳定性、抗疲劳性能、表面抗滑的要求。

④与钢板黏结良好,具有足够的抗水平剪切重复荷载及蠕变变形的能力。

(2)钢桥面铺装结构通常由防锈层、防水黏结层、沥青面层等组成。

(3)涂刷防水层前应对钢板焊缝和吊钩残留物仔细平整,彻底除锈,清扫干燥。

(4)钢桥面铺装的防水黏结层必须紧跟防锈层后涂刷,防水黏结层宜采用高黏度的改性沥青、环氧沥青、防水卷材。当采用浇筑式沥青混凝土铺筑桥面铺装时,可不设防水黏结层。

(5)钢桥面铺装使用的改性沥青,宜单独提出相应的技术要求。沥青面层可采用聚合物或天然沥青改性沥青混凝土、环氧沥青混凝土、浇筑式沥青混凝土、SMA等作合理的组合。沥青层的压实设备和压实工艺,应通过力学验算并经试验验证,防止钢桥面主体受损。

(6)在铺设过程中必须保持桥面整洁,不得堆放与施工无关的材料、机械、杂物。

(7)钢桥面铺装宜在无雨少雾季节、干燥状态下施工。

五、公路隧道沥青路面

(1)在隧道内铺筑沥青路面时应充分考虑隧道沥青路面施工和维修养护工作困难,隧道内外光线变化显著,隧道有可能漏水、冒水,隧道防火安全等特点,选择适宜的材料与结构。

(2)对隧道底部的地下水应采取疏导方式,设置完善的排水系统。

(3)在施工过程中需确保通风良好,采取防火措施,制订切实可行的消防和疏散预案。

(4)各种施工机械应符合隧道净空的要求,选用宽度较窄的摊铺机铺筑,运料车应能完全卸料,具有足够的行车通道。

思考题

1. 沥青路面有哪些常用材料?

2. 简要说明层铺法沥青表面处治的施工工艺。

3. 稀浆封层和微表处施工技术要求是什么?

4. 简要说明沥青贯入式路面的施工工艺要求。

5. 高等级公路沥青混合料的配合比设计有哪几个设计阶段?

6. 热拌沥青混合料路面要控制哪些环节的温度?说明沥青摊铺机摊铺技术要求。

7. 热拌沥青混合料路面压实有哪些环节和技术要求?

8. 冷拌沥青混合料适用于哪些公路路面?其技术要求是什么?

实训题

1. 选择当地沥青混合料搅拌站进行参观,对其配合比设计及控制、运输等进行调查学习。

2. 选择当地典型工程施工项目现场,实地考察沥青路面施工准备、混合料摊铺、碾压成型工作,并参与路面质量有关指标检验,写出实践活动报告。

第十章　水泥混凝土路面设计

学习目标

掌握水泥混凝土路面结构组合设计方法和面板厚度计算；熟悉水泥混凝土路面接缝、构造钢筋等构造要求；了解水泥混凝土路面的加铺层设计。

水泥混凝土路面，根据材料的要求、组成及施工工艺的不同，包括普通混凝土、碾压混凝土、钢筋混凝土、连续配筋混凝土、钢纤维混凝土等。

普通混凝土路面，是指仅在接缝处和一些局部范围（如角隅、边缘）内配置钢筋的水泥混凝土面层，为了防止温度变化引起温缩裂缝，所以面层由纵向和横向接缝划分为矩形板块，是目前采用最广泛的一种混凝土路面。

与其他类型路面相比，水泥混凝土路面强度高、耐久性好，一般能使用 10 ~ 30 年，且有利于夜间行车。其缺点主要是有接缝，施工期长，开放交通较迟，损坏后修复困难等。

第一节　水泥混凝土路面结构组合设计

一、水泥混凝土路面结构组合设计任务

水泥混凝土路面的结构层包括路基、垫层、基层和面层等，各结构层的功能和作用各不相同。由于路面板具有较高的承载和扩散荷载的能力，因此水泥混凝土路面对各结构层次的要求也与沥青类路面有较大区别。

水泥混凝土路面结构组合设计的任务就是：合理选择和安排各结构层（各层采用的材料和厚度），使整个路面结构不但能承受设计年限中交通荷载的反复作用，而且能保证良好的路面使用性能和状态。

二、路基

理论分析表明，通过水泥混凝土面层和基层传到土基上的压力很小，一般不超过 0.5 MPa，混凝土板下似乎不需要有坚强的土基支承。但是，如果土基的稳定性不足，在水温变化的影响下会出现较大的变形（特别是不均匀沉陷），则仍将给混凝土面层带来很不利的影响。实践证明，土基不均匀支承，常使面板在受荷时底部产生过大的弯拉应力，导致混凝土路面产生破坏。

路基应稳定、密实、均质，对路面结构提供均匀的支承。路床顶面的综合回弹模量值，轻交通荷载等级时不得低于 40 MPa，中等或重交通荷载等级时不得低于 60 MPa，特重或极重交通荷载等级时不得低于 80 MPa。路床顶面综合回弹模量值不满足上述要求时，应

选用粗粒土或低剂量无机结合料稳定土做路床或土路床填料。当路基工作区底面接近或低于地下水位时，可采取更换填料、设置排水渗沟等措施。

路基填料应满足以下要求：①高液限黏土及含有机质的细粒土，不应用作高速公路和一级公路的路床填料或二级和二级以下公路的上路床填料；②高液限粉土及塑性指数大于 16 或膨胀率大于 3% 的低液限黏土，不应用作高速公路和一级公路的上路床填料；③因条件限制而必须采用上述土做填料时，应掺加水泥、粉煤灰或石灰等结合料进行改善。

石质挖方或填石路床顶面应铺设整平层。整平层可采用碎石、低剂量水泥稳定粒料等，其厚度视路床顶面不平整度而定，一般不小于 100 mm。

三、垫层

垫层主要设置在温度和湿度状况不良的路段上，以改善路面结构的使用性能。遇有以下情况时，应在基层或底基层下设置垫层：

(1)季节性冰冻地区，路面结构厚度小于最小防冻厚度要求(见表 10-1)时，应设置防冻垫层，使路面结构厚度符合要求。

表 10-1 水泥混凝土路面结构层最小防冻厚度 (单位：m)

路基干湿类型	路基土类别	不同当地最大冰冻深度条件下路面结构层最小防冻厚度			
		0.50~1.00	1.00~1.50	1.50~2.00	>2.00
中湿路基	易冻胀土	0.30~0.50	0.40~0.60	0.50~0.70	0.50~1.00
	很易冻胀土	0.40~0.60	0.50~0.70	0.60~0.85	0.70~1.10
潮湿路基	易冻胀土	0.40~0.60	0.50~0.70	0.60~0.90	0.75~1.20
	很易冻胀土	0.45~0.70	0.55~0.80	0.70~1.00	0.80~1.30

注：1. 易冻胀土：细粒土质砾(GM、GC)、除极细粉土质砂外的细粒土质砂(SM、SC)、塑性指数小于 12 的黏质土(CL、CH)。

2. 很易冻胀土：粉质土(ML、MH)、极细粉土质砂(SM)、塑性指数在 12~22 的黏质土(CL)。

3. 冻深小或填方路段，或者基层、垫层为隔温性能良好的材料，可采用低值；冻深大或挖方及地下水位高的路段，或者基层、垫层为隔温性能稍差的材料，应采用高值。

4. 冻深小于 0.50 m 的地区，可不考虑结构层防冻厚度。

(2)水文地质条件不良的土质路堑，路床土湿度较大时，宜设置排水垫层。垫层应与路基同宽，厚度不得小于 150 mm。防冻垫层和排水垫层宜采用碎石、砂砾等颗粒材料，除砂、砂砾等颗粒材料外，在供应条件许可时，防冻垫层还可采用煤渣、矿渣等隔温性材料。

四、基层和底基层

混凝土面层下设置基层的作用有：①防唧泥。铺设基层后，可减轻乃至消除唧泥的产生。但未经处治的砂砾基层，其细料含量和塑性指数不能太高，否则仍会产生唧泥。②防冰冻。在季节性冰冻地区，用对冰冻不敏感的粒状多孔材料来铺筑基层，可以减少路基的冰冻深度，从而减轻冰冻的危害作用。③防水。在湿软土基上，铺筑开级配粒料基层，可以排除从路表面渗入面层板下的水分以及隔断地下水毛细上升。④减小路基顶面的压应力,并缓和路基不均匀变形对面层的影响。⑤为面层施工(如立侧模、摊铺、运送混凝土混合料等)提供方便。⑥提高路面结构的承载能力,延长路面的使用寿命。

基层和底基层应具有足够的抗冲刷能力和适当的刚度。

基层和底基层的材料可依据交通荷载等级、结构层组合要求和材料供应条件,参照表10-2和表10-3选用。

表10-2　适宜各交通荷载等级的基层材料类型

交通荷载等级	基层材料类型
极重、特重	贫混凝土、碾压混凝土
	沥青混凝土
重	密级配沥青稳定碎石
	水泥稳定碎石
中等、轻	级配碎石
	水泥稳定碎石,石灰、粉煤灰稳定碎石

表10-3　适宜各交通荷载等级的底基层材料类型

交通荷载等级	底基层材料类型
极重、特重、重	级配碎石、水泥稳定碎石,石灰、粉煤灰稳定碎石
中等、轻	未筛分碎石、级配砾石,或不设

混凝土预制块面层应采用水泥稳定粒料基层。

承受极重、特重或重交通荷载的路面,基层下应设置底基层;承受中等或轻交通荷载时,可不设底基层。当基层采用无机结合料稳定类材料,且上路床由细粒土组成时,应在基层下设置粒料类底基层。基层采用无机结合料稳定类材料时,底基层宜选用小于0.075 mm颗粒含量少于7%的粒料类材料。

混凝土或碾压混凝土基层上应铺设沥青混凝土夹层,层厚不宜小于40 mm。无机结合料稳定碎石基层上应设置封层,封层可采用单层沥青表面处治或适宜的膜层材料等。当采用单层沥青表面处治时,层厚不宜小于6 mm。

多雨地区,路基由低透水性细粒土组成的高速公路和一级公路或者承受极重或特重交通荷载的二级公路,宜设置由开级配沥青稳定碎石或开级配水泥稳定碎石组成的排水基层。排水基层下应设置由密级配粒料或水泥稳定碎石组成的不透水底基层。底基层顶面宜铺设沥青类封层或防水土工织物。

开级配沥青稳定碎石或开级配水泥稳定碎石排水基层的计算厚度应满足排除表面水设计渗入量的需要。排水基层的设计厚度宜依据计算厚度按10 mm向上取整后再增加20 mm。

硬路肩采用混凝土面层时,基层的结构和厚度应与行车道相同。基层的宽度应比混凝土面层每侧宽300 mm(小型机具施工时)或650 mm(滑模式摊铺机施工时)。

各种基层和底基层的结构层适宜压实厚度,应按所选集料的公称最大粒径和压实效果的要求而定。基层或底基层的设计层厚超出相应材料的适宜压实厚度范围时,宜分层铺设和压实。一般适宜厚度参见表 10-4。增加基层或底基层的厚度,对于降低面层的应力或者减薄面层的厚度影响不大。

表 10-4　各种材料基层和底基层的结构层适宜施工层厚

<table>
<tr><th colspan="2">材料种类</th><th>适宜施工层厚(mm)</th></tr>
<tr><td colspan="2">贫混凝土、碾压混凝土</td><td>120 ~ 200</td></tr>
<tr><td colspan="2">无机结合料稳定粒料</td><td>150 ~ 200</td></tr>
<tr><td rowspan="4">沥青混凝土</td><td>集料公称最大粒径 9.5 mm</td><td>25 ~ 40</td></tr>
<tr><td>集料公称最大粒径 13.2 mm</td><td>35 ~ 65</td></tr>
<tr><td>集料公称最大粒径 16 mm</td><td>40 ~ 70</td></tr>
<tr><td>集料公称最大粒径 19 mm</td><td rowspan="2">50 ~ 75</td></tr>
<tr><td rowspan="2">沥青稳定碎石</td><td>集料公称最大粒径 19 mm</td></tr>
<tr><td>集料公称最大粒径 26.5 mm</td><td>75 ~ 100</td></tr>
<tr><td colspan="2">多孔隙水泥稳定碎石</td><td>100 ~ 150</td></tr>
<tr><td colspan="2">级配碎石、未筛分碎石、级配砾石或碎砾石</td><td>100 ~ 200</td></tr>
</table>

五、面层

水泥混凝土面层应有足够的强度、耐久性、表面抗滑、耐磨、平整。

面层一般采用设接缝的普通混凝土。当面层板的平面尺寸较大或形状不规则,路面结构下有地下设施,或位于高填方、软土地基、填挖交界段等有可能产生不均匀沉降的路基段时,应采用接缝设置传力杆的钢筋混凝土面层。其他面层类型可根据适用条件按表 10-5 选用。

表 10-5　其他面层类型选择

<table>
<tr><th colspan="2">面层类型</th><th>适用条件</th></tr>
<tr><td colspan="2">连续配筋混凝土面层</td><td>高速公路</td></tr>
<tr><td rowspan="2">复合式面层</td><td>密级配沥青混合料上面层</td><td rowspan="2">极重、特重交通荷载的高速公路</td></tr>
<tr><td>连续配筋混凝土下面层、设传力杆普通混凝土下面层</td></tr>
<tr><td colspan="2">碾压混凝土面层</td><td>二级及二级以下公路</td></tr>
<tr><td colspan="2">钢纤维混凝土面层</td><td>高程受限制路段、混凝土加铺</td></tr>
<tr><td colspan="2">混凝土预制块面层</td><td>二级及二级以下公路桥头引道沉降未稳定段、服务区停车场</td></tr>
</table>

注: 由于表面平整度难以满足要求以及接缝处难以设置传力杆,碾压混凝土不宜用作高速公路、一级公路或者承受特重、重交通荷载的二级公路的面层。

厚度变化转折处易引起板的折裂,因此目前国内外常采用等厚式断面。

普通混凝土、钢筋混凝土、碾压混凝土或连续配筋混凝土面层所需的厚度,与交通等级、道路等级、变异水平等级均有关,需要根据经验预先拟定后进行验算才能予以确定,厚度参考范围及计算方法见本章第二节内容。

路面表面必须采取拉毛、拉槽、压槽或刻槽等方法筑做表面构造,在交工验收时构造深度应满足表 10-6 的要求。

表 10-6　各级公路水泥混凝土面层的表面构造深度要求　（单位:mm）

公路等级	高速公路	二、三、四级公路
一般路段	0.70 ~ 1.10	0.50 ~ 1.00
特殊路段	0.80 ~ 1.20	0.60 ~ 1.10

注:1. 特殊路段:对于高速公路和一级公路是指立交、平交或变速车道等处,对于其他等级公路是指急弯、陡坡、交叉口或集镇附近。

2. 在年降水量 600 mm 以下的地区,表中数值可适当降低。

第二节　普通水泥混凝土路面面板厚度设计

一、水泥混凝土路面结构设计方法

《公路水泥混凝土路面设计规范》(JTG D40—2011)规定:水泥混凝土路面结构设计应以面层板在设计基准期内,在行车荷载和温度梯度综合作用下,不产生疲劳断裂作为设计标准;并以最重轴载和最大温度梯度综合作用下不产生极限断裂作为验算标准。

水泥混凝土路面结构应力分析应采用弹性地基板理论。粒料类基层及各类底基层和垫层,应与路基一起视作多层弹性地基,以地基顶面当量回弹模量表征,按照单层板模型计算。除粒料类基层外,其他各类基层与混凝土面层应按分离式双层板模型进行结构分析。

水泥混凝土路面结构设计极限状态设计表达式可分别采用式(10-1)和式(10-2)。

$$\gamma_r(\sigma_{pr}+\sigma_{tr}) \leqslant f_r \tag{10-1}$$

$$\gamma_r(\sigma_{p,max}+\sigma_{t,max}) \leqslant f_r \tag{10-2}$$

式中　σ_{pr}——面层板在临界荷位处产生的行车荷载疲劳应力,MPa;

σ_{tr}——面层板在临界荷位处产生的温度梯度疲劳应力,MPa ;

$\sigma_{p,max}$——最重的轴载在临界荷位处产生的最大荷载应力,MPa;

$\sigma_{t,max}$——所在地区最大温度梯度在临界荷位处产生的最大温度翘曲应力,MPa;

γ_r——可靠度系数;

f_r——水泥混凝土弯拉强度标准值,MPa。

贫混凝土或碾压混凝土基层应以设计基准期内行车荷载不产生疲劳断裂作为设计标准。其极限状态设计表达式可采用式(10-3)。

$$\gamma_r\sigma_{bpr} \leqslant f_{br} \tag{10-3}$$

式中　σ_{bpr}——基层内产生的行车荷载疲劳应力,MPa;

f_{br}——基层材料的弯拉强度标准值,MPa 。

可靠度系数为保证所设计的结构具有规定的可靠度,而在极限状态设计表达式中采用的单一综合系数,依据所选目标可靠度、变异水平等级及变异系数通过计算确定,可按表 10-7 取值。

表 10-7　可靠度系数

变异水平等级	目标可靠度(%)			
	95	90	85	80 ~ 70
低	1.20 ~ 1.33	1.09 ~ 1.16	1.04 ~ 1.08	—
中	1.33 ~ 1.50	1.16 ~ 1.23	1.08 ~ 1.13	1.04 ~ 1.07
高	—	1.23 ~ 1.33	1.13 ~ 1.18	1.07 ~ 1.11

注:变异系数接近表 10-7 下限时,可靠度系数取低值,接近上限时取高值。

水泥混凝土的设计强度应采用 28 d 龄期的弯拉强度。各交通荷载等级要求的水泥混凝土弯拉强度标准值不得低于表 10-8 的规定,其强度和弹性模量经验参考值见表 10-9。

表 10-8　水泥混凝土弯拉强度标准值

交通荷载等级	极重、特重、重	中等	轻
水泥混凝土的弯拉强度标准值(MPa)	≥5.0	4.5	4.0
钢纤维混凝土的弯拉强度标准值(MPa)	≥6.0	5.5	5.0

表 10-9　水泥混凝土强度和弹性模量经验参考值

弯拉强度(MPa)	1.5	2.0	2.5	3.0	3.5	4.0	4.5	5.0	5.5
抗压强度(MPa)	7	11	15	20	25	30	36	42	49
抗拉强度(MPa)	0.89	1.21	1.53	1.86	2.20	2.54	2.85	3.22	3.55
弹性模量(GPa)	15	18	21	23	25	27	29	31	33

二、设计轴载

我国公路水泥混凝土路面设计规范规定,以汽车轴重为 100 kN 的单轴双轮组荷载作为设计标准轴载。对于各种不同汽车轴载的作用次数,可按等效疲劳损伤原则换算成标准轴载的作用次数,并根据标准轴载的作用次数判断道路的交通繁重程度。

目前,公路上的超载现象较为严重,特别是一些行驶特重轴重车辆或特种车辆的公路。对于极重交通荷载等级的水泥混凝土路面,宜选用货车中占主要份额特重车型的轴载作为设计轴载。

水泥混凝土路面的轴载换算公式是在混凝土疲劳方程的基础上建立的。轴载换算公式如式(10-4)所示:

$$N_s = \sum_{i=1}^{n} N_i \left(\frac{P_i}{P_s}\right)^{16} \tag{10-4}$$

式中　P_i——第 i 级轴载重，kN，联轴按每一根轴载单独计；

P_s——设计轴载重，kN；

n——各种轴型的轴载级位数；

N_i——i 级轴载的作用次数；

N_s——设计轴载的作用次数。

按设计基准期内设计车道临界荷位处所承受的设计轴载累计作用次数，将水泥混凝土路面承受的交通荷载划分为五个等级：极重交通、特重交通、重交通、中等交通和轻交通。具体分级标准如表 10-10 所示。

表 10-10　交通荷载分级

交通荷载等级	极重	特重	重	中等	轻
设计基准期内设计车道受设计轴载（100 kN）累计作用次数 N_e（$\times 10^4$）	$>1\times10^6$	$1\times10^6\sim2\,000$	$2\,000\sim100$	$100\sim3$	<3

设计基准期内标准轴载的累计作用次数与第一年的交通量、交通轴载组成和交通量的预测增长情况等因素有关。同时应对上述交通参数进行详细调查、观测与预测。然后根据所得到的交通资料，按式(10-5)计算确定设计基准期内水泥混凝土路面设计车道临界荷位处所承受的设计轴载累计作用次数 N_e：

$$N_e = \frac{N_s \times [(1+g_r)^t - 1] \times 365}{g_r} \times \eta \tag{10-5}$$

式中　N_s——设计车道的设计轴载日作用次数，轴次/(车道·日)；

t——设计基准期，高速公路、一级公路取 30 年，二级公路 20 年，三级公路 15 年，四级公路 10 年；

g_r——基准期内货车交通量的年平均增长率，以分数计；

η——临界荷位处的车辆轮迹横向分布系数，按表 10-11 选用。

表 10-11　车辆轮迹横向分布系数 η

公路等级		纵缝边缘处
高速公路、一级公路、收费站		0.17～0.22
二级及二级以下公路	行车道宽 >7 m	0.34～0.39
	行车道宽 ≤7 m	0.54～0.62

注：车道或行车道宽或者交通量大时，取高值；反之，取低值。

三、弹性地基荷载疲劳应力计算

（一）设计轴载的荷载疲劳应力

设计轴载在面层板临界荷位处产生的荷载疲劳应力按式(10-6)计算。

$$\sigma_{pr} = k_r k_f k_c \sigma_{ps} \tag{10-6}$$

式中　σ_{pr}——设计轴载在面层板临界荷位处产生的荷载疲劳应力，MPa；

σ_{ps}——设计轴载在四边自由板临界荷位处产生的荷载应力，MPa，按式(10-7)计算；

k_r——考虑接缝传荷能力的应力折减系数,采用混凝土路肩时，$k_r = 0.87 \sim 0.92$(路肩面层与路面面层等厚时取低值,减薄时取高值),采用柔性路肩或土路肩时,$k_r = 1$；

k_f——考虑设计基准期内荷载应力累计疲劳作用的疲劳应力系数,按式(10-8)计算；

k_c——考虑计算理论与实际差异以及动载等因素影响的综合系数。

1. 荷载应力 σ_{ps} 计算

弹性地基单层板计算模型条件下,设计轴载在四边自由板临界荷位处产生的荷载应力按式(10-7)计算。弹性地基双层板和复合板的荷载应力 σ_{ps} 计算参见规范,不再叙述。

$$\sigma_{ps} = 1.47 \times 10^{-3} r^{0.70} h_c^{-2} P_s^{0.94} \tag{10-7}$$

$$r = 1.21(D_c/E_t)^{1/3}$$

$$D_c = \frac{E_c h_c^3}{12(1 - \nu_c^2)}$$

式中 P_s——设计轴载的单轴重,kN；

h_c——混凝土面层板的厚度,m；

E_c——混凝土面层板的弯拉弹性模量,MPa；

ν_c——混凝土面层的泊松比；

r——混凝土面层板的相对刚度半径,m；

D_c——混凝土面层板的截面弯曲刚度,MN·m；

E_t——板底地基当量回弹模量,MPa。

2. 设计基准期内荷载疲劳应力系数 k_f 计算

$$k_f = N_e^{\lambda} \tag{10-8}$$

式中 N_e——设计基准期内设计轴载累计作用次数；

λ——材料疲劳指数,普通混凝土、钢筋混凝土、连续配筋混凝土,$\lambda = 0.057$,碾压混凝土和贫混凝土,$\lambda = 0.065$,钢纤维混凝土,$\lambda = 0.053 - 0.017\rho_f \dfrac{l_f}{d_f}$,其中 ρ_f 为钢纤维的体积率(%)，l_f 为钢纤维的长度,mm，d_f 为钢纤维的直径,mm。

3. 地基回弹模量 E_t

(1)新建公路的板底地基当量回弹模量 E_t,按照路基、基层材料的当量回弹模量参照规范计算,这里不再叙述。

(2)在旧沥青混凝土路面上铺筑水泥混凝土面层时,原沥青混凝土路面顶面的地基综合当量回弹模量 E_t 可根据落锤式弯沉仪、贝克曼梁(后轴重 100 kN 的车辆)的弯沉测定结果计算确定。贝克曼梁弯沉测定法确定综合地基回弹模量,可按式(10-9)计算。

$$E_t = 13\,739 l_0^{-1.04} \tag{10-9}$$

式中 l_0——路段代表弯沉值(0.01 mm),可参照沥青路面章节计算方法。

新建公路板底地基当量回弹模量 E_t 应参照《公路水泥混凝土路面设计规范》(JTG

D40—2011)计算确定,不再叙述。

(二)最重轴载在面层板临界荷位处产生的最大荷载疲劳应力

最重轴载 P_m 在面层板临界荷位处产生的最大荷载疲劳应力按式(10-10)计算。

$$\sigma_{p,max} = k_r k_c \sigma_{pm} \tag{10-10}$$

式中 σ_{pm}——最重轴载 P_m 在四边自由板临界荷位处产生的最大荷载应力,MPa ,按式(10-7)计算,式中的设计轴载 P_s 改为最重轴载 P_m(以单轴计,kN)。

四、弹性地基温度应力计算

温度疲劳应力是一个与不同温度梯度反复作用引起的累计疲劳损伤等效的应力。依据等效疲劳损伤的原则,可以寻求温度疲劳应力值,它所产生的疲劳损伤量,与年变化的温度应力所产生的累计疲劳损伤量相等。

经计算分析,对于弹性地基单层板,在临界荷位处产生的温度疲劳应力按式(10-11)计算。弹性地基双层板温度应力和复合板温度应力计算方法与单层板基本相同,其计算方法参见规范。

$$\sigma_{tr} = k_t \sigma_{t,max} \tag{10-11}$$

式中 σ_{tr}——面层板临界荷位处产生的温度疲劳应力,MPa;

$\sigma_{t,max}$——最大温度梯度时面层板产生的最大温度应力,MPa;

k_t——考虑温度应力累计疲劳作用的温度疲劳应力系数。

(一)最大温度应力 $\sigma_{t,max}$ 的计算

最大温度应力 $\sigma_{t,max}$ 按照式(10-12)计算:

$$\sigma_{t,max} = \frac{\alpha_c E_c h_c T_g}{2} B_L \tag{10-12}$$

式中 α_c——混凝土的线膨胀系数,根据粗集料的岩性 $7\times10^{-6}\sim12\times10^{-6}$ 取值,$℃^{-1}$;

T_g——公路所在地 50 年一遇的最大温度梯度,按表 10-12 取值;

E_c——水泥混凝土弹性模量,MPa;

B_L——综合考虑温度翘曲应力和内应力的温度应力系数,按下式计算:

$$B_L = 1.77e^{-4.48h_c} C_L - 0.131(1 - C_L) \tag{10-13}$$

式中 L——面层板的横缝间距(板长),m;

r——相对刚度半径,m。

混凝土面层板的温度翘曲应力系数 $C_L = 1 - \frac{\sinh t\cos t + \cosh t\sin t}{\cos t\sin t + \sinh t\cosh t}$,$t = \frac{L}{3r}$。

表 10-12 最大温度梯度标准值 T_g

公路自然区划	Ⅱ、Ⅴ	Ⅲ	Ⅳ、Ⅵ	Ⅶ
最大温度梯度(℃/m)	83~88	90~95	86~92	93~98

注:海拔高时取高值,湿度大时取低值。

(二)温度疲劳应力系数 k_t 的计算

考虑温度应力累计疲劳作用的温度疲劳应力系数可按照下式计算:

$$k_t = \frac{f_r}{\sigma_{t,max}}\left[a_t\left(\frac{\sigma_{t,max}}{f_r}\right)^{b_t} - c_t\right] \tag{10-14}$$

回归系数 a_t、b_t 和 c_t，按所在地区的公路自然区划查表 10-13 确定。

表 10-13　回归系数 a_t、b_t 和 c_t

系数	公路自然区划					
	Ⅱ	Ⅲ	Ⅳ	Ⅴ	Ⅵ	Ⅶ
a_t	0.828	0.855	0.841	0.871	0.837	0.834
b_t	1.323	1.355	1.323	1.287	1.382	1.270
c_t	0.041	0.041	0.058	0.071	0.038	0.052

五、混凝土板厚度计算流程与设计示例

混凝土板厚度设计与计算可参照下列步骤进行：

（1）按行车道路面结构的组合设计，初拟路面结构，包括路床、垫层、基层和面层的材料类型和厚度，根据表 10-14 所列的水泥混凝土面层厚度建议范围，依据交通等级、公路等级和所选变异水平等级初选混凝土板厚度。

表 10-14　水泥混凝土面层厚度的参考范围

交通荷载等级	极重	特重				重			
公路等级		高速	一级		二级	高速	一级		二级
变异水平等级	低	低	中	低	中	低	中	低	中
面层厚度（mm）	≥320	320～280	300～260	280～240			270～230	260～220	

交通荷载等级	中等				轻	
公路等级	二级		三、四级		三、四级	
变异水平等级	高	中	高	中	高	中
面层厚度（mm）	250～220	240～210		230～200	220～190	210～180

（2）按照初拟路面结构的组合情况，选择相应的结构分析模型。

（3）参照混凝土路面板厚度计算方法要点，分别计算混凝土面层板（单层板或双层板的面层板）的最重轴载产生的最大荷载应力、设计轴载产生的荷载疲劳应力、最大温度梯度产生的最大温度应力及温度疲劳应力。

（4）当荷载疲劳应力与温度疲劳应力之和与可靠度系数的乘积，小于且接近于混凝土弯拉强度标准值，同时，最大荷载应力与最大温度应力之和与可靠度系数的乘积，小于混凝土弯拉强度标准值，即满足式（10-1）和式（10-2）时，初选厚度可作为混凝土板的计算厚度。

（5）贫混凝土或碾压混凝土基层或者双层板的下面层板，需计算其荷载疲劳应力，并验算荷载疲劳应力与可靠度系数的乘积是否小于其材料的弯拉强度标准值，即应满足式（10-3）。

（6）若不能同时满足式（10-1）和式（10-2），则应改选混凝土面层板厚度或（和）调整

基层类型或(和)厚度,重新计算,直到同时满足式(10-1)和式(10-2)。

(7)计算厚度加 6 mm 磨损厚度后,应按 10 mm 向上取整,作为混凝土面层的设计厚度。

以下是水泥混凝土路面板厚度计算示例,说明混凝土路面结构厚度计算方法。

公路自然区划Ⅱ区拟新建一条二级公路,路面宽 7 m,路基为低液限黏土,路床顶距地下水位平均 1.2 m,当地的粗集料以花岗岩为主。拟采用普通混凝土路面。经交通调查得知,设计轴载 $P_s = 100$ kN,最重轴载 $P_m = 150$ kN,设计车道使用初期设计轴载的日作用次数为 100 次,交通量年平均增长率为 5%。

(1)交通分析。

二级公路的设计基准期为 20 年,安全等级为二级。临界荷位处的车辆轮迹横向分布系数取 0.62。按式(10-5)计算得到设计基准期内设计车道设计轴载累计作用次数:

$$N_e = \frac{N_s \times [(1+g_r)^t - 1] \times 365}{g_r} \times \eta = \frac{100 \times [(1+0.05)^{20} - 1] \times 365}{0.05} \times 0.62$$

$$= 74.8 \times 10^4 (次)$$

由表 10-10 可知,属中等交通荷载等级。

(2)初拟路面结构。

根据二级公路、中等交通荷载等级和中级变异水平,查表 10-14,初拟普通混凝土面层厚度为 0.23 m ,基层选用级配碎石, 厚 0.20 m。普通混凝土板的平面尺寸 4. 5 m×3. 5 m 纵缝为设拉杆平缝,横缝为不设传力杆的假缝,路肩面层与行车道面层等厚并设拉杆相连。

(3)路面材料参数确定。

按表 10-8,取普通混凝土面层的弯拉强度标准值为 4.5 MPa ,相应弯拉弹性模量 29 GPa,泊松比 0.15。粗集料为花岗岩的混凝土线膨胀系数 $\alpha_c = 10 \times 10^{-6}$/℃。

查《公路水泥混凝土路面设计规范》(JTG D40—2011)附录材料设计参数经验参考值,取低液限黏土路基回弹模量 80 MPa,查表取距地下水位 1.2 m 时的湿度调整系数为 0.75,由此得到路床顶综合回弹模量为 80×0.75 = 60(MPa),查表取级配碎石基层回弹模量为 300 MPa,见附表 4、附表 5。计算板底地基当量回弹模量如下:

$$E_x = \sum_{i=1}^{n} (h_i^2 E_i) / \sum h_i^2 = \frac{h_1^2 E_1}{h_1^2} = 300(\text{MPa}), h_x = \sum_{i=1}^{n} h_i = h_1 = 0.20(\text{m})$$

$$\alpha = 0.26\ln(h_x) + 0.86 = 0.26 \times \ln 0.20 + 0.86 = 0.442$$

$$E_t = E_0 \left(\frac{E_x}{E_0}\right)^{\alpha} = \left(\frac{300}{60}\right)^{0.442} \times 60 = 122.2(\text{MPa})$$

板底地基当量回弹模量 E_t 取为 120 MPa。

普通混凝土面层的弯曲刚度 D_c、相对刚度半径 r 计算。

$$D_c = \frac{E_c h_c^3}{12(1-v_c^2)} = \frac{29\,000 \times 0.23^3}{12 \times (1 - 0.15^2)} = 30.1(\text{MN} \cdot \text{m})$$

$$r = 1.21(D_c/E_t)^{1/3} = 1.21 \times \left(\frac{30.1}{120}\right)^{1/3} = 0.763(\text{m})$$

(4)荷载应力。

按式(10-7)计算设计轴载和最重荷载在临界荷位处产生的荷载应力：

$$\sigma_{ps} = 1.47\times10^{-3}r^{0.70}h_c^{-2}P_s^{0.94} = 1.47\times10^{-3}\times0.763^{0.70}\times0.23^{-2}\times100^{0.94} = 1.744(\text{MPa})$$

$$\sigma_{pm} = 1.47\times10^{-3}r^{0.70}h_c^{-2}P_m^{0.94} = 1.47\times10^{-3}\times0.763^{0.70}\times0.23^{-2}\times150^{0.94} = 2.554(\text{MPa})$$

按式(10-6)计算荷载疲劳应力，按式(10-10)计算最大荷载应力：

$$\sigma_{pr} = k_r k_f k_c \sigma_{ps} = 0.87\times2.162\times1.05\times1.744 = 3.44(\text{MPa})$$

$$\sigma_{p,max} = k_r k_c \sigma_{pm} = 0.87\times1.05\times2.554 = 2.33(\text{MPa})$$

其中，考虑接缝传荷能力的应力折减系数 $k_r=0.87$；综合系数 $k_c=1.05$；疲劳应力系数 $k_f=N_e^{\lambda}=(74.8\times10^4)^{0.057}=2.162$。

(5)温度应力。

由表10-12，最大温度梯度取88 ℃/m。计算综合温度翘曲应力和内应力的温度应力系数 B_L。

$$t = \frac{L}{3r} = \frac{4.5}{3\times0.763} = 1.97$$

$$C_L = 1-\frac{\sinh(1.97)\cos(1.97)+\cosh(1.97)\sin(1.97)}{\cos(1.97)\sin(1.97)+\sinh(1.97)\cosh(1.97)} = 1-0.162 = 0.838$$

$$B_L = 1.77e^{-4.48h_c}C_L - 0.131(1-C_L) = 1.77e^{-4.48\times0.23}\times0.838-0.131\times(1-0.838) = 0.508$$

按式(10-12)计算最大温度应力：

$$\sigma_{t,max} = \frac{\alpha_c E_c h_c T_g}{2}B_L = \frac{10^{-5}\times29\,000\times0.23\times88}{2}\times0.508 = 1.49(\text{MPa})$$

温度疲劳应力系数 k_t 为

$$k_t = \frac{f_r}{\sigma_{t,max}}\left[a_t\left(\frac{\sigma_{t,max}}{f_r}\right)^{b_t}-c_t\right] = \frac{4.5}{1.491}\times\left[0.828\times\left(\frac{1.491}{4.5}\right)^{1.323}-0.041\right] = 0.46$$

再由式(10-11)计算温度疲劳应力：

$$\sigma_{tr} = k_t\sigma_{t,max} = 0.46\times1.49 = 0.69(\text{MPa})$$

(6)结构极限状态校核。

查表10-7，二级公路、中等变异水平条件下的可靠度系数 γ_r 取1.13 。

按式(10-1)和式(10-2)校核路面结构极限状态是否满足要求。

$$\gamma_r(\sigma_{pr}+\sigma_{tr}) = 1.13\times(3.44+0.69) = 4.67(\text{MPa}) > f_r = 4.5\text{ MPa}$$

$$\gamma_r(\sigma_{p,max}+\sigma_{t,max}) = 1.13\times(2.33+1.49) = 4.32(\text{MPa}) \leqslant f_r = 4.5\text{ MPa}$$

显然，初拟的路面结构不能满足要求。将混凝土面层厚度增至0.24 m。重复以上计算，得到荷载疲劳应力 σ_{pr} = 3.26 MPa，最大荷载应力 $\sigma_{p,max}$ = 2.21 MPa，最大温度应力 $\sigma_{t,max}$ = 1.47 MPa，温度疲劳应力 σ_{tr} =0.67 MPa，然后进行结构极限状态验算。

$$\gamma_r(\sigma_{pr}+\sigma_{tr}) = 1.13\times(3.26+0.67) = 4.44(\text{MPa}) < f_r = 4.5\text{ MPa}$$

$$\gamma_r(\sigma_{p,max}+\sigma_{t,max}) = 1.13\times(2.21+1.47) = 4.16(\text{MPa}) \leqslant f_r = 4.5\text{ MPa}$$

满足结构极限状态要求，所选的普通混凝土面层计算厚度0.24 m可以承受设计基准期内设计轴载荷载和温度梯度的综合疲劳作用，以及最重轴载在最大温度梯度时的一次极限作用。取设计厚度为 0.25 m。

第三节　水泥混凝土路面构造设计

水泥混凝土面层是由一定厚度的混凝土板所组成的，它具有热胀冷缩的性质。由于一年四季气温的变化，混凝土板会产生不同程度的膨胀和收缩，从而引起混凝土板的轴向变形。而在一昼夜中，白天气温升高，混凝土板顶面温度较底面温度高，这种温度坡差会形成板中部隆起的趋势；夜间气温降低，板顶面温度较底面温度低，会使板的周边和角隅发生翘起的趋势，发生翘曲变形。这些变形会受到板与基础之间的摩阻力和黏结力，以及板的自重车轮荷载等的约束，致使板内产生过大的应力，造成板的断裂或拱胀等破坏。水泥混凝土路面不得不在纵、横两个方向设置许多接缝，把整个路面分割成许多板块，如图 10-1 所示。

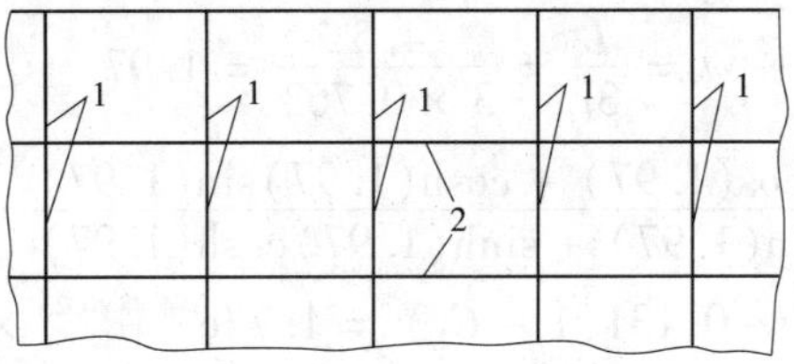

1—横缝；2—纵缝

图 10-1　路面接缝设置

一、水泥混凝土面板尺寸划分

纵横向方向的接缝把水泥混凝土面板划分成多个板块。板块宽度（纵向接缝的间距）宜在 3.0～4.5 m 范围内选用。板块长度（横向接缝间距），普通水泥混凝土面层宜为 4～6 m，面层板的长宽比不宜超过 1.35，平面面积不宜大于 25 m^2；碾压混凝土或钢纤维混凝土面层宜为 6～10 m，钢筋混凝土面层宜为 6～15 m，面层板的长宽比不宜超过 2.5，平面面积不宜大于 45 m^2。

二、纵向接缝

纵缝是与路线中线平行的接缝，包括施工缝和缩缝两种。

纵向接缝布设应根据路面总宽度、行车道及硬路肩宽度和施工铺筑宽度而定。

（1）一次铺筑宽度小于路面宽度时应设置纵向施工缝，纵向施工缝应采用设拉杆平缝形式，上部锯切深度为 30～40 mm、宽度为 3～8 mm 的槽口，槽内灌塞填缝料，构造如图 10-2（a）所示。

（2）一次铺筑宽度大于 4.5 m 时应设置纵向缩缝，纵向缩缝应采用设拉杆假缝形式，锯切的槽口深度应大于施工缝的槽口深度。采用粒料基层时，槽口深度应为板厚的 1/3；采用半刚性基层时，槽口深度应为板厚的 2/5。其构造如图 10-2（b）所示。

（3）碾压混凝土面层一次摊铺宽度大于 7.5 m 时应设置纵向缩缝，钢纤维混凝土面

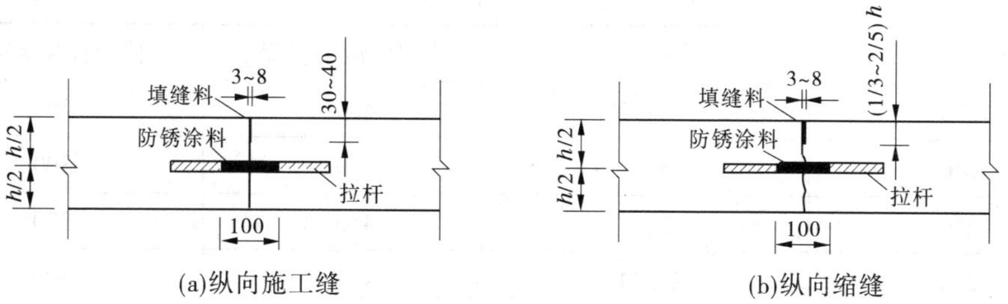

图 10-2 纵缝构造 （单位:mm）

层在摊铺宽度小于 7.5 m 时可不设纵向缩缝。

(4)行车道路面与混凝土硬路肩之间的纵向接缝必须设置拉杆。

纵向接缝应设拉杆。拉杆应采用螺纹钢筋,设在板厚中央,对拉杆中部 100 mm 范围内要进行防锈处理。拉杆的直径、长度和间距可参照表 10-15 选用。施工布设时,拉杆间距按横向接缝的实际位置予以调整,最外侧的拉杆距横向接缝的距离不得小于 100 mm。连续配筋混凝土面层的纵缝拉杆可由板内横向钢筋延伸穿过接缝代替。

表 10-15 拉杆直径、长度和间距

面层厚度(mm)	到自由边或未设拉杆纵缝的距离(m)					
	3.00	3.50	3.75	4.50	6.00	7.00
200 ~ 250	14 × 700 × 900	14 × 700 × 800	14 × 700 × 700	14 × 700 × 600	14 × 700 × 500	14 × 700 × 400
≥260	16 × 800 × 800	16 × 800 × 700	16 × 800 × 600	16 × 800 × 500	16 × 800 × 400	16 × 800 × 300

注:拉杆尺寸表示方法为直径 × 长度 × 间距。

三、横向接缝

横向接缝是垂直于行车方向的接缝,共有三种:缩缝、胀缝和施工缝。缩缝能保证板内温度和湿度的降低而收缩时可沿薄弱断面缩裂,从而避免产生不规则的裂缝。胀缝保证板在温度升高时能部分伸张,从而避免产生路面板在高温时的拱胀和折断破坏,同时胀缝也能起到缩缝的作用。另外,混凝土路面每天收工以及因雨天或其他原因不能继续施工时,应做成施工缝的构造形式。

(一)胀缝

在邻近桥梁或其他固定构造物处,或与其他道路相交处,应设置横向胀缝。胀缝条数视膨胀量大小而定。低温浇筑混凝土面层或选用膨胀性高的集料时,宜酌情确定是否需增设胀缝。胀缝的缝隙宜为 20 ~ 25 mm,缝内应设置富有弹性的填缝板和可滑动的传力杆。传力杆应采用光圆钢筋。其尺寸、间距的要求可按表 10-16 选用。

最外侧的传力杆距纵向接缝或自由边的距离宜为 150 ~ 250 mm。杆的半段固定在混凝土内,另半段涂沥青并套上长 8 ~ 10 cm 的铁皮或塑料套筒,筒底与杆端之间留出宽 30 ~ 40 mm 的空隙,并用纱头填充,以利板的自由伸缩。胀缝的构造如图 10-3 所示。在同一条胀缝上的传力杆,设有套筒的活动端最好在缝的两边交错布置。

表 10-16　传力杆尺寸和间距　（单位:mm）

面层厚度	传力杆直径	传力杆最小长度	传力杆最大间距
220	28	400	300
240	30	400	300
260	32	450	300
280	32 ~ 34	450	300
≥300	34 ~ 36	500	300

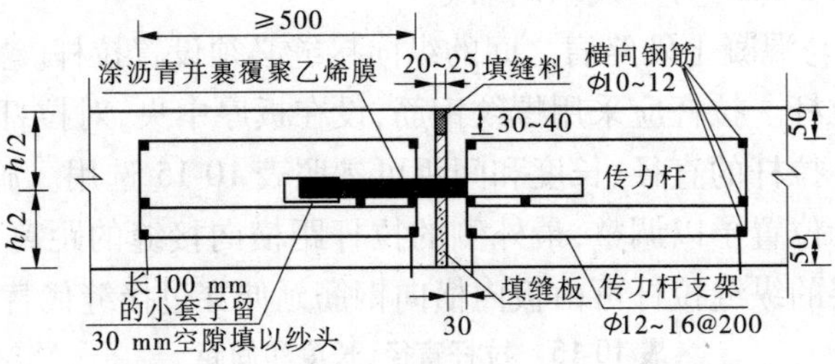

图 10-3　胀缝的构造　（单位：mm）

（二）缩缝

横向缩缝可等间距或变间距布置，应采用假缝形式。极重、特重和重交通荷载公路的横向缩缝，中等和轻交通荷载公路邻近胀缝或自由端部 3 条横向缩缝，收费广场的横向缩缝，应采用设传力杆假缝形式，其构造如图 10-4（a）所示。其他情况可采用不设传力杆假缝形式，其构造如图 10-4（b）所示。传力杆的设置不应妨碍相邻混凝土板的自由伸缩，钢筋表面应作防锈处理。

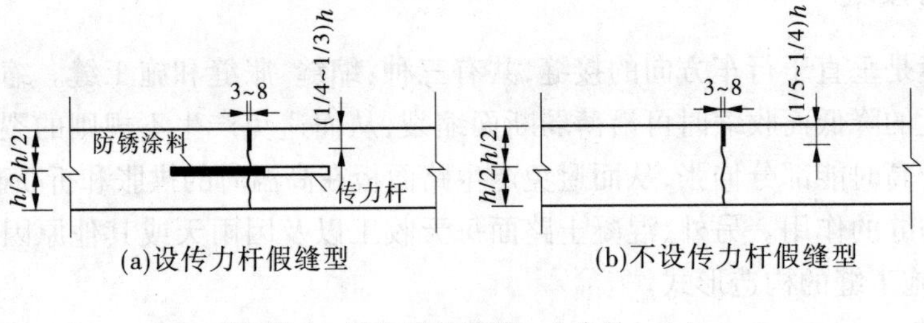

图 10-4　横向缩缝构造　（单位:mm）

横向缩缝顶部应锯切槽口。设置传力杆时槽口深度宜为面层厚度的 1/4 ~ 1/3，不设置传力杆时槽口深度宜为面层厚度的 1/5 ~ 1/4；槽口宽应根据施工条件、填缝料性能等因素确定，宜为 3 ~ 8 mm；槽内填塞填缝料，以防地面水下渗或石砂杂物进入缝内。二级及二级以下公路的槽口可一次锯切成型。高速公路和一级公路的槽口宜二次锯切成型，在第一次锯切缝的上部宜增设宽 7 ~ 10 mm 的浅槽口，槽口下不应设置背衬垫条，上部应用填缝料灌填。

横向缩缝的传力杆应采用光圆钢筋，其尺寸、间距和要求与胀缝相同，最外侧的传力杆距纵向接缝或自由边的距离宜为 150 ~ 250 mm。

（三）施工缝

每日施工结束或因临时原因中断施工时，必须设置横向施工缝，其位置宜选在缩缝或胀缝处。设在缩缝处的施工缝，应采用加传力杆的平缝形式，其构造如图10-5所示；设在胀缝处的施工缝，其构造应与胀缝相同。

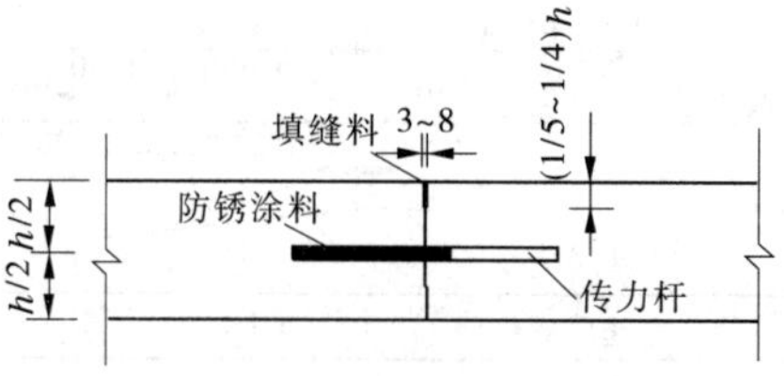

图10-5　横向施工缝构造（单位：mm）

四、交叉口接缝布置

布设交叉口的接缝时，不能将交叉口孤立出来进行。两条道路正交时，各条道路宜保持本身纵缝的连贯，而相交路段内各条道路的横缝位置应按相对道路的纵缝间距作相应变动，保证两条道路的纵横缝垂直相交，互不错位。两条道路斜交时，主要道路宜保持纵缝的连贯，而相交路段内的横缝位置应按次要道路的纵缝间距作相应变动，保证与次要道路的纵缝相连接。相交道路弯道加宽部分的接缝布置，应不出现或少出现错缝和锐角板；当出现错缝、锐角板时，宜加设防裂钢筋和角隅补强钢筋。

在次要道路弯道加宽段起终点断面处的横向接缝，应采用胀缝形式。膨胀量大时，应在直线段连续布置2~3条胀缝，并将胀缝设置在次要道路上。

五、接缝材料及其技术要求

接缝材料按使用性能分接缝板和填缝料两类。

（一）接缝板

胀缝接缝板要求能适应混凝土板的膨胀收缩、施工时不易变形、复原率高、耐久性好。填缝料应选用与混凝土面板接缝槽壁黏结力强、回弹性好、适应混凝土板收缩、不溶于水、不渗水、高温时不流淌、低温时不脆裂、老化、有一定抵抗砂石嵌入的能力、便于施工操作的材料。

接缝板可采用杉木板、纤维板、泡沫树脂板等。高速公路和一级公路宜选用泡沫橡胶板、沥青纤维板；其他等级公路也可选用木材类或纤维板类。

（二）填缝料

填缝料按施工温度分加热施工式和常温式两类。加热施工式填缝料主要由橡胶沥青类、聚氯乙烯胶泥类和沥青玛瑞脂类等。常温施工式填缝料有聚氨酯胶泥类、氯丁橡胶类、乳化沥青橡胶类等。高速公路、一级公路宜选用硅酮类、聚氨酯类填缝料；二级及二级以下公路可选用聚氨酯类、橡胶沥青类或改性沥青类填缝料。

六、与沥青路面衔接处理

混凝土路面与沥青路面相接时，应设置不小于3 m的过渡段。过渡段的路面应采用两种路面呈阶梯状叠合布置,其下面铺设的变厚度混凝土过渡板的厚度不得小于 200 mm,如图 10-6 所示。过渡板顶面应设横向拉槽,沥青层与过渡板之间应联结良好。过渡板与混凝土面层板相接处的接缝内宜设置直径 25 mm、长 700 mm、间距 400 mm 的拉杆。混凝土面层毗邻该接缝的 1 ~ 2 条横向接缝应采用胀缝形式。

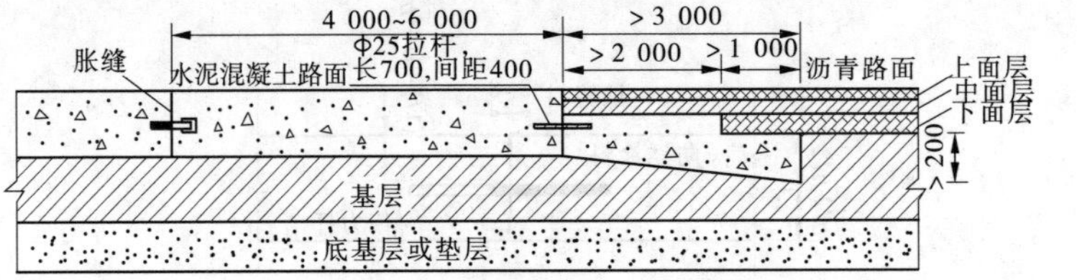

图 10-6　混凝土路面与沥青路面相接段的构造布置　(单位:mm)

七、普通混凝土路面面层构造钢筋布置

(一)边缘钢筋

普通混凝土面层基础薄弱的自由边缘、接缝为未设传力杆的平缝、主线与匝道相接处或与其他类型路面相接处,可在面层边缘的下部配置钢筋。可选用 2 根直径为 12 ~ 16 mm 的螺纹钢筋,置于面层底面之上 1/4 厚度处并不小于 50 mm,间距为 100 mm,钢筋两端向上弯起,如图 10-7 所示。

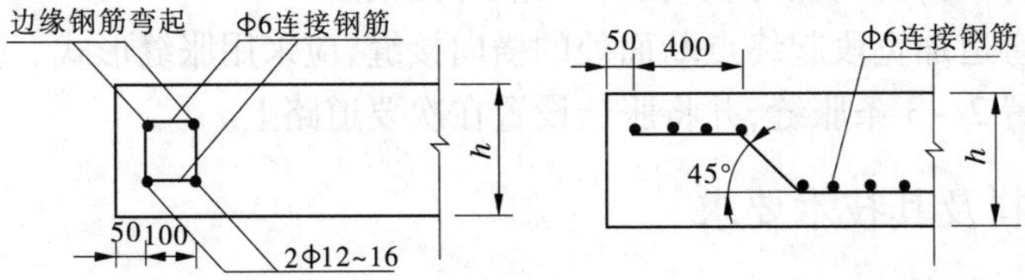

(a)横向剖面　　(b)纵向剖面

图 10-7　边缘钢筋布置　(单位:mm)

(二)角隅钢筋

承受极重、特重或重交通的水泥混凝土面层的胀缝、施工缝和自由边的角隅以及承受极重交通的水泥混凝土面层缩缝的角隅,宜配置角隅钢筋。可选用 2 根直径为 12 ~ 16 mm 的螺纹钢筋,置于面层上部,距顶面不小于 50 mm,间距为 100 mm,如图 10-8 所示。

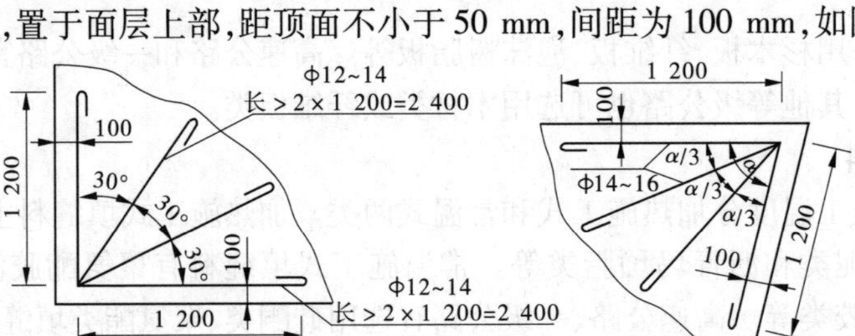

图 10-8　角隅钢筋布置　(单位:mm)

(三)面板下构造物横向穿越

混凝土面层下有箱形构造物横向穿越,在构造物顶宽及两侧各 1.5H + 1.5 m 且不小

于 4 m 的范围内，混凝土面层内应布设单层或双层钢筋网。钢筋直径宜为 12 mm，纵向钢筋间距宜为 100 mm，横向钢筋间距宜为 200 mm。配筋混凝土面层与相邻混凝土面层之间应设置设传力杆的缩缝。各种情况如下：

（1）构造物顶面至混凝土面层底面的间距 $H_0<800$ mm 时，设置双层钢筋网，上下层钢筋网应分别设置在距面层顶面和底面 1/4 ~ 1/3 厚度处，如图 10-9 所示。

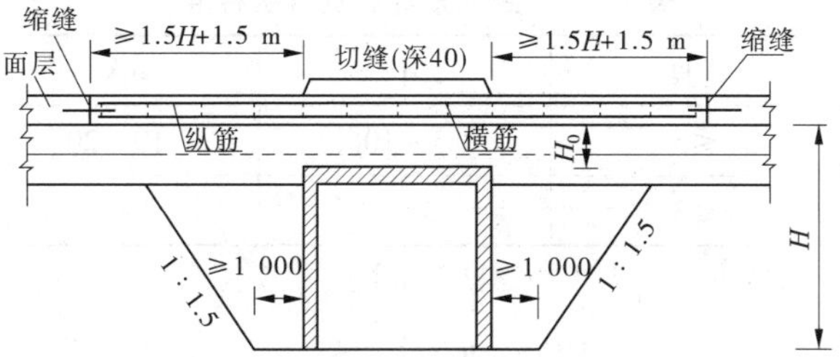

-9　箱形构造物横穿公路处的面层配筋（$H_0<800$ mm）　（单位：mm）

（2）构造物顶面至面层底面的间距 H_0 在 800 ~ 1 600 mm 时，混凝土面层中布设单层钢筋网。

（3）混凝土面层下有圆形管状构造物横向穿越，其顶面至面层底面的距离小于 1 200 mm 时，混凝土面层中布设单层钢筋网，如图 10-10 所示。

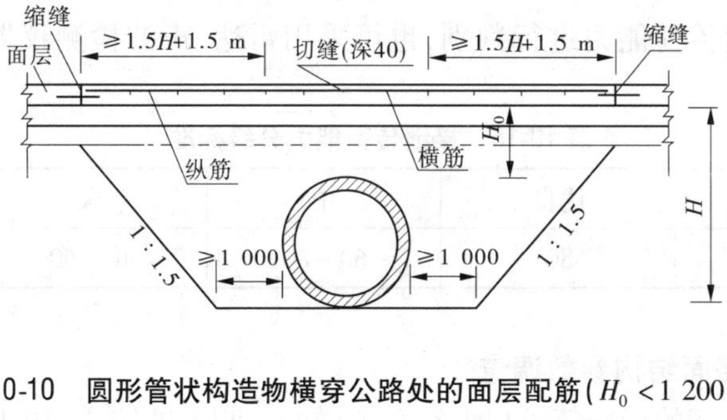

10-10　圆形管状构造物横穿公路处的面层配筋（$H_0<1\ 200$ mm）

第四节　旧水泥混凝土路面的加铺层设计

一、旧混凝土路面的技术调查

在进行旧混凝土路面加铺层设计之前，应调查公路修建和养护技术资料，包括路面结构和材料组成、接缝构造及养护历史，路面损坏状况，路面结构强度，承受的交通荷载及预计的交通需求，环境条件和桥隧净空等。

（一）路面损坏状况调查评定

混凝土路面的损坏状况采用断板率和平均错台量两项指标评定，分为 4 个等级，见表 10-17。断板率的调查和计算可按《公路水泥混凝土路面养护技术规范》（JTT 0731—2001）的规定进行；错台调查，量测点的位置在错台严重车道右侧边缘内 300 mm 处，以调查路段内各条接缝高程差的平均值表示该路段的平均错台量。

(二)接缝传荷能力和板底脱空状况调查评定

旧混凝土面层板的接缝传荷能力和板底脱空状况采用弯沉测试法调查评定。弯沉测试宜采用落锤式弯沉仪。测定接缝传荷能力的试验荷载应采用设计轴载的一侧轮载,将荷载施加在邻近接缝的路面表面,实测接缝两侧边缘的弯沉值,应按式(10-15)计算接缝的传荷系数。

表 10-17　路面损坏状况分级标准

等级	优良	中	次	差
断板率(%)	≤5	5~10	10~20	>20
平均错台量(mm)	≤3	3~7	7~12	>12

$$k_j = \frac{w_u}{w_l} \times 100 \tag{10-15}$$

式中　k_j——接缝传荷系数(%);

w_u——未受荷板接缝边缘处的弯沉值,0.01 mm;

w_l——受荷板接缝边缘处的弯沉值,0.01 mm。

旧混凝土面层的接缝传荷能力依据接缝传荷系数分为 4 个等级,分级标准见表 10-18。板底脱空可根据面层板角隅处的多级荷载弯沉测试结果,并综合考虑唧泥和错台发展程度以及接缝传荷能力进行判别,也可采用雷达、声波检测仪器检测板底脱空状况。

表 10-18　接缝传荷能力分级标准

等级	优良	中	次	差
接缝传荷系数 k_j	80	60~80	40~60	<40

(三)旧混凝土路面结构参数调查

旧混凝土面层厚度的标准值可根据钻孔芯样的量测高度按式(10-16)计算确定。

$$h_e = \bar{h}_e - 1.04S_h \tag{10-16}$$

式中　h_e——旧混凝土面层量测厚度的标准值,mm;

$\bar{h}_e$——旧混凝土面层量测厚度的均值,mm;

S_h——旧混凝土面层厚度量测值的标准差,mm。

旧混凝土面层弯拉强度的标准值可采用钻孔芯样的劈裂试验测定结果按式(10-17)和式(10-18)计算确定。

$$f_r = 1.87f_{sp}^{0.87} \tag{10-17}$$

$$f_{sp} = \bar{f}_{sp} - 1.04s_{sp} \tag{10-18}$$

式中　f_r——旧混凝土弯拉强度标准值,MPa;

f_{sp}——旧混凝土劈裂强度标准值,MPa;

$\bar{f}_{sp}$——旧混凝土劈裂强度测定值的均值,MPa;

s_{sp}——旧混凝土劈裂强度测定值的标准差,MPa。

旧混凝土的弯拉弹性模量标准值可按式(10-19)计算确定。

$$E_c = \frac{10^4}{0.09 + \dfrac{0.96}{f_r}} \tag{10-19}$$

式中　E_c——旧混凝土的弯拉弹性模量标准值,MPa;

f_r——旧混凝土的弯拉强度标准值,MPa。

旧混凝土路面基层顶面的当量回弹模量标准值,宜采用落锤式弯沉仪(标准荷载100 kN、承载板半径150 mm)量测板中荷载作用下的弯沉曲线,按式(10-20)和式(10-21)确定。

$$E_t = 100e^{3.60+24.03W_0^{-0.057}-15.63SI^{0.222}} \tag{10-20}$$

$$SI = \frac{W_0 + W_{300} + W_{600} + W_{900}}{W_0} \tag{10-21}$$

式中　E_t——基层顶面的当量回弹模量标准值,MPa;

SI——路面结构的荷载扩散系数;

W_0——荷载中心处的弯沉值,μm;

W_{300}、W_{600}、W_{900}——距离荷载中心300 mm、600 mm和900 mm处的弯沉值,μm。

二、混凝土加铺层结构设计

加铺层铺筑前应更换破碎板,修补裂缝,磨平错台,压浆填封板底脱空,清除接缝中失效的填缝料和杂物,并重新封缝。加铺层应根据使用要求及旧混凝土路面的状况,选用分离式或结合式水泥混凝土加铺结构,或沥青混凝土加铺结构,经技术经济比较后选定。

旧混凝板的厚度、混凝土的弯拉强度和弹性模量标准值以及基层顶面当量回弹模量标准值,采用旧混凝土路面的实测值,按旧混凝土路面结构参数调查方法计算确定。

(一)沥青加铺层结构设计

当旧混凝土路面的损坏状况和接缝传荷能力评定等级为次、中和优良等级以上时,均可采用沥青加铺层。

沥青加铺层可设单层或双层沥青面层,至少有一层采用密级配沥青混合料,可根据需要设置调平层,在路面边缘宜设置内部排水系统。沥青加铺层与原水泥混凝土面板之间宜洒布改性沥青,加强层间结合,避免层间滑移。应根据气温、荷载、旧混凝土路面承载能力、接缝处弯沉差等情况选用减缓反射裂缝的措施,典型路面结构组合如图10-11所示。

3~5 cm 细粒式沥青混凝土
4~6 cm 中粒式沥青混凝土
应力吸收层或土工防反射裂缝层
2~4 cm 调平层
处治后旧水泥混凝土路面

(a)设应力吸收层结构

3~5 cm 细粒式沥青混凝土
4~6 cm 中粒式沥青混凝土
8~12 cm 粗粒式沥青混凝土/10~15 cm 级配碎石
10~15 cm 级配碎石
处治后旧水泥混凝土路面

(b)采用开级配大粒径碎石结构

图10-11　水泥路面沥青加铺层典型结构

沥青加铺层厚度应兼顾混合料的公称最大粒径相匹配和减少反射裂缝的要求确定。

高速公路和一级公路的最小厚度宜为 100 mm，其他等级公路的最小厚度宜为 80 mm。

沥青加铺层下旧混凝土板的应力应按《公路水泥混凝土路面设计规范》(JTG D40—2011)附录 C“有沥青上面层的混凝土板应力分析”进行。

(二)分离式混凝土加铺层结构设计

当旧混凝土路面的损坏状况和接缝传荷能力评定等级为中等及以上，或者新旧混凝土板的平面尺寸不同、接缝形式或位置不对应或路拱横坡不一致时，应采用分离式混凝土加铺层。

在旧混凝土面层与加铺层之间应设置隔离层。隔离层材料宜选用沥青混凝土，厚度不宜小于 40 mm。分离式混凝土加铺层的接缝形式和位置，按新建混凝土面层的要求布置。

加铺层可采用普通混凝土、钢纤维混凝土、钢筋混凝土和连续配筋混凝土。普通混凝土、钢筋混凝土和连续配筋混凝土加铺层的厚度不宜小于 180 mm；钢纤维混凝土加铺层的厚度不宜小于 140 mm。加铺层和旧混凝土面层应力分析，按分离式双层板进行。

(三)结合式混凝土加铺层结构设计

当旧混凝土路面的损坏状况和接缝传荷能力评定等级为优良，面层板的平面尺寸及接缝布置合理，路拱横坡符合要求时，可采用结合式混凝土加铺层，宜采用铣刨、喷射高压水或钢珠、酸蚀等方法，打毛清理旧混凝土面层表面，并在清理后的表面涂敷黏结剂，使加铺层与旧混凝土面层结合成整体。结合式加铺层厚度不宜小于 80 mm。加铺层的接缝形式和位置应与旧混凝土面层的接缝完全对应和对齐，加铺层内可不设拉杆或传力杆。加铺层和旧混凝土板的应力分析，按结合式双层板进行。

(四)旧沥青路面上加铺水泥混凝土面层设计

旧沥青路面可采用水泥混凝土加铺层。加铺层铺筑前应对较严重的车辙、拥包进行铣刨，对坑槽和网裂较严重的路段应进行结构补强。确定旧沥青路面顶面的当量回弹模量，并按照新建水泥混凝土路面进行加铺层设计。

在旧沥青面层与水泥混凝土加铺层之间应设置调平层。调平层材料可选用沥青混凝土等。加铺层可采用普通混凝土、钢纤维混凝土、钢筋混凝土和连续配筋混凝土。普通混凝土、钢筋混凝土和连续配筋混凝土加铺层的厚度不宜小于 180 mm；钢纤维混凝土加铺层的厚度不宜小于 140 mm。超薄水泥混凝土加铺层的厚度宜为 80 ~ 130 mm，面板平面尺寸宜为 2.5 m × 1.0 m，切缝深度宜为面层板厚的 1/4 ~ 1/3，缝宽宜为 3 ~ 5 mm，无须封缝。

思考题

1. 水泥路面组合设计的任务和要求是什么？
2. 简要说明水泥混凝土路面结构设计方法。
3. 水泥混凝土路面的标准轴载是如何规定的？交通荷载等级是如何划分的？
4. 简述水泥混凝土路面面板厚的计算步骤。
5. 水泥混凝土路面的路面为何在纵、横两个方向设置许多接缝？

6. 边缘钢筋和角隅钢筋如何设置？

7. 水泥混凝土路面面板尺寸如何划分？拉杆和传力杆有何不同？

8. 旧混凝土路面加铺层设计有哪些类型？

实训题

公路自然区划Ⅲ区拟修建二级公路，采用普通水泥混凝土路面，路面宽为 9 m，路基为粉质土，路床顶距地下水位平均 1.2 m，基层采用级配碎石，设计轴载 $P_s = 100$ kN，最重轴载 $P_s = 100$ kN，设计车道使用初期日作用次数为 1 100 标准轴次，交通量年平均增长率为 5%，根据现行公路设计规范，试对该路面进行结构层厚度和接缝设计。

第十一章　水泥混凝土路面施工

学习目标

熟悉水泥混凝土路面的施工准备工作及内容，掌握混凝土拌和物搅拌与运输要领，掌握滑模摊铺机、小型机具施工铺筑水泥混凝土路面的施工要领。

第一节　施工准备

施工前的准备工作是组织施工的首要条件，是决定正常施工与否的关键因素。没有准备的施工或准备不充分的施工都会使路面施工工作难以顺利进行。可见，施工准备工作是相当重要的。

施工的准备工作主要包括施工机械选择、施工技术管理，搅拌场设置，摊铺前材料与设备的检查，路基、基层和封层的检测与修整等方面的内容。

一、施工机械选择

施工技术直接影响水泥混凝土路面的使用性能，而关键是路面混凝土施工的机械和技术。机械化施工是混凝土路面工程质量的重要保证，特别是高速公路、一级公路应尽可能安排滑模摊铺机和计算机控制的强制式混凝土楼进入主体工程施工，其他等级公路也应尽可能提高机械化施工的比例。根据公路等级的不同，混凝土路面的施工应配备的机械宜符合表11-1。

表11-1　与公路等级相适应的机械装备

摊铺机械装备	高速公路	一级公路	二级公路	三级公路	四级公路
滑模摊铺机	√	√	√	▲	○
轨道摊铺机	▲	√	√	√	○
三辊轴机组	○	▲	√	√	√
小型机具	×	○	▲	√	√
碾压混凝土机械	×	○	√	√	▲
计算机自动控制强制拌和楼(站)	√	√	√	▲	○
强制拌和楼(站)	×	○	▲	√	√

注：1. 符号含义：√应使用；▲有条件使用；○不宜使用；×不得使用。

2. 等级公路均不得使用体积计量、小型自落滚动式搅拌机，严禁使用人工控制加水量。

3. 碾压混凝土亦可用于高速公路、一级公路复合式路面的下面层和贫混凝土基层。

二、施工技术管理

开工前,建设单位应组织设计、施工、监理单位进行技术交底。施工单位应根据设计图纸、合同文件、摊铺方式、机械设备、施工条件等确定混凝土路面施工工艺流程、施工方案,进行详细的施工组织设计。开工前,施工单位应对施工、试验、机械、管理等岗位的技术人员和各工种技术工人进行培训。未经培训的人员不得单独上岗操作。

施工单位应根据设计文件,测量校核平面和高程控制桩,复测和恢复路面中心、边缘全部基本标桩,测量精确度应满足相应规范的规定。施工工地应建立具备相应资质的现场实验室,能够对原材料、配合比和路面质量进行检测与控制,提供符合交工检验、竣工验收和计量支付要求的自检结果。各种桥涵、通道等构筑物应提前建成,确有困难不能通行时,应有施工便道。施工时应确保运送混凝土的道路基本平整、畅通,不得延误运输时间或碾坏基层或桥面。施工中的交通运输应配备专人进行管制,保证施工有序、安全进行。摊铺现场和搅拌场之间应建立快速有效的通信联络,及时进行生产调度和指挥。

三、搅拌场设置

根据施工路段的长短与所采用的运输工具,混凝土可集中在一个场地拌制,也可以在沿线选择几个场地,随工程进展情况迁移。搅拌场地宜设置在运输混合料的运距最短的位置。搅拌场内部布置应满足原材料贮运、混凝土运输、供水、供电、钢筋加工等使用要求,并尽量紧凑,减少占地。同时搅拌场还要保证充足的水、电和燃料供应。

四、摊铺前材料与设备的检查

根据混凝土路面设计要求、工程规模和当地材料供应情况,调研优选,初步选择原材料供应商。对计划使用的原材料进行质量检验和混凝土配合比优化设计,经监理工程师抽检和试验验证,报请业主正式审批。同时,施工前必须对机械设备、测量仪器、基准线或模板、机具、工具及各种试验仪器等进行全面检查、调试、校核、标定、维修和保养,主要施工机械的易损零部件应有适量储备。

五、路基、基层和封层的检测与整修

路基应稳定、密实、均质,对路面结构提供均匀的支承。对桥头、软基、高填方、填挖交界等处的路基段,应进行边缘沉降观测,并采取切实有效的措施保证路基的稳定性。垫层、基层的宽度、路拱与标高、表面平整度和压实度均应检查其是否符合要求,如有不符之处,应予整修。面板铺筑前,应对基层进行全面的破损检查,当基层产生纵、横向断裂,隆起或碾坏时,应采取下述有效措施彻底修复。

在高速公路和一级公路的半刚性上基层表面,宜喷洒热沥青和石屑($2 \sim 3\ m^3/100\ m^2$)做滑动封层,或做乳化沥青稀浆封层。沥青封层或乳化沥青稀浆封层的厚度不宜小于 5 mm。在各交通等级有可能被水淹没浸泡路面的路段,可采用较厚的坚韧塑料薄膜或密闭土工膜覆盖基层防水。

当封层出现局部损坏时,摊铺前应采用相同的封层材料进行修补,经质量检验合格,并由监理签认后，方可铺筑水泥混凝土面层。

第二节　混凝土拌和物搅拌与运输

一、搅拌设备

搅拌场的拌和能力配置应符合下列规定：

采用滑模、轨道、碾压、三辊轴机组摊铺时，搅拌场配置的混凝土总拌和生产能力可按式(11-1)计算，并按总拌和能力确定所要求的搅拌楼数量和型号。

$$M = 60\mu bhV_t \tag{11-1}$$

式中 M——搅拌楼总拌和能力，m^3/h；

b——摊铺宽度，m；

V_t——摊铺速度，m/min(≥1 m/min)；

h——面板厚度，m；

μ——搅拌楼可靠性系数，1.2～1.5，根据下述具体情况确定：搅拌楼可靠性高，μ 可取较小值，反之，μ 取较大值；拌和钢纤维混凝土时，μ 应取较大值，坍落度要求较低者，μ 应取较大值。

不同摊铺方式所要求的搅拌楼最小生产容量应满足表 11-2 的规定。一般可配备 2～3 台搅拌楼，最多不宜超过 4 台。搅拌楼的规格和品牌尽可能统一。

表 11-2　混凝土路面不同摊铺方式的搅拌楼最小配置容量　（单位：m^3/h）

摊铺宽度	滑模摊铺	轨道摊铺	碾压混凝土	三辊轴机组摊铺	小型机具
单车道 3.75～4.5 m	≥100	≥75	≥75	≥50	≥25
双车道 7.5～9 m	≥200	≥150	≥150	≥100	≥50
整幅宽≥12.5 m	≥300	≥200	≥200	—	—

搅拌楼的配备应符合表 11-1 的规定。应优先选配间歇式搅拌楼，也可使用连续式搅拌楼。

二、拌和技术要求

（一）配料精确度控制方法

每台搅拌楼在投入生产前，必须进行标定和试拌。在标定有效期满或搅拌楼搬迁安装后，均应重新标定。施工中应每 15 d 校验一次搅拌楼计量精确度。搅拌楼配料计量偏差不得超过表 11-3 的规定。不满足时，应分析原因，排除故障，确保拌和计量精确度。采用计算机自动控制系统的搅拌楼时，应使用自动配料生产，并按需要打印每天（周、旬、月）对应路面摊铺桩号的混凝土配料统计数据及偏差。

表 11-3　搅拌楼的混凝土拌和计量允许偏差　（%）

材料名称	水泥	掺合料	钢纤维	砂	粗集料	水	外加剂
高速公路、一级公路每盘	±1	±1	±2	±2	±2	±1	±1
高速公路、一级公路累计每车	±1	±1	±1	±2	±2	±1	±1
其他公路	±2	±2	±2	±3	±3	±2	±2

（二）拌和时间

应根据拌和物的黏聚性、均质性及强度稳定性试拌确定最佳拌和时间。一般情况下，单立轴式搅拌机总拌和时间宜为 80 ~ 120 s，全部原材料到齐后的最短纯拌和时间不宜短于 40 s；行星立轴和双卧轴式搅拌机总拌和时间为 60 ~ 90 s，最短纯拌和时间不宜短于 35 s；连续双卧轴搅拌楼的最短拌和时间不宜短于 40 s，最长总拌和时间不应超过高限值的 2 倍。

（三）砂石料要求

在混凝土拌和过程中，不得使用沥水、夹冰雪、表面沾染尘土和局部暴晒过热的砂石料。

（四）外加剂使用

外加剂应以稀释溶液加入，其稀释用水原液中的水量，应从拌和加水量中扣除。使用间歇搅拌楼时，外加剂溶液浓度应根据外加剂掺量、每盘外加剂溶液筒的容量和水泥用量计算得出。连续式搅拌楼应按流量比例控制加入外加剂。加入搅拌锅的外加剂溶液应充分溶解，并搅拌均匀。有沉淀的外加剂溶液，应每天清除一次稀释池中的沉淀物。

（五）引气混凝土拌和

为提高路面混凝土的弯拉强度和耐久性，所有水泥混凝土路面都应使用引气剂，制成引气混凝土，并应按引气混凝土的拌和要求进行搅拌。

拌和物的含气量是在拌和过程中从空气中裹携进去的，如果搅拌锅是满的或密封的，没有给出空间让空气进入，即使掺用引气剂，也裹携不进空气，达不到要求的含气量。因此，搅拌楼一次拌和量不应大于其额定搅拌量的 90%，纯拌和时间应控制在含气量最大或较大时。

（六）粉煤灰混凝土拌和

粉煤灰或其他掺合料应采用与水泥相同的输送、计量方式加入。粉煤灰混凝土的纯拌和时间应比不掺时延长 10 ~ 15 s。当同时掺用引气剂时，宜通过试验适当增大引气剂掺量，以达到规定含气量。

（七）拌和物质量检验与控制

1. 检查项目和检查频率

在搅拌过程中，拌和物质量检验与控制应符合表 11-4 的规定。低温或高温天气施工时，拌和物出料温度宜控制在 10 ~ 35 ℃，并应测定原材料温度、拌和物的温度、坍落度损失率和凝结时间等。

表 11-4　混凝土拌和物的质量检验项目和频率

检查项目	检查频度	
	高速公路、一级公路	其他公路
水灰比及稳定性	每 5 000 m^3 抽检 1 次,有变化随时测	每 5 000 m^3 抽检 1 次,有变化随时测
坍落度及其均匀性	每工班测 3 次,有变化随时测	每工班测 3 次,有变化随时测
坍落度损失率	开工、气温较高和有变化随时测	开工、气温较高和有变化随时测
振动黏度系数	试拌、原材料和配合比有变化时测	试拌、原材料和配合比有变化时测
钢纤维体积率	每工班测 2 次,有变化随时测	每工班测 2 次,有变化随时测
含气量	每工班测 2 次,有抗冻要求不少于 3 次	每工班测 2 次,有抗冻要求不少于 3 次
泌水率	必要时测	必要时测
视密度	每工班测 1 次	每工班测 1 次
温度、凝结时间、水化发热量	冬、夏季施工,气温最高、最低时,每工班至少测 1 ~ 2 次	冬、夏季施工,气温最高、最低时,每工班至少测 1 次
离析	随时观察	随时观察
VC 值及稳定性、压实度、松铺系数	碾压混凝土做复合式路面底层时,检查频率与其他公路相同	每工班测 3 ~ 5 次,有变化随时测

2. 匀质性和稳定性要求

拌和物应均匀一致,有生料、干料、离析或外加剂、粉煤灰成团现象的非均质拌和物严禁用于路面摊铺。

一台搅拌楼的每盘之间,各搅拌楼之间,拌和物的坍落度最大允许偏差为 ±10 mm。拌和坍落度应为最适宜摊铺的坍落度值与当时气温下运输坍落度损失值两者之和。

(八) 钢纤维混凝土、碾压混凝土拌和

钢纤维混凝土、碾压混凝土拌和除应满足上述规定外,尚应符合其施工特殊要求,详见《公路水泥混凝土路面施工技术规范》(JTG F30—2003)。

三、水泥混凝土的运输

(一) 总运力要求

应根据施工进度、运量、运距及路况,选配车型和车辆总数。总运力应比总拌和能力略有富余。确保新拌混凝土在规定时间内运到摊铺现场。机械摊铺系统配套的运输车数量,可按式(11-2)计算。

$$N = 2n\left(1 + \frac{S\gamma_c m}{V_q g_q}\right) \tag{11-2}$$

式中　N——汽车辆数,辆;

n——相同产量搅拌楼台数;

S——单程运输距离,km;

γ_c——混凝土密度，t/m³；

m——一台搅拌楼每小时生产能力，m³/h；

V_q——车辆的平均运输速度，km/h；

g_q——汽车载重能力，t/辆。

（二）运输时间

运输到现场的拌和物必须具有适宜摊铺的工作性。不同摊铺工艺的混凝土拌和物从搅拌机出料到运输、铺筑完毕的允许最长时间应符合表11-5的规定。不满足时应通过试验，加大缓凝剂或保塑剂的剂量。

表11-5　混凝土拌和物出料到运输、铺筑完毕允许最长时间

施工气温（℃）	到运输完毕允许最长的时间（h）		到铺筑完毕允许最长时间（h）	
	滑模、轨道	三轴、小机具	滑模、轨道	三轴、小机具
5～9	2.0	1.35	2.5	2.0
10～19	1.5	1.0	2.0	1.5
20～29	1.0	0.75	1.5	1.25
30～35	0.75	0.50	1.25	1.0

注：施工气温指施工时间的日间平均气温，使用缓凝剂延长凝结时间后，本表数可增加0.25～0.5 h。

（三）混凝土拌和物运输注意事项

（1）运输混凝土的车辆装料前，应清洁车厢（罐），洒水润壁，排干积水。装料时，自卸车应挪动车位，防止离析。搅拌楼卸料落差不应大于2 m。

（2）混凝土运输过程中应防止漏浆、漏料和污染路面，途中不得随意耽搁。自卸车运输应减小颠簸，防止拌和物离析。车辆起步和停车应平稳。

（3）超过表11-5规定摊铺允许最长时间的混凝土不得用于路面摊铺。混凝土一旦在车内停留超过初凝时间，应采取紧急措施处置，严禁混凝土硬化在车厢（罐）内。

（4）烈日、大风、雨天和低温天气远距离运输时，自卸车应遮盖混凝土，罐车宜加保温隔热套。

（5）使用自卸车运输混凝土最远运输半径不宜超过20 km。

（6）运输车辆在模板或导线区调头或错车时，严禁碰撞模板或基准线，一旦碰撞，应告知测量人员重新测量纠偏。

（7）车辆倒车及卸料时，应由专人指挥。卸料应到位，严禁碰撞摊铺机和前场施工设备及测量仪器。卸料完毕，车辆应迅速离开。

（8）碾压混凝土卸料时，车辆应在前一辆车离开后立即倒向摊铺机，并在机前10～30 cm处停住，不得撞击摊铺机械，然后换成空挡，并迅速升起料斗卸料，靠摊铺机推动前进。

第三节　混凝土面层铺筑

目前，我国水泥混凝土面层常用的施工方法主要有滑模摊铺机施工、轨道摊铺机施工、三辊轴机组施工、小型机具施工以及碾压混凝土施工等，其中轨道摊铺机、三辊轴机组、小型机具是固定模板施工，而滑模摊铺机是两侧设置有随机移动的固定滑模施工，碾压混凝土是摊铺机为主铺筑的无侧模施工技术。

本节重点介绍滑模机摊铺、小型机具施工技术方法。

一、滑模摊铺机铺筑

滑模摊铺机的出现是混凝土路面施工技术的一大革命，滑模摊铺机施工是目前水泥混凝土路面中速度最快、效率最高、质量最好的水泥混凝土路面铺筑方式。下面主要介绍滑模摊铺机的施工要点。滑模摊铺机组成包括发动机、控制箱、整形板、振动器及振动棒、拉模、刮板、螺旋器等，如图 11-1 所示。

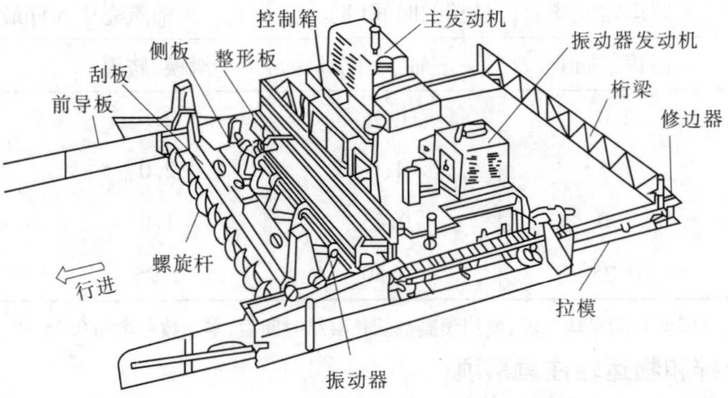

图 11-1　滑模摊铺机组成示意图

(一)机械配备

1. 滑模摊铺机选配

高速公路、一级公路施工，宜选配能一次摊铺 2 ~ 3 个车道宽度(7.5 ~ 12.5 m)的滑模摊铺机，二级及二级以下公路路面的最小摊铺宽度不得小于单车道设计宽度。硬路肩的摊铺宜选配中、小型多功能滑模摊铺机，并宜连体一次摊铺路缘石。滑模摊铺机可按表 11-6 的基本技术参数选择。

表 11-6　滑模摊铺机基本技术参数

型号	发动机功率(kW)	摊铺宽度(m)	摊铺厚度(m)	摊铺速度(m/min)	空转速度(m/min)	行走速度(m/min)	履带数(个)	整机质量(t)
特大型三车道滑模摊铺机	200 ~ 300	12.5 ~ 16.0	0 ~ 500	0 ~ 3	0 ~ 5	0 ~ 15	4	57 ~ 135
大型双单车道滑模摊铺机	150 ~ 200	3.6 ~ 9.7	0 ~ 500	0 ~ 3	0 ~ 5	0 ~ 18	2 ~ 4	22 ~ 50
中型多功能单车道滑模摊铺机	70 ~ 150	2.5 ~ 6.0	0 ~ 400 栏杆高度 800 ~ 1 900	0 ~ 3	0 ~ 9	0 ~ 15	2、3、4	12 ~ 27
路缘石滑模摊铺机	≤80	≤2.5	≤450	0 ~ 5	0 ~ 9	0 ~ 10	2、3	≤10

2. 布料设备选配

用滑模摊铺机摊铺路面时，可配备一台挖掘机或装载机辅助布料。采用前置钢筋支架法设置缩缝传力杆的路面、钢筋混凝土路面、桥面和桥头搭板时，可因地制宜地选配下列布料机械：

(1)侧向上料的布料机。

(2)侧向上料的供料机。

(3)带侧向上料机构的滑模摊铺机。

(4)挖掘机加料斗(侧向供料)。

(5)吊车加短便桥钢凳(车辆直接卸料)。

(6)吊车加料斗(起吊布料)。

3. 抗滑构造施工设备

滑模摊铺水泥混凝土路面的宏观抗滑构造，可采用拉毛养生机或人工软拉槽制作抗滑沟槽。工程规模大、日摊铺进度快时，宜采用拉毛养生机。高速公路、一级公路宜采用刻槽机进行硬刻槽，其刻槽作业宽度不宜小于 500 mm，所配备的硬刻槽机数量及刻槽能力应与滑模摊铺进度相匹配。

4. 切缝设备

滑模摊铺混凝土路面的切缝施工，可使用软锯切缝、支架式硬锯切缝和普通切缝机。配备的锯缝机数量及切缝能力应与滑模摊铺进度相适应。

5. 滑模摊铺系统

滑模摊铺系统机械配套宜符合表 11-7 的要求。

表 11-7　滑模摊铺机施工主要机械和机具配套

工作内容	主要施工机械设备	
	名称	机型及规格
钢筋加工	钢筋锯断机、折弯机、电焊机	根据需要定规格和数量
测量基准线	水准仪、经纬仪、全站仪①	根据需要定规格和数量
	基准线、线桩及紧线器	300 个桩、5 个紧线器、3 000 m 基准线
搅拌	强制式搅拌楼	不小于 50 m^3/h，数量由计算确定
	装载机	2～3 m^3
	发电机	不小于 120 kW
	供水泵和蓄水池	不小于 250 m^3
运输	运输车①	4～6 m^3，数量由匹备计算确定
	自卸车	4～24 m^3，数量由匹备计算确定
摊铺	布料机①，挖掘机、吊车等布料设备	根据需要定规格和数量
	滑模摊铺机 1 台	技术参数见表 11-6
	手持振捣棒、整平梁、模板	根据人工施工接头需要定

续表 11-7

工作内容	主要施工机械设备	
	名称	机型及规格
抗滑	拉毛养生机①1 台	与滑模铺摊机同宽
	人工拉毛齿耙、工作桥	根据需要定规格和数量
	硬刻槽机①,刻槽宽度不小于 500 mm,功率不小于 7.5 kW	数量与摊铺进度匹配
切缝	软锯缝机	根据需要定规格和数量
	常规锯缝机或支架锯缝机	根据需要定规格和数量
	移动发电机	12 ~ 60 kW,数量由施工需要定
磨平	水磨石磨机	用于处理欠平整部位
灌缝	灌缝机或插胶条工具	根据需要定规格和数量
养生	压力式喷洒机或喷雾机	根据需要定规格和数量
	工地运输车	4 ~ 6 t,按需要定数量
	洒水车	4.5 ~ 8 t,按需要定数量

注:①可按设备、投资、施工方式等不同要求选配。

(二)基准线设置

滑模摊铺机施工的基准设置有基准线、滑靴、多轮移动支架和搬动方铝管等多种形式。根据我国的基层平整度现状,滑模摊铺水泥混凝土路面的施工基准设置,当前宜采用基准线方式。

1. 基准线的形式

滑模摊铺混凝土路面的施工应设置基准线。基准线设置形式有单向坡双线式、单向坡单线式和双向坡双线式三种。单向坡双线式基准线位于摊铺机两侧,所摊铺的混凝土面层板横向坡度为单向坡,两根基准线间的横坡应与路面一致;单向坡单线式基准线位于摊铺机一侧,已铺筑好的一侧不设基准线,所摊铺出来的混凝土面层板横线坡度为单向坡,必须在另一侧具备适宜的基准,路面横向连接摊铺,其横坡应与已铺路面一致;双向坡双线式的两根基准线位于摊铺机两侧,在直线段平行且间距相等,路拱靠滑模摊铺机自动铺成。

2. 基准线设置应满足的技术要求

基准线宽度除应保证摊铺宽度外,尚应满足两侧 650 ~ 1 000 mm 横向支距的要求。基准线桩纵向间距:直线段不应大于 10 m,竖、平曲线路段视曲线半径大小应加密布置,最小 2.5 m。线桩固定时,基层顶面到夹线臂的高度宜为 450 ~ 750 mm。基准线桩夹线臂夹口到桩的水平距离宜为 300 mm。基准线桩应钉牢固。单根基准线的最大长度不宜大于 450 m,基准线拉力不应小于 1 000 N。基准线的设置精确度应符合表 11-8 的规定。

表 11-8　基准线设置精确度要求

项目	中线平面偏差（mm）	路面宽度偏差（mm）	面板厚度偏差（mm）		纵断高程偏差（mm）	横坡偏差（%）	连接纵缝高差（mm）
			代表值	极值			
规定值	≤10	≤ +15	≥ -3	≥ -8	±5	±0.10	±1.5

注：在基准线上单车道一个横断面测 3 点、双车道测 5 点测定板厚，其平均值为该断面平均板厚。断面平均板厚应薄于其代表值；极小值不应薄于极值。每 200 m 测 10 个断面，其均值为该路段平均板厚，路段平均板厚不应小于设计板厚。不满足上述要求，不得摊铺面板。

基准线设置后，严禁扰动、碰撞和振动。一旦碰撞变位，应立即重新测量纠正。多风季节施工，应缩小基准线桩间距。

（三）摊铺准备

摊铺前，应对施工现场准备工作进行检查，确保摊铺一次成型。

所有施工设备和机具均应处于良好状态，并全部就位。基层、封层表面及履带行走部位应清扫干净。摊铺面板位置应洒水湿润，但不得积水。横向连接摊铺时，前次摊铺路面纵缝的溜肩胀宽部位应切割顺直。侧边拉杆应校正扳直，缺少的拉杆应钻孔锚固植入。纵向施工缝的上半部缝壁应满涂沥青。

（四）布料

滑模摊铺机前的正常料位高度应在螺旋布料器叶片最高点以下，亦不得缺料。卸料、布料应与摊铺速度相协调。当坍落度在 10 ~ 50 mm 时，布料松铺系数宜控制在 1.08 ~ 1.15。布料机与滑模摊铺机之间施工距离宜控制在 5 ~ 10 m。摊铺钢筋混凝土路面、桥面或搭板时，严禁任何机械开上钢筋网。

（五）滑模摊铺机的施工参数设定及校准

滑模摊铺机初步设定的项目主要有：

（1）振捣棒下缘位置应在挤压板最低点以上，振捣棒的横向间距不宜大于 450 mm，均匀排列；两侧最边缘振捣棒与摊铺边沿距离不宜大于 250 mm。

（2）挤压底板前倾角宜设置为 3°左右，提浆夯板位置宜在挤压底板前缘以下 5 ~ 10 mm。无须设前仰角的滑模摊铺机可将挤压底板前后调水平。

（3）设超铺角的滑模机两边缘超铺高程，根据拌和物稠度宜在 3 ~ 8 mm 间调整。带振动搓平梁的摊铺机应将搓平梁前沿调整到与挤压板后沿高程相同，搓平梁的后沿比挤压底板后沿低 1 ~ 2 mm，并与路面高程相同。

（4）滑模摊铺机首次摊铺路面，应挂线对其铺筑位置、几何参数和机架水平度进行调整与校准，正确无误后，方可开始摊铺。

（5）在开始摊铺的 5 m 内，应在铺筑行进中对摊铺出的路面标高、边缘厚度、中线、横坡度等参数进行复核测量。所摊铺的路面精确度应控制在表 11-8 的规定值范围内。

（六）滑模摊铺机铺筑作业技术要点

1. 摊铺速度

操作滑模摊铺机应缓慢、匀速、连续不间断地作业。摊铺速度应根据拌和物稠度、供料多少和设备性能，控制在 0.5 ~ 3.0 m/min，一般宜控制在 1 m/min 左右。当拌和物稠度发生变化时，应先调振捣频率，后改变摊铺速度。严禁料多追赶，然后随意停机等待，间歇摊铺。

2. 控制振捣频率

摊铺机以正常速度施工时，振捣频率可在 6 000 ~ 11 000 r/min 调整，宜采用 9 000 r/min 左右。应防止混凝土过振、欠振或漏振。应根据混凝土的稠度大小，随时调整摊铺的振捣频率或速度。当混凝土偏稀时，应适当降低振动频率，加快摊铺速度，但最快不得超过 3 m/min，最小振捣频率不得小于 6 000 r/min；当偏干时，应提高振捣频率，但最大不得大于 11 000 r/min，并减慢摊铺速度，最小速度宜控制在 0.5 ~ 1.0 m/min。注意，摊铺机在起步时，应先开启振捣棒振捣 2 ~ 3 min，再缓慢平稳推进，摊铺机脱离混凝土后，应立即关闭振捣棒组。

3. 纵坡施工

滑模摊铺机满负荷时可铺筑的路面最大纵坡为：上坡 5%，下坡 6%。上坡时，挤压底板前仰角宜适当调小，并适当调小抹平板压力；下坡时，前仰角宜适当调大，并适当调大抹平板压力。板底不小于 3/4 长度接触路表面时抹平板压力适宜。

4. 弯道施工

滑模摊铺机可施工的最小弯道半径为 50 m，最大超高横坡为 7%。摊铺单向横坡时，可跟线摊铺，随时观察和调整抹平板内外侧的抹面距离，防止压垮边缘。摊铺中央路拱时，可输入控制参数，自动控制生成路拱。也可根据生成的几何位置，手工调节形成设计路拱。

5. 拉杆的施工要点

摊铺单车道路面时，应按画面设计要求配置一侧或双侧打纵缝拉杆的机械装置。侧向拉杆装置的正确插入位置应在挤压底板的中下或偏后部。拉杆打入可分为手推、滚压、气打几种方式。同时摊铺 2 个以上车道时，除侧向打入拉杆的装置外，还应在假纵缝位置配置一个以上中间主行自动插入装置，该装置有前插式和后插式两种配置。中间拉杆后插式装置适用带有振动搓平梁或修复插入缺陷振动装置的摊铺机，其他摊铺机可用中间拉杆前插式装置。

6. 抹平的操作要点

在滑模摊铺过程中应采用自动抹平板装置进行抹面。对少量局部麻面和明显缺料部位，应在挤压板后或搓平梁前补充适量拌和物，由搓平梁或抹平板机械修整。滑模摊铺的混凝土面板在下列情况下可用人工进行局部修整：

(1) 用人工操作抹面抄平器，精整摊铺后表面的小缺陷，但不得在整个表面加薄层修补路面标高。

(2) 对纵缝边缘出现的倒边、塌边、溜肩现象，应在顶侧模或上部支撑铝管内侧进行边缘补料修整。

(3) 对起步和纵向施工接头处，应采用水准仪抄平并采用大于 3 m 的靠尺边测边修整。

7. 连续摊铺及抗滑构造的要点

连接摊铺时，养护 5 ~ 7 d 后，方允许摊铺相邻车道。软拉抗滑构造时表面砂浆层厚度宜控制在 4 mm 左右，硬刻槽路面的砂浆表层厚度宜控制在 2 ~ 3 mm。

(七)滑模摊铺机常见问题处置

(1)摊铺中应经常检查振捣棒的工作情况和位置。路面出现麻面或拉裂现象时,必须停机检查或更换振捣棒。摊铺后,路面上出现发亮的砂浆条带时,必须调高振捣棒位置,使其底缘在挤压底板的后缘高度以上。

(2)摊铺宽度大于7.5 m时,若左右两侧拌和物的稠度不一致,摊铺速度应按偏干一侧设置,并应将偏稀一侧振捣棒频率迅速调小。

(3)应通过调整拌和物稠度、停机待料时间、挤压底板前仰角、起步及摊铺速度等措施控制和消除横向拉裂现象。

(4)摊铺中的滑模摊铺机停机等料最长时间超过当时气温下混凝土初凝时间的4/5时,应将滑模摊铺机迅速开出摊铺工作面,并做施工缝。

二、人工小型机具铺筑

(一)机具选型与配套

小型机具性能应稳定可靠、操作简易、维修方便,机具配套应与工程规模、施工进度相适应。选配的成套机械、机具应符合表11-9的要求。

表11-9 小型机具施工配套机械、机具配置

工作内容	主要施工机械机具	
	机械机具名称、规格	数量、生产能力
钢筋加工	钢筋锯断机、折弯机、电焊机	根据需要定规格和数量
测量	水准仪、经纬仪	根据需要定规格和数量
架设模板	与路面厚度等高3 m长槽钢模板、固定钢钎	数量不少于3 d摊铺用量
搅拌	强制式搅拌楼,单车道≥25 m^3/h 双车道≥50 m^3/h	总搅拌生产能力及搅拌楼数量, 根据施工规模和进度由计算确定
	装载机	2~3 m^3
	发电机	≥120 kW
	供水泵和蓄水池	单车道≥100 m^3,双车道≥200 m^3
振实	5~10 t自卸车	数量由匹配计算确定
	手持振捣棒,功率≥1.1 kW	每2 m宽路面不少于1根
	平板振动器,功率≥2.2 kW	每车道路面不少于1个
	振捣整平梁,刚度足够	每车道路面不少于1个振动器
	2个振动器,功率≥1.1 kW	每车道路面不少于1个振动器
	现场发电机,功率≥30 kW	不少于2台

续表 11-9

工作内容	主要施工机械机具	
	机械机具名称、规格	数量、生产能力
提浆整平	提浆滚杠，直径 15～20 mm，表面光滑无缝钢管，壁厚≥3 mm	长度适应铺筑宽度，一次摊铺单车道路面 1 根，双车道路面 2 根
	叶片式或圆盘式抹面机	每车道路面不少于 1 台
	3 m 刮尺	每车道路面不少于 2 根
	手工抹刀	每车道路面不少于 1 把
真空脱水	真空脱水机，有效抽速≥15 L/s	每车道路面不少于 1 台
	真空吸垫，尺寸不小于 1 块板	每台吸水机应配 3 块吸垫
抗滑构造	工作桥	不少于 3 个
	人工拉毛齿耙、压槽器	根据需要定量
切缝	软锯缝机	根据需要定量
	手推锯缝机	根据需要定量
磨平	水磨石磨机	用于处理欠平整部位
灌缝	灌缝机具	根据需要定规定和数量
养生	洒水车，4.5～8.0 t	按需要定数量
	压力式喷洒机或喷雾器	根据需要定规格和数量
	工地运输车，4～6 t	按需要定数量

(二)摊铺、振实与整平

1. 摊铺

混凝土拌和物摊铺前，应对模板的位置、支撑稳固情况及传力杆、拉杆的安设等进行全面检查。修复破损基层，并洒水润湿，以免混凝土底部的水分被干燥的基层吸去，变得疏松以致产生细裂缝。用厚度标尺板全面检测板厚与设计值相符，方可开始摊铺。

应有专人指挥自卸车，尽量准确卸料，人工布料应用铁锹反扣，严禁抛掷和耧耙。人工摊铺混凝土拌和物的坍落度应控制在 5～20 mm，拌和物松铺系数宜控制在 1.10～1.25，料偏干，取较高值；反之，取较低值。

因故造成 1 h 以上停工或达到 2/3 初凝时间，致使拌和物无法振实时，应在已铺筑好的面板端头设置施工缝，废弃不能被振实的拌和物。

2. 插入式振捣棒振实

在待振横断面上，每车道路面应使用 2 根振捣棒，组成横向振捣棒组，沿横断面连续振捣密实，并应注意路面板底、内部和边角处不得欠振或漏振。

振捣棒在每一处的持续时间，应以拌和物全面振动液化，表面不再冒气泡和泛水泥浆为限，不宜过振，也不宜少于 30 s。振捣棒的移动间距不宜大于 500 mm；至模板边缘的距离不宜大于 200 mm。应避免碰撞模板、钢筋、传力杆和拉杆。振捣棒插入深度宜离基层 30～50 mm，振捣棒应轻插慢提，不得猛插快拔，严禁推行和拖拉振捣棒在拌和物中振捣。振捣时，应辅以人工补料，应随时检查振实效果、模板、拉杆、传力杆和钢筋网的移位、变形、松动、漏浆等情况，并及时纠正。

3. 振动板振实

在振捣棒已完成振实的部位，可使用振动板纵横交错两遍全面提浆振实，每车道路面应配备 1 块振动板。振动板移位时，应重叠 100～200 mm，振动板在一个位置的持续振捣时间不应少于 15 s。振动板须由两人提拉振捣和移位，不利自由放置或长时间持续振动。移位控制以振动板底部和边缘泛浆厚度（3 ± 1）mm 为限。振动板振捣中，缺料的部位应辅以人工补料找平。

4. 振动梁振实

每车道路面宜使用 1 根振动梁。振动梁应具有足够的刚度和质量，底部应焊接或安装深度 4 mm 左右的粗集料压实齿，保证（4 ± 1）mm 的表面砂浆厚度。

振动梁应垂直路面中线沿纵向拖行，往返 2～3 遍，使表面泛浆均匀平整。在振动梁拖振整平过程中，缺料处应使用混凝土拌和物填补，不得用纯砂浆填补；料多的部位应铲除。

5. 整平饰面

整平饰面包括滚杠提浆整平、抹面机压浆整平饰面、精整饰面三道工序。

（1）滚杠提浆整平。每车道路面应配备 1 根滚杠（双车道两根）。振动梁振实后，应拖动滚杠往返 2～3 遍提浆整平。第一遍应短距离缓慢推滚或拖滚，然后应较长距离匀速拖滚，并将水泥浆始终赶在滚杠前方，多余水泥浆应铲除。

（2）抹面机压浆整平饰面。拖滚后的表面宜采用叶片式或圆盘式抹面机往返 2～3 遍压实整平饰面。抹面机配备每车道路面不宜少于 1 台。也可采用 3 m 刮尺，纵、横各 1 遍整平饰面。

（3）精整饰面。在抹面机完成作业后，应进行清边整缝，清除黏浆，修补缺边、掉角。应使用抹刀将抹面机留下的痕迹抹平，当烈日暴晒或风大时，应加快表面的修整速度，或在防雨篷遮阴下进行。精整饰面后的面板表面应无抹面印痕，致密均匀，无露骨，平整度应达到规定要求。

小型机具施工如图 11-2 所示。

（三）真空脱水工艺要求

小型机具施工三、四级公路混凝土路面，应优先采用在拌和物中掺外加剂，无掺外加剂条件时，应使用真空脱水工艺，真空脱水工艺适用于面板厚度不大于 24 cm 混凝土面板施工。

使用真空脱水工艺时，混凝土拌和物的最大单位用水量可比不采用外加剂时增大3～12 kg/m^3。拌和物适宜坍落度：高温天 30～50 mm，低温天 20～30 mm。

1. 真空脱水机具

真空脱水机具主要包括真空脱水机和真空吸垫。真空脱水机要求配备真空度稳定、有自动脱水计量装置、有效抽速不小于 15 L/s 的脱水机。真空吸垫要求真空度均匀，密

图 11-2　小型机具进行水泥路面铺筑施工

封性能好,脱水效率高,操作简便、铺放容易、清洗方便。每台真空脱水机应配备不少于 3 块吸垫。

2. 真空脱水作业

脱水前,应检查真空泵空载真空度不小于 0.08 MPa,并检查吸管、吸垫连接后的密封性,同时应检查随机工具和修补材料是否齐备。吸垫铺放应采取卷放,避免皱折,边缘应重叠已脱水的面板 50 ~ 100 mm。

开机脱水,真空度应逐渐升高,最大真空度不宜超过 0.085 MPa。脱水量应经过脱水试验确定,但剩余单位用水量和水灰比不得大于规范最大值的规定。最短脱水时间不宜小于表 11-10 的规定。当脱水达到规定时间和脱水量要求后(双控),应先将吸垫四周微微掀起 10 ~ 20 mm,继续抽吸 15 s,以便吸尽作业表面和吸管中的余水。

表 11-10　最短脱水时间　（单位:min）

面板厚度 h (mm)	昼夜平均气温 T(℃)					
	3 ~ 5	6 ~ 10	11 ~ 15	16 ~ 19	10 ~ 25	>25
18	26	24	22	20	18	17
22	30	28	26	24	22	21
25	35	32	30	27	25	24

3. 表面修整及切缝要求

真空脱水后,应采用振动梁、滚杠或叶片、圆盘式抹面机重新压实精平 1 ~ 2 遍。

真空脱水整平后的路面,应采用硬刻槽方式制作抗滑构造。真空脱水混凝土路面切缝时间可比规定时间适当提前。

三、接缝施工

普通混凝土路面、钢筋混凝土路面、钢纤维混凝土路面,无论采用滑模、轨道、三辊轴机组或小型机具工艺方式施工,其接缝的设置和施工方式都是相同的。接缝施工效果的优劣是水泥混凝土路面使用性能好坏和使用寿命长短的决定性要素。

(一)切缝技术要求

贫混凝土基层、各种混凝土面层、加铺层、桥面和搭板的纵、横向缩缝均应采用切缝法施工。切缝设备主要有软切缝机、普通切缝机、支架切缝机等。切缝作业应符合下列规定：

(1)横向缩缝。横向缩缝切缝方式有全部硬切缝、软硬结合切缝和全部软切缝三种。切缝方式的选用应由施工期间该地区路面摊铺完毕到切缝时的昼夜温差确定。昼夜温差<10 ℃,硬切缝1/4~1/5板厚,最长时间不得超过24 h;昼夜温差10~15 ℃应软硬结合切缝,每隔1~2条提前软切缝,其余用硬切缝补切;昼夜温差10~15 ℃宜全部软切缝,抗压强度为1~1.5 MPa,人可行走,软切缝不宜超过6 h。

(2)纵向施工缝。高速公路、一级公路及路基高度不小于10 m的高边坡路段、软基路段、填挖方交界路段、桥面、桥头搭板部位的纵向施工缝在涂沥青的基础上,还应硬切缝后灌缝。这是对特殊路段的双重防水保护措施,其目的是要防止水从这些部位的纵缝渗到桥面、易沉降变形的高填方、桥头等基层中去。

(3)纵缝缩缝。对已插入拉杆的纵向假缩缝切缝深度不应小于1/3~1/4板厚,最浅切缝深度不应小于70 mm,纵、横缩缝宜同时切缝。已插入拉杆的假纵缝必须加深切缝以防止传力杆端部混凝土路面断裂。

(4)切缝宽度。缩缝切缝宽度宜控制在4~6 mm,切缝时锯片厚度不应大于2 mm,可先用薄锯片锯切到要求深度,再使用6~8 mm厚锯片或叠合锯片扩宽填缝槽,填缝槽深度宜为25~30 mm,宽度宜为7~10 mm。

(5)变宽路段切缝。在变宽路面上,宜先切缝划分板宽。匝道上的纵缝宜避开轮迹位置。横缝应垂直于每块面板的中心线。变宽路面缩缝,允许切割成小转角的折线,相邻板的横向缩缝切口必须对齐,允许偏差不得大于5 mm。

(二)灌缝

各级公路水泥混凝土路面接缝在混凝土养生期满后必须及时灌缝。

为了提高面板防水密封性、板间嵌锁和荷载传递能力,需满足以下灌缝技术要求:

(1)清缝。保证填缝前接缝清洁干燥,应采用0.50 MPa压力水流或压缩空气彻底清洗缝槽,清除接缝中砂石杂物。具体要求是缝壁检验以擦不出灰尘为标准。

(2)常温灌缝。使用常温聚氨酯和硅树脂等填缝料时,应按规定比例将两组分材料按1 h灌缝量混拌均匀后使用。填缝料配制要求随配随用。

(3)加热灌缝。使用加热填缝料时应将填缝料加热至规定温度,加热过程中应将填缝料彻底熔化,搅拌均匀,并保温使用。

(4)灌缝质量控制。灌缝的形状系数宜控制在2左右,灌缝深度宜为15~20 mm,最浅不得小于15 mm。先挤压嵌入直径9~12 mm多孔泡沫塑料背衬条,再灌缝。灌缝顶面热天应与板面齐平;冷天应填为凹液面,中心低于板面1~2 mm。填缝必须饱满、均匀、厚度一致并连续贯通,填缝料不得缺失、开裂和渗水。

(5)灌缝料养生。常温施工式填缝料的养生期,低温天宜为24 h,高温天宜为12 h。加热施工式填缝料的养生期,低温天宜为2 h,高温天宜为6 h。在灌缝料养生期间应封闭交通。

(6)胀缝填缝。路面胀缝和桥台隔离缝等应在填缝前,凿去接缝板顶部嵌入的木条,涂黏结剂后,嵌入胀缝专用多孔橡胶条或灌进适宜的填缝料。当胀缝的宽度不一致或有啃边、掉角等现象时，必须灌缝，不得嵌缝。

四、抗滑构造施工

水泥混凝土路面抗滑构造是确保行车安全的技术措施。各等级公路水泥混凝土路面的表面要求是："平而不滑"，既要求高平整度，又要求足够的细观抗滑构造。

抗滑构造深度 *TD*，采用铺砂法量测。构造深度应均匀，不损坏构造边棱，耐磨抗冻，不影响路面和桥面的平整度。抗滑构造施工包括拉毛处理、塑性拉槽、硬刻槽等施工方式。

特殊路段宜纵向刻槽。一般路段可采用横向槽或纵向槽。对于一些安全性要求较高或以降噪要求为主的特殊路段，如弯道、减小噪声路段，可优先使用纵向槽。纵向槽的侧向力系数大，安全性高，噪声小。

年降水量小于 250 mm 的干旱地区的各级公路混凝土路面，可不拉毛和刻槽；年降水量 250～500 mm 的地区，当合成坡度小于 3% 时，可不拉毛和刻槽。另外，高寒和寒冷地区各级公路水泥混凝土路面的停车带边板和收费站广场，为提高抗（盐）冻耐久性，可不做抗滑沟槽。

五、混凝土路面养生

（一）养生方式

混凝土路面铺筑完成或软作抗滑构造完毕后应立即开始养生。机械摊铺的各种混凝土路面、桥面及搭板宜采用喷洒养生剂同时保湿覆盖的方式养生。在雨天或养生用水充足的情况下，也可采用覆盖保湿膜、土工毡、土工布、麻袋、草袋、草帘等洒水湿养生方式，不宜使用围水养生方式。

（1）混凝土路面采用喷洒养生剂养生时，喷洒应均匀，成膜厚度应足以形成完全密闭水分的薄膜，喷洒后的表面不得有颜色差异。喷洒时间宜在表面混凝土泌水完毕后进行。喷洒高度宜控制在 0.5～1 m。使用一级品养生剂时，最小喷洒剂量不得少于 0.30 kg/h；合格品的最小喷洒剂量不得小于 0.35 kg/h。不得使用易被雨水冲刷掉的和对混凝土强度、表面耐磨性有影响的养生剂。当喷洒一种养生剂达不到 90% 以上有效保水率要求时，可采用两种养生剂各喷洒一层或喷一层养生剂再加覆盖的方法。

（2）保湿覆盖养生。宜使用保湿膜、土工毡、土工布、麻袋、草袋、草帘等覆盖物保湿养生并及时洒水，保持混凝土表面始终处于潮湿状态，并由此确定每天的洒水遍数。昼夜温差大于 10 ℃以上的地区或日平均温度小于等于 5 ℃施工的混凝土路面应采取保温保湿养生措施。

（二）养生时间

混凝土路面的养生时间应根据混凝土弯拉强度增长情况而定，不宜小于设计弯拉强度的 80%，应特别注重前 7 d 的保湿保温养生。一般养生天数宜为 14～21 d，高温天不宜少于 14 d，低温天不宜少于 21 d。掺粉煤灰的混凝土路面更要加强养生，最短养生时间不宜少于 28 h，低温天应适当延长时间。

(三)养生期保护

混凝土板在养生期间和填缝前,严禁人、畜、车辆通行,在达到设计强度的40%,撤除养生覆盖物后,行人方可通行。在确需行人、车辆横穿平面道口时,在路面养生期间,应搭建临时便桥。面板达到设计弯拉强度后,方可开放交通。

思考题

1. 水泥混凝土路面施工前需要做哪些准备工作?
2. 水泥混凝土路面主要的施工方法有哪些?
3. 混凝土拌和技术要求有哪些?
4. 滑模摊铺机施工需配备哪些配合设备?
5. 水泥混凝土拌和物运输的注意事项有哪些?
6. 滑模摊铺机施工基准线设置形式和技术要求是什么?
7. 中控脱水施工工艺的技术要点有哪些?
8. 混凝土路面接缝、抗滑构造和养生有哪些技术要求?

实训题

钢筋加工实训:根据规范标准,参照第十章图10-3、图10-4、图10-7、图10-8,制作加工传力杆、拉杆,边缘钢筋、角隅钢筋。

第十二章　公路工程质量控制与评定

学习目标

熟悉路基、基层、路面施工质量控制的内容、方法和要求，掌握工程质量评分方法和等级评定办法。掌握结构层压实度、厚度、水泥混凝土抗折强度等质量评定。

质量控制，就是为了确保合同和有关技术规范所规定的质量标准而采取的一系列监控措施、手段和方法。检验是对检验项目中的性能进行量测、检查、试验等，并将结果与标准规定要求进行比较以确定每项性能是否合格所进行的活动。质量评定是依据检验结果对工程质量进行评分并确定其等级的活动。

本章结合《公路工程质量检验评定标准》（JTG F80/1—2004）和公路路基、路面工程相关施工技术规范，简要介绍公路工程路基路面质量控制与等级评定的内容和方法。

第一节　路基施工质量控制

路基施工质量控制主要有施工准备阶段质量控制、施工工艺过程质量控制、竣工阶段质量控制。这里简要介绍路基施工质量的标准和控制内容。

一、质量标准

根据《公路工程质量检验评定标准》（JTG F80/1—2004）的要求，公路路基、路面各分项工程质量检验检查主要包括基本要求、实测项目和外观鉴定三方面内容。路基检查的分部分项工程内容很多，如土方路基、石方路基、软土地基处治、土工合成材料处治层、排水工程、挡土墙等多个工程项目，这里仅通过土方路基项目来说明路基工程检查与检验方法。

（一）基本要求

基本要求是工程质量必须达到的质量标准，不满足基本要求的工程项目不予验收。路基土方的基本要求应满足以下规定：

（1）在路基用地和取土坑范围内，应清除地表植被、杂物、积水、淤泥和表土，处理坑塘，并按规范和设计要求对基底进行压实。

（2）路基填料应符合规范和设计的规定，经认真调查、试验后合理选用。

（3）填方路基须分层填筑压实，每层表面平整，路拱合适，排水良好。

（4）施工临时排水系统应与设计排水系统结合，避免冲刷边坡，勿使路基附近积水。

（5）在设定取土区内合理取土，不得滥开滥挖。完工后应按要求对取土坑和弃土场进行修整，保持合理的几何外形。

(二)实测项目

实测项目是路基质量检查的实际测量并计分的项目。土方路基实测项目如表12-1所示。

表12-1 土方路基实测项目

项次	检查项目			规定值或允许偏差：高速公路、一级公路	规定值或允许偏差：其他公路：二级公路	规定值或允许偏差：其他公路：三、四级公路	检查方法和频率	权值
1	压实度(%)	挖方(cm)	0~30	—	—	94	按JTG F80/1—2004附录B检查。 密度法:每200 m每压实层测4处	3
			0~80	≥96	≥95	—		
		填方(cm)	0~80	≥96	≥95	≥94		
			80~150	≥94	≥94	≥93		
			>150	≥93	≥92	≥90		
2	弯沉(0.01 mm)			不大于设计要求值			按附录I检查	3
3	纵断高程(mm)			+10,-15	+10,-20		水准仪:每200 m测4断面	2
4	中线偏位(mm)			50	100		经纬仪:每200 m测4点,弯道加HY、YH两点	2
5	宽度(mm)			不小于设计值			米尺:每200 m测4处	2
6	平整度(mm)			15	20		3 m直尺:每200 m测2处×10尺	2
7	横坡(%)			±0.3	±0.5		水准仪:每200 m测4个断面	1
8	边坡			不陡于设计值			尺量:每200 m测4处	1

注:1. 表列压实度以重型击实试验法为准,评定路段内的压实度平均值下置信界限不得小于规定标准,单个测定值不得小于极值(表列规定值减5个百分点)。小于表列规定值2个百分点的测点,按其数量占总检查点的百分率计算减分值。

2. 采用核子仪检验压实度时应进行标定试验,确认其可靠性。

3. 特殊干旱、特殊潮湿地区或过湿土路基,可按交通部颁发的路基设计、施工规范所规定的压实度标准进行评定。

4. 三级公路修筑沥青混凝土或水泥混凝土路面时,其路基压实度应采用二级公路标准。

(三)外观要求

外观是通过观察和必要的量测所反映的工程外在质量。对土方路基要求是:

(1)路基表面平整,边线直顺,曲线圆滑。

(2)路基边坡坡面平顺、稳定,不得亏坡,曲线圆滑。

(3)取土坑、弃土堆、护坡道、碎落台的位置适当,外形整齐、美观,防止水土流失。

二、路基施工质量控制

路基施工中,按设计图纸正确放样,确定其平面位置和高程,填方路基应对原路面进行处理,回填时分层回填,每层≤30 cm,并按规范进行密实度测试。采用合格土壤回填。挖方路基应按设计图纸的要求,按其平面位置、高程进行施工,施工至路床前应预留一定的标底高度，不能一次挖至路床标高，以便进行路床碾压施工，达到设计施工要求，如挖至路床时土质软弱，应请设计单位提出处理方案后进行施工。路床碾压成型后进行弯沉测试，合格后方可进入下一道工序。

(一)施工准备阶段质量控制

(1)掌握、熟悉质量控制标准、规范。

(2)开工前准备工作，人员、机械、材料是否到位，施工场地是否具备"三通一平"。

(3)施工用材料、半成品、施工机械的材质证明、合格证。

(4)施工组织设计或方案审查。

(5)质量保证体系落实。

(二)施工工艺过程质量控制

施工工艺过程控制见表12-2。

表12-2 路基施工工艺过程控制

项目	质量控制点	控制手段	项目	质量控制点	控制手段
路基放样	1. 中线、边线复核； 2. 放坡、测量； 3. 高程控制	测量	路床施工	1. 压实度；2. 宽度检查； 3. 中线高程；4. 平整度； 5. 弯沉值测试	现场测量、检测，取样试验
路基施工	1. 中线高程； 2. 宽度；3. 横坡； 4. 边坡；5. 压实度	现场测量、检测	路肩施工	1. 压实度； 2. 宽度检查； 3. 横坡检测	现场检测、取样试验

(三)竣工阶段的质量控制

(1)整理竣工图和技术资料。

(2)全面检验，准备验收。

(3)施工工艺过程易发生质量问题的预控措施，见表12-3。

表12-3 路基施工工艺过程易发生质量问题的预控措施

质量问题	成因分析	预控措施	质量问题	成因分析	预控措施
塌方	1. 边坡系数小； 2. 土方堆放有误； 3. 槽底被水浸泡； 4. 土质原因	合理放坡； 土方应堆放； 槽边1 m以外； 降水或排水； 施工方案调整	回填土沉陷	1. 土质不合格； 2. 压实度不够	禁用不合格土源； 做好压实工作； 分层夯实，每层≤30 cm

(四)质量控制其他要求

(1)随时检测现场材料，做好原材料试验。

(2)同一编号不足200 t水泥必须抽检一次。

(3)每一料源200 m^3 砂石检测一次。

(4)对于石灰每批料到现场均需检测其 CaO、MgO 含量。

(5)土均做塑限、液限试验。

(6)开工前检测施工用水是否符合要求。

(7)对于砖,每一料源检测一次。

(8)每个品种、每批钢材应检测一次。

(9)成品、半成品,有出厂合格证、生产许可证,质量符合设计要求和规范要求。

第二节　路面基(垫)层施工质量控制

路面工程实测项目规定的检查频率为双车道公路每一检查段内的检查频率(按 m^2 或 m^3 或工作班设定的检查频率除外),多车道公路的路面各结构层均须按其车道数与双车道之比,相应增加检查数量。

各类基层和底基层压实度代表值(平均值的下置信界限)不得小于规定代表值,单点不得小于规定极值。小于规定代表值 2 个百分点的测点,应按其占总检查点数的百分率计算合格率。垫层的质量要求同相同材料的其他公路的底基层;联结层的质量要求同相应的基层或面层;中级路面的质量要求同相同材料的其他公路的基层。

一、水泥稳定粒料(碎石、砂砾或矿渣等)基层和底基层

(一)基本要求

(1)粒料应符合设计和施工规范要求,并应根据当地料源选择质坚干净的粒料,矿渣应分解稳定,未分解渣块应予剔除。

(2)水泥用量和矿料级配按设计控制准确。

(3)路拌深度要达到层底。

(4)摊铺时要注意消除离析现象。

(5)混合料处于最佳含水量状况下,用重型压路机碾压至要求的压实度,从加水拌和到碾压终了的时间不应超过 3 ~4 h,并应短于水泥的终凝时间。

(6)碾压检查合格后立即覆盖或洒水养生,养生期要符合规范要求。

(二)实测项目

水泥稳定粒料基层和底基层实测项目如表 12-4 所示。

(三)外观鉴定

(1)表面平整密实、无坑洼、无明显离析。不符合要求时,每处减 1 ~2 分。

(2)施工接茬平整、稳定。不符合要求时,每处减 1 ~2 分。

二、石灰土基层、底基层

(一)基本要求

(1)土质应符合设计要求,土块要经粉碎。

(2)石灰质量应符合设计要求,块灰须经充分消解才能使用。

(3)石灰和土的用量按设计要求控制准确,未消解生石灰块必须剔除。

(4)路拌深度要达到层底。

(5)混合料处于最佳含水量状况下,用重型压路机碾压至要求的压实度。

(6)保湿养生,养生期要符合规范要求。

表 12-4　水泥稳定粒料基层和底基层实测项目

项次	检查项目		规定值或允许偏差				检查方法和频率	权值
			基层		底基层			
			高速公路、一级公路	其他公路	高速公路、一级公路	其他公路		
1	压实度(%)	代表值	98	97	96	95	按 JTG F80/1—2004 附录 B 检查,每 200 m 每车道 2 处	3
		极值	94	93	92	91		
2	平整度(mm)		8	12	12	15	3 m 直尺:每 200 m 测 2 处×10 尺	2
3	纵断高程(mm)		+5,-10	+5,-15	+5,-15	+5,-20	水准仪:每 200 m 测 4 个断面	1
4	宽度(mm)		不小于设计值		不小于设计值		尺量:每 200 m 测 4 点	1
5	厚度(mm)	代表值	-8	-10	-10	-12	按 JTG F80/1—2004 附录 H 检查,每 200 m 每车道 1 处	3
		合格值	-15	-20	-25	-30		
6	横坡(%)		±0.3	±0.5	±0.3	±0.5	水准仪:每 200 m 测 4 个断面	1
7	强度(MPa)		符合设计要求		符合设计要求		按 JTG F80/1—2004 附录 G 检查	3

(二)检查项目

石灰土基层和底基层检查项目及检验标准如表 12-5 所示。

(三)外观鉴定

(1)表面平整密实、无坑洼。不符合要求时,每处减 1 ~2 分。

(2)施工接茬平整、稳定。不符合要求时,每处减 1 ~2 分。

三、级配碎(砾)石基层和底基层

(一)基本要求

(1)选用质地坚韧、无杂质碎石、砂砾、石屑或砂,级配应符合要求。

(2)配料必须准确,塑性指数必须符合规定。

(3)混合料拌和均匀,无明显离析现象。

(4)碾压应遵循先轻后重的原则,洒水碾压至要求的密实度。

(二)检查项目

级配碎(砾)石基层和底基层检查项目如表 12-6 所示。

表 12-5 石灰土基层和底基层实测项目

项次	检查项目		规定值或允许偏差				检查方法和频率	权值
			基层		底基层			
			高速公路、一级公路	其他公路	高速公路、一级公路	其他公路		
1	压实度(%)	代表值	—	95	95	93	按 JTG F80/1—2004 附录 B 检查,每 200 m 每车道 2 处	3
		极值	—	91	91	89		
2	平整度(mm)		—	12	12	15	3 m 直尺:每 200 m 测 2 处×10 尺	2
3	纵断高程(mm)		—	+5,-15	+5,-15	+5,-20	水准仪:每 200 m 测 4 个断面	1
4	宽度(mm)		不小于设计值		不小于设计值		尺量:每 200 m 测 4 点	1
5	厚度(mm)	代表值	—	-10	-10	-12	按 JTG F80/1—2004 附录 H 检查,每 200 m 每车道 1 处	2
		合格值	—	-20	-25	-30		
6	横坡(%)		—	±0.5	±0.3	±0.5	水准仪:每 200 m 测 4 个断面	1
7	强度(MPa)		符合设计要求		符合设计要求		按 JTG F80/1—2004 附录 G 检查	3

表 12-6 级配碎(砾)石基层和底基层实测项目

项次	检查项目		规定值或允许偏差				检查方法和频率	权值
			基层		底基层			
			高速公路、一级公路	其他公路	高速公路、一级公路	其他公路		
1	压实度(%)	代表值	98	98	96	96	按 JTG F80/1—2004 附录 B 检查,每 200 m 每车道 2 处	3
		极值	94	94	92	92		
2	弯沉值(0.1 mm)		符合设计要求		符合设计要求		按附录 I 检查	3
3	平整度(mm)		8	12	12	15	3 m 直尺:每 200 m 测 2 处×10 尺	2

续表 12-6

项次	检查项目		规定值或允许偏差				检查方法和频率	权值
			基层		底基层			
			高速公路、一级公路	其他公路	高速公路、一级公路	其他公路		
4	纵断高程(mm)		+5，-10	+5，-15	+5，-15	+5，-20	水准仪:每 200 m 测 4 个断面	1
5	宽度(mm)		不小于设计值		不小于设计值		尺量:每 200 m 测 4 点	1
6	厚度(mm)	代表值	-8	-10	-10	-12	按 JTG F80/1—2004 附录 H 检查,每 200 m 每车道 1 处	2
		合格值	-15	-20	-25	-30		
7	横坡(%)		±0.3	±0.5	±0.3	±0.5	水准仪:每 200 m 测 4 个断面	1

(三)外观鉴定

表面平整密实,边线整齐,无松散。不符合要求时,每处减 1~2 分。

四、基(垫)层质量管理控制要求

质量管理包括所用材料的标准试验、铺筑试验段、施工过程中的质量管理和检查验收(工序间)。必须建立、健全工地试验、质量检查及工序间的交接验收等项制度。试验、检验应做到原始记录齐全,数据真实可靠。工地实验室应能进行所用基层材料的各项试验,还应具备进行现场压实度和平整度检查的能力,应配备弯沉测量的仪具和路面钻机。

各个工序完结后,均应进行检查验收。经检验合格后,方可进行下一道工序。凡经检验不合格的段落,必须进行补救,使其达到要求。

第三节　路面施工质量控制

一、沥青路面施工质量控制

(一)施工准备阶段质量控制内容

1. 材料质量检查

质量好的原材料是保证路面质量的关键因素,施工单位在开工前,应根据设计要求确定原材料的来源。

为了保证沥青路面的集料质量,由建设单位组织统一开采加工,统一石料破碎机的型号和规格,按设计要求统一筛分设备的筛孔尺寸,这样能够较好保证所采用的碎石颗粒组成的均匀性、一致性,从而保证混合料各项技术指标的稳定性。在料场采取硬化指标措施,将不同规格的集料全部隔开,杜绝混堆,碎石、石屑、砂要全部覆盖,以防雨淋结块和风尘的侵入导致级配的变化。

施工前材料的检查应以同一料源、同一次购入并运至生产现场的相同规格品种的集料、沥青为一批进行检查。材料试样的取样数量和频率按现行的有关试验规程的规定进行,每批材料的质量应符合规范要求。对沥青等重要试样,每批都应在试验后留样,封存备查,并记录沥青使用的路段,留存的质量不少于4 kg。

在沥青路面开工前,施工单位对所选用的原材料,如沥青和各种规格的矿料的物理性质、级配等进行试验,并报监理工程师审核,特别是沥青等主要材料,施工单位除必须十分重视进行材料的试验外,还应经监理工程师、质量监督站或工程质量检测中心认可。

2. 设备检查

机械设备是保证路面施工质量的另一个重要因素。在施工前必须对拌和厂及沥青路面施工机械和设备的配套情况、性能、计算精度等进行认真细致的检查,不得采用不符合规定要求的施工机械和设备。对实行监理制度的工程项目,材料试验结果及据此进行的配合比设计的结果、施工机械和设备的检查结果,都应在规定的时间内向监理工程师或质量监督站提出正式报告,待取得正式认可后方可使用。

3. 施工测量及下承层检查

施工测量包括高程测量和平面控制测量。沥青路面施工前,监理工程师应对承包人的施工测量的自检报告进行复核、审批。

要求承包人对下承层的检查内容:表面清洁、干燥、坚实,无任何松散的石料、尘土和杂质,并且不允许有油污;表面应平整,当其表面凹洼的深度大于该层允许的铺筑误差时,应在上层材料铺筑前用沥青混合料予以填充和压实;当下承层为基层时应喷洒透层沥青,当下承层为底面层且底面层与表面层铺筑时间间隔较长时,应喷洒黏层沥青。

4. 铺筑试验路段

高速公路和一级公路在正式大面积施工前应铺筑试验路段,其他等级公路在缺乏施工经验或初次使用重大设备时,也要铺筑试验路段。试验路段的长度为100～200 m,宜选择在直线段上,通过试验路段的铺筑,取得各种施工控制参数。

监理工程师应对试验路段施工的全过程进行监理,检查试验路段的施工质量,并对承包人提出的试验总结报告进行审批。

(二)施工过程中的质量检查及控制标准

1. 施工过程中的材料检查内容及要求

施工过程中材料检查是在每批材料进场时已经过检查及批准的基础上,在施工过程中再抽查其质量稳定性。施工单位在施工过程中必须经常对各种施工材料进行抽样试验,材料质量应符合质量指标要求。

材料检查的另一项重要内容是矿料级配精度和油石比计量精度。较好的拌和设备可以使集料的累加计量和矿粉的计量精度达到±0.5%以上,沥青的计量精度达到±0.3%以上,足以满足任何配合比的沥青混合料的质量要求,但对称量系统装置要经常进行检查标定。

2. 施工过程中的质量检查内容及控制标准

施工过程中的质量检查内容包括工程质量及外形尺寸，其检查内容、频度、质量标准应符合《公路工程质量检验评定标准》的规定要求。当检查结果达不到规定要求时，应追加检查数据，查找原因，作出处理。对沥青混凝土和沥青碎石混合料，尤其应注意：在沥青混合料拌和厂必须对拌和均匀性、拌和温度、出厂温度及各个料仓的用料进行检查，取样进行马歇尔试验，检测混合料的矿料级配和沥青用量；混合料铺筑现场必须对混合料质量及施工温度进行观测，随时检查厚度、压实度和平整度，并逐个断面测定形成尺寸；施工厚度的质量控制，除应在摊铺及压实时量取，并测量钻孔试件厚度外，还应校验由每一天的沥青混合料总量与实际铺筑面积计算出的平均厚度；施工压实度的检查以钻孔法为准，用核子密度仪检查时应通过与钻孔密度的标定关系进行换算，增加检测次数。在施工过程中钻孔的试件应编号，贴上标签予以保存，以备工程交工验收时使用。

高速公路和一级公路沥青路面的施工宜利用计算机实行动态管理。

（三）沥青路面施工阶段质量控制要点

1. 沥青表面处治施工质量控制要点

沥青表面处治的施工方法分为有层铺法和拌和法两种，当前使用比较普遍的是层铺法，即将沥青材料与矿料分层洒布和铺撒，分层碾压成型。但采用层铺法施工时，其初期因未完全成型，容易出现矿料飞散，施工时用油偏多，日后又容易出现泛油等病害。为确保规定的油石比和缩短成型期，也可采用拌和法施工。

层铺法施工沥青表面处治，施工中质量控制要点为沥青浇洒质量、集料撒布与压实和初期养护工作等方面。

沥青浇洒时应经常检查沥青的浇洒温度。根据不同的沥青材料，合理控制沥青的温度，防止温度过高或过低。浇洒的沥青层应均匀，无沙石花白外露且接茬处搭接良好，方可进入下一道工序施工。严格控制基层工程的质量和面层的油石比与用油量。

集料撒布厚度要均匀一致，不重不漏。当使用乳化沥青时，集料撒布必须在乳液破乳之前完成。碾压时由路边向路中，每层集料碾压 3 ~ 4 遍，碾压速度开始时不应超过 2 km/h，以后可适当增加。施工现场应设有工地试验站，建立健全工地质量检查制度，严格检查材料和施工质量并做好原始记录。

在处治层施工成型期间，应配备专人负责养护和交通管制等工作，要控制车辆碾压（通车初期车速在 20 km/h 以下并控制行车路线，以获得路面均匀碾压），当气温高于 15 ℃时，路面开始泛油后，应在路中每隔 50 m 设一临时标志，按先边后中的原则控制车辆碾压，使路面全幅均匀泛油压实。当处治层全面泛油后，应撒初期养护料（2 ~ 5 mm 矿料或粗料），用量为 3 ~ 5 m^3/1 000 m^2，并仔细扫匀，促使其全面成型。

2. 沥青贯入式（碎石）路面质量控制要点

沥青贯入式（碎石）路面施工中应着重控制石料质量和规格、松铺厚度、沥青温度、压实质量、初期养护工作等方面。

主层集料摊铺时，监理工程师应检查其松铺厚度，一般松铺系数为 1.25 ~ 1.30。

监理工程师应检查沥青洒布时的温度，其温度控制标准同层铺法沥青表面处治时的要求。压实质量控制如表 12-7 所示。初期养护工作与表面处治相同。

表 12-7　压实质量要求

压实阶段	压实机具	压实遍数	检查标准
初压	6～8 t 钢轮式压路机	1～2	集料表面无显著推移
复压	8～12 t 钢轮式压路机	4～6	集料表面无明显轮迹
终压	6～8 t 钢轮式压路机	2～4	表面平整、密实、无轮迹

3. 热拌沥青混合料施工质量控制要点

热拌沥青混合料施工时，主要是控制混合料的拌制、运输、摊铺、压实等方面。沥青混合料的拌和时间以 30～50 s 为宜，干拌时间不得少于 5 s。拌和好的沥青混合料色泽均匀一致，所有矿料颗粒以全部裹覆沥青结合料为度，无花白料、结团成块和严重的粗细料分离现象。拌和好的混合料及时摊铺，若不能及时摊铺，也可放入成品储存仓储存。在保温储存仓内不宜超过 72 h 的存放时间。测量记录沥青混合料的出厂温度。

热拌沥青混合料采用清扫干净的自卸汽车运输，一般单车载重要求大于 15 t，最好大于 20 t。运料时应用篷布覆盖以保温、防雨、防污染。运距和运输能力应与沥青混合料摊铺机的摊铺速度相匹配。成品运到施工现场时应测量沥青混合料的温度。

选择用于高速公路、一级公路的沥青混合料摊铺机。沥青混合料的拌和、摊铺、碾压等温度应符合《沥青路面施工规范》的规定。摊铺沥青混合料时最低施工气温要求：高速公路、一级公路最低气温不低于 10 ℃，其他等级公路最低气温不低于 5 ℃。

应取现场摊铺的混合料进行马歇尔试验、油石比试验及抽提后筛分试验，并记录好采样位置与桩号以及沥青混合料层位。

沥青混合料的压实分为初压、复压和终压三个压实阶段，其压实机具、压实质量及检查项目见表 12-8。

表 12-8　压实质量控制

碾压流程	压实机具	压实遍数	检查项目
初压	6～8 t 双轮钢轮式压路机 10 t 振动压路机（关闭振动）	1～2	路拱、平整度
复压	8～12 t 三轮钢轮式压路机或 12～15 t 轮胎压路机或 20～25 t 轮胎压路机	4～6	达到要求的压实度，表面无轮迹
终压	6～8 t 双轮钢轮式压路机或 6～10 t 振动压路机（关闭振动）	2～4	表观、厚度、密实度

压路机应以慢而均匀的速度碾压，压路机的碾压速度应符合表 9-8 的规定。

压路机应从外侧向中心碾压，相邻碾压带应重叠 1/2～1/3 轮宽，最后碾压中心部分，压实全幅路宽为一遍。当采用振动压路机对沥青混合料进行复压时，振动频率为 35～50 Hz，振幅宜为 0.3～0.8 mm，相邻碾压带重叠宽度为 10～20 cm，倒车时不得振动，以免混合料形成鼓包。应随时检查沥青层的碾压温度,路面压实度成型的最高温度应符合规范的规定。

沥青路面的纵、横缝在施工中是不可避免的,但应设法减少施工接缝,加强接缝质量控制。摊铺时,采用梯队作业的纵缝应采用热缝。半幅施工不能采用热缝时,宜加设挡板或采用切刀切齐。上下层的纵向接缝应错开 10 ~ 15 m,上下层的横向接缝应错开 1 m 以上。纵向冷接缝处沥青混合料施工时,需将接缝处清扫干净并洒黏层油,横向接缝可采用斜接缝和平接缝两种形式。一般高速公路和一级公路的上面层采用平缝。

施工时应随时注意接缝的施工质量,使接缝处沥青的面层紧密、平整、顺直。

热拌沥青混合料路面应待摊铺层完全自然冷却后,混合料表面温度低于 50 ℃时,方可开放交通。需要提早开放交通时,可洒水冷却降低沥青混合料温度。

沥青混合料碾压成型后,应按照规定的检查项目和检查频率要求承包人检查沥青面层的压实度和压实厚度。

(四)交工验收质量标准

工程完工后,施工单位应将全线以 1 ~3 km 作为一个评定路段,每一侧车行道按规定频度,随机选取测点,对沥青面层进行全线自检,将单个测定值与表中的质量要求或允许偏差进行比较,计算合格率,然后计算一个评定路段的平均值、极差、标准差及变异系数。施工单位应在规定时间内提交全线检测结果及施工总结报告,申请交工验收。以下列出沥青混凝土面层和沥青碎(砾)石面层的交工验收质量标准。

1. 基本要求

(1)沥青混合料的矿料质量及矿料级配应符合设计要求和施工规范的规定。

(2)严格控制各种矿料和沥青用量及各种材料和沥青混合料的加热温度,沥青材料及混合料的各项指标应符合设计和施工规范要求。沥青混合料的生产,每日应做抽提试验、马歇尔稳定度试验。矿料级配、沥青含量、马歇尔稳定度等结果的合格率应不小于90%。

(3)拌和后的沥青混合料应均匀一致,无花白,无粗细料分离和结团成块现象。

(4)基层必须碾压密实,表面干燥、清洁、无浮土,其平整度和路拱度应符合要求。

(5)摊铺时应严格控制摊铺厚度和平整度,避免离析,注意控制摊铺和碾压温度,碾压至要求的密实度。

2. 实测项目

沥青混凝土面层和沥青碎(砾)石面层实测项目如表 12-9 所示。

3. 外观鉴定

(1)表面应平整密实,不应有泛油、松散、裂缝和明显离析等现象,对于高速公路和一级公路,有上述缺陷的面积(凡属单条裂缝,则按其实际长度乘以 0.2 m 宽度,折算成面积)之和不得超过受检面积的 0.03%,其他公路不得超过 0.05%。不符合要求时每超过 0.03%或 0.05%减 2 分。半刚性基层的反射裂缝可不计作施工缺陷,但应及时进行灌缝处理。

(2)搭接处应紧密、平顺,烫缝不应枯焦。不符合要求时,累计每 10 m 长减 1 分。

(3)面层与路缘石及其他构筑物应密贴接顺,不得有积水或漏水现象。不符合要求时，每一处减 1 ~ 2 分。

表 12-9　沥青混凝土面层和沥青碎(砾)石面层实测项目

项次	检查项目		规定值或允许偏差		检查方法和频率	权值
			高速公路、一级公路	其他公路		
1	压实度(%)		实验室标准密度的 96%(*98%)； 最大理论密度的 92%(*94%)； 试验段密度的 98%(*99%)		按 JTG F80/1—2004 附录 B 检查，每 200 m 测 1 处	3
2	平整度	σ(mm)	1.2	2.5	平整度仪：全线每车道连续按每 100 m 计算 *IRI* 或 σ	2
		IRI(m/km)	2.0	4.2		
		最大间隙 *h*(mm)	—	5	3 m 直尺：每 200 m 测 2 处 × 10 尺	
3	弯沉值(0.01 mm)		符合设计要求		按附录 I 检查	2
4	渗水系数		SMA 路面 200 mL/min； 其他沥青混凝土路面 300 mL/min	—	渗水试验仪：每 200 m 测 1 处	2
5	抗滑	摩擦系数	符合设计要求	—	摆式仪：每 200 m 测 1 处； 摩擦系数测定车：全线连续	2
		构造深度			铺砂法：每 200 m 测 1 处	
6	厚度(mm)	代表值	总厚度：设计值的 -8% 上面层：设计值的 -10%	-8% *H*	按 JTG F80/1—2004 附录 H 检查，双车道每 200 m 测 1 处	3
		合格值	总厚度：设计值的 -10% 上面层：设计值的 -20%	-15% *H*		
7	中线平面偏位(mm)		20	30	经纬仪：每 200 m 测 4 点	1
8	纵断高程(mm)		±10	±15	水准仪：每 200 m 测 4 断面	1
9	宽度(mm)	有侧石	±20	±30	尺量：每 200 m 测 4 断面	1
		无侧石	不小于设计值			
10	横坡(%)		±0.3	±0.5	水准仪：每 200 m 测 4 处	1

注：1. 表内压实度可选用其中的 1 个或 2 个标准，并以合格率低的作为评定结果。带 * 号者是指 SMA 路面，其他为普通沥青混凝土路面。

2. 表列厚度仅规定负允许偏差。其他公路的厚度代表值和极值允许偏差按总厚度计，当总厚度 ≤60 mm 时，允许偏差分别为 -5 mm 和 -10 mm；总厚度 >60 mm 时，允许偏差分别为 -8% 和 -15% 的总厚度。*H* 为总厚度(mm)。

二、水泥混凝土路面施工质量控制

施工质量的控制、管理与检查应贯穿整个施工过程,应对每个施工环节严格控制把关,对出现的问题,立即进行纠正,甚至停工整顿。

各级公路各种混凝土路面铺筑方式的施工均应建立健全质量检测、管理和保证体系。应按铺筑进度做出质检仪器和人员数量动态计划。施工中应按计划落实质检仪器和人员,对施工各阶段的各项质量指标应做到及时检查、控制和评定,以达到所规定的质量标准,确保施工质量及其稳定性。

施工全过程的质量动态检测、控制和管理内容应包括施工准备、铺筑试验路段和施工过程中的各项技术指标的检验,出现施工技术问题的报告、论证和解决等。

(一)铺筑试验路段

二级及其以上公路混凝土路面工程,使用滑模、轨道、碾压、三辊轴机组机械施工时,在正式摊铺混凝土路面前,必须铺筑试验路段。试验路段长度不应短于 200 m,高速公路、一级公路宜在主线路面以外进行试铺。路面厚度、摊铺宽度、接缝设置、钢筋设置等均应与实际工程相同。

试验路段分为试拌及试铺两个阶段,通过试验路段应达到下述目的:

(1)通过试拌检验搅拌楼性能及确定合理搅拌工艺,检验适宜摊铺的搅拌楼拌和参数,如上料速度、拌和容量、搅拌均匀所需时间、新拌混凝土坍落度、振动黏度系数、含气量、泌水性、*VC* 值和生产使用的混凝土配合比等。

(2)通过试铺检验主要机械的性能和生产能力,检验辅助施工机械组配合理性,检验路面摊铺工艺和质量,模板架设固定方式或基准线设置方式,摊铺机械(具)的适宜工作参数,包括松铺高度、摊铺速度、振捣时间与频率、滚压遍数、碾压遍数、压实度、中间和侧向拉杆置入情况等检验整套施工工艺流程。

(3)使工程技术及工作人员熟悉并掌握各自的操作要领。

(4)按施工工艺要求检验施工组织形式和人员编制。

(5)建立混凝土原材料、拌和物、路面铺筑全套技术性能检验手段,熟悉检验方法。

(6)检验通信联络和生产调度指挥系统。

试铺中,施工人员应认真做好记录,监理工程师或质监部门应监督检查试验段的施工质量,及时与施工单位商定并解决问题。试验段铺筑后,施工单位应提出试验路段总结报告,上报监理工程师和业主批复,取得正式开工许可。

(二)施工过程中的质量管理

为了保证混凝土路面的施工质量,要求施工过程中对每道工序严格检查和控制,取得开工令后,方可开工。

施工单位应随时对施工质量进行自检。对混凝土混合料组成材料、拌和物应符合有关规定。当施工、监理、监督人员发现异常情况,应加大检测频率,找出原因,及时处理。高速公路、一级公路应利用计算机实行动态质量管理。

每台搅拌楼所生产的拌和物,除应满足所用施工机械的可摊铺性外,还应着重控制拌和物的匀质性和各质量参数的稳定性。现场混凝土路面铺筑的关键设备如摊铺机、压路机、布料机、三辊轴整平机、刻槽机、切缝机等的操作应规范稳定。

应从搅拌楼生产的拌和物中随机取样,并按《公路工程水泥及水泥混凝土试验规程》(JTG E30—2005)规定的标准方法检测混凝土路面弯拉强度,检测频率的规定;弯拉强度应采用三参数评价:平均弯拉度合格值、最小值和统计变异系数。各级公路弯拉强度合格标准规定及统计变异系数应符合有关规定。检测小梁弯拉强度后的断块宜测抗压强度,作为混凝土强度等级的参考。

应在面层摊铺前通过基准线或模板严格控制板厚,检验标准为:行车道横坡低侧面板厚度和厚度平均值两项指标均应满足设计厚度允许偏差。同时,板厚统计变异系数应符合设计规定。对于滑模、轨道、碾压和三辊轴机组机械铺筑混凝土路面的关键工序宜拍摄照片或进行录像,作为现场记录保存。

各级公路混凝土路面除交工验收质量标准规定的检测项目外,在施工中还应控制接缝、传力杆、路缘石、面板破损等检查项目,如表 12-10 所示。

表 12-10　各级公路混凝土路面铺筑质量要求(部分指标)

项次	检查项目	允许值	
		高速公路、一级公路	其他公路
1	连接摊铺纵缝高差(mm)	平均值≤3;极值≤5	平均值≤5;极值≤7
2	断板率(‰)	≤2	≤4
3	脱皮、印痕、裂纹、露石、缺边、掉角(‰)	≤2	≤3
4	路缘石顺直度和高度(mm)	≤20	≤20
5	灌缝饱满度(mm)	≤2	≤3
6	切缝深度(mm)	≥50	≥50
7	胀缝表面缺陷	不应有	不宜有
8	胀缝板连浆(mm) 胀缝板倾斜(mm) 胀缝板弯曲和位移(mm)	≤20 ≤20 ≤10	≤30 ≤25 ≤15
9	传力杆偏斜(mm)	≤10	≤13

(三)交工质量检查与质量标准

混凝土路面应按表 12-11 规定进行。

1. 基本要求

(1)基层质量必须符合规定要求,并应进行弯沉测定,验算的基层整体模量应满足设计要求。

(2)水泥强度、物理性能和化学成分应符合国家标准及有关规范的规定。

(3)粗细集料、水、外掺剂及接缝填缝料应符合设计和施工规范要求。

(4)施工配合比应根据现场测定水泥的实际强度进行计算,并经试验,选择采用最佳配合比。

(5)接缝的位置、规格、尺寸及传力杆、拉力杆的设置应符合设计要求。

(6)路面拉毛或机具压槽等抗滑措施,其构造深度应符合施工规范要求。

(7)面层与其他构造物相接应平顺,检查井井盖顶面高程应高于周边路面 1 ~ 3 mm。雨水口标高按设计比路面低 5 ~ 8 mm,路面边缘无积水现象。

(8)混凝土路面铺筑后按施工规范要求养生。

2. 实测项目

水泥混凝土面层实测项目如表 12-11 所示。

表 12-11　水泥混凝土面层实测项目

项次	检查项目		规定值或允许偏差		检查方法和频率	权值
			高速公路、一级公路	其他公路		
1	弯拉强度(MPa)		在合格标准之内		按 JTG F80/1—2004 附录 C 检查	3
2	板厚度(mm)	代表值	-5		按 JTG F80/1—2004 附录 H 检查 每 200 m 每车道 2 处	3
		合格值	-10			
3	平整度	σ(mm)	1.2	2.0	平整度仪:全线每车道连续检测,每 100 m 计算 σ、IRI	2
		IRI(m/km)	2.0	3.2		
		最大间隙 h(mm)	—	5	3 m 直尺:半幅车道板带每 200 m 测 2 处×10 尺	2
4	抗滑构造深度(mm)		一般路段不小于 0.7 且不大于 1.1;特殊路段不小于 0.8 且不大于 1.2	一般路段不小于 0.5 且不大于 1.0;特殊路段不小于 0.6 且不大于 1.1	铺砂法:每 200 m 测 1 处	2
5	相邻板高差(mm)		2	3	抽量:每条胀缝 2 点;每 200 m 抽纵、横缝各 2 条,每条 2 点	2
6	纵、横缝顺直度(mm)		10		纵缝 20 m 拉线,每 200 m 4 处;横缝沿板宽拉线,每 200 m 4 条	1
7	中线平面偏位(mm)		20		经纬仪:每 200 m 测 4 点	1
8	路面宽度(mm)		±20		抽量:每 200 m 测 4 处	1
9	纵断面高程(mm)		±10	±15	水准仪:每 200 m 测 4 断面	1
10	横坡(%)		±0.15	±0.25	水准仪:每 200 m 测 4 断面	1

注:表中 σ 为平整度仪测定的标准差;IRI 为国际平整度指数;h 为 3 m 直尺与面层的最大间隙。

3. 外观鉴定

(1)混凝土板的断裂块数,高速公路和一级公路不得超过评定路段混凝土板总块数的 0.2%,其他公路不得超过 0.4%。不符合要求时每超过 0.1% 减 2 分。对于断裂板应采取适当措施予以处理。

(2)混凝土板表面的脱皮、印痕、裂纹和缺边掉角等病害现象,对于高速公路和一级公路,有上述缺陷的面积不得超过受检面积的 0.2%,其他公路不得超过 0.3%。不符合要求时每超过 0.1% 减 2 分。对于连续配筋的混凝土路面和钢筋混凝土路面,因干缩、温缩产生的裂缝,可不减分。

(3)路面侧石直顺、曲线圆滑,越位 20 mm 以上者,每处减 1~2 分。

(4)接缝填筑饱满密实,不污染路面。不符合要求时,累计长度每 100 m 减 2 分。

(5)胀缝有明显缺陷时,每条减 1~2 分。

第四节 质量等级评定

公路工程施工单位应对各分项工程按 JTG F80/1—2004 所列基本要求、实测项目和外观鉴定进行自检,按“分项工程质量检验评定表”及相关施工技术规范提交真实、完整的自检资料,对工程质量进行自我评定。

工程监理单位应按规定要求对工程质量进行独立抽检,对施工单位检评资料进行签认,对工程质量进行评定。建设单位根据对工程质量的检查及平时掌握的情况,对工程监理单位所做的工程质量评分及等级进行审定。质量监督部门、质量检测机构可依据公路相关标准对公路工程质量进行检测评定。

一、工程质量评分方法

根据建设任务、施工管理和质量检验评定需要,应在施工准备阶段根据《公路工程质量检验评定标准》(JTG F80/1—2004)附录 A 将建设项目划分为单位工程、分部工程和分项工程。

单位工程(或标段)指在建设项目中,根据签订的合同,具有独立施工条件的工程。在单位工程中,按结构部位、路段长度及施工特点或施工任务又划分为若干个分部工程。在分部工程中,按不同的施工方法、材料、工序及路段长度等又可划分为若干个分项工程。

工程质量检验评分以分项工程为单元,采用 100 分制进行。在分项工程评分的基础上,逐级计算各相应分部工程、单位工程、合同段和建设项目评分值。因此,分项工程质量检验是工程质量检查验收的根本。

工程质量评定等级分为合格与不合格,应按分项、分部、单位工程、合同段和建设项目逐级评定。

(一)分项工程质量评分

分项工程质量检验内容包括基本要求、实测项目、外观鉴定和质量保证资料四个部分。只有在其使用的原材料、半成品、成品及施工工艺符合基本要求的规定,且无严重外观缺陷和质量保证资料真实并基本齐全时,才能对分项工程质量进行检验评定。

涉及结构安全和使用功能的重要实测项目为关键项目(在书中以“△”标识),其合格率不得低于 90%(属于工厂加工制造的交通工程安全设施及桥梁金属构件不低于 95%,机电工程为 100%),且检测值不得超过规定极值,否则必须进行返工处理。

实测项目的规定极值是指任一单个检测值都不能突破的极限值，不符合要求时该实测项目为不合格。

分项工程的评分值满分为100分，按实测项目采用加权平均法计算。存在外观缺陷或资料不全时，须予减分。

$$分项工程得分 = \frac{\sum(检查项目得分 \times 权值)}{\sum 检查项目权值} \tag{12-1}$$

$$分项工程评分值 = 分项工程得分 - 外观缺陷减分 - 资料不全减分$$

1. 基本要求检查

分项工程所列基本要求，对施工质量优劣具有关键作用，应按基本要求对工程进行认真检查。经检查不符合基本要求规定时，不得进行工程质量的检验和评定。

2. 实测项目计分

对规定检查的项目采用现场抽样方法，按照规定频率和式(12-2)计分方法对分项工程的施工质量直接进行检测计分。

检查项目除按数理统计方法评定的项目外，均应按单点(组)测定值是否符合标准要求进行评定，并按合格率计分。

$$检查项目合格率(\%) = \frac{检查合格的点(组)数}{该检查项目的全部检查点(组)数} \tag{12-2}$$

$$检查项目得分 = 检查项目合格率 \times 100$$

3. 外观缺陷减分

对工程外表状况应逐项进行全面检查，如发现外观缺陷，应进行减分。对于较严重的外观缺陷，施工单位须采取措施进行整修处理。

4. 资料不全减分

分项工程的施工资料和图表残缺，缺乏最基本的数据，或有伪造涂改者，不予检验和评定。资料不全者应予减分，减分幅度可按《公路工程质量检验评定标准》(JTG F80/1—2004)所列各款逐款检查，视资料不全情况，每款减1～3分。

(二)分部工程和单位工程质量评分

根据《公路工程质量检验评定标准》(JTG F80/1—2004)所列分项工程和分部工程区分为一般工程和主要(主体)工程，分别给以1和2的权值。进行分部工程和单位工程评分时，采用加权平均值计算法确定相应的评分值。

$$分部(单位)工程评分值 = \frac{\sum[分项(分部)工程评分值 \times 相应权值]}{\sum 分项(分部)工程权值} \tag{12-3}$$

(三)合同段和建设项目工程质量评分

合同段和建设项目工程质量评分值按《公路工程竣(交)工验收办法》计算。

(四)工程质量保证资料

施工单位应有完整的施工原始记录、试验数据、分项工程自查数据等质量保证资料，并进行整理分析，负责提交齐全、真实和系统的施工资料与图表。工程监理单位负责提交齐全、真实和系统的监理资料。质量保证资料应包括以下六个方面：

(1)所用原材料、半成品和成品质量检验结果。

(2)材料配比、拌和加工控制检验和试验数据。

(3)地基处理、隐蔽工程施工记录和大桥、隧道施工监控资料。

(4)各项质量控制指标的试验记录和质量检验汇总图表。

(5)施工过程中遇到的非正常情况记录及其对工程质量影响分析。

(6)施工过程中如发生质量事故,经处理补救后,达到设计要求的认可证明文件等。

二、工程质量等级评定

公路工程质量评定等级分为合格与不合格,应按分项、分部、单位工程、合同段和建设项目逐级评定。

(一)分项工程质量等级评定

分项工程评分值不小于75分者为合格,小于75分者为不合格;机电工程、属于工厂加工制造的桥梁金属构件不小于90分者为合格,小于90分者为不合格。评定为不合格的分项工程,经加固、补强或返工、调测,满足设计要求后,可以重新评定其质量等级,但计算分部工程评分值时按其复评分值的90%计算。

(二)分部工程质量等级评定

所属各分项工程全部合格,则该分部工程评为合格;所属任一分项工程不合格,则该分部工程为不合格。

(三)单位工程质量等级评定

所属各分部工程全部合格,则该单位工程评为合格;所属任一分部工程不合格,则该单位工程为不合格。

(四)合同段和建设项目质量等级评定

合同段和建设项目所含单位工程全部合格,其工程质量等级为合格,所属任一单位工程不合格,则合同段和建设项目为不合格。

合同段和建设项目工程质量评分值按2004年交通部颁发的《公路工程竣(交)工验收办法》及其2010年5月1日实施的《公路工程竣(交)工验收办法实施细则》计算。

第五节 主要实测项目的质量评定

按有关规定,公路各分项工程检测指标的压实度、水泥混凝土弯拉强度、抗压强度、水泥砂浆强度、半刚性基层和底基层材料强度和路面结构层厚度是关键项目,若不符合要求,则该分项工程评为不合格。本节重点介绍上述主要几项质量评定方法。

一、路基、路面的压实度评定

路基和路面基层、底基层的压实度以重型击实标准为准。沥青层压实度以沥青路面施工技术规范的规定为准。对于特殊干旱、潮湿地区或过湿土,以路基设计施工技术规范规定的压实度标准进行评定。

路基、路面压实度以1~3 km长的路段为检验评定单元,按本标准各有关章节要求的检测频率进行现场压实度抽样检查，求算每一测点的压实度 K。细粒土现场压实度检查可以采用灌砂法或环刀法；粗粒土及路面结构层压实度检查可以采用灌砂法、水袋法或钻孔取样蜡封法。应用核子密度仪时，须经对比试验检验，确认其可靠性。检验评定段的压实度代表值 K（算术平均值的下置信界限）按式（12-4）计算：

$$K = k - t_a / \sqrt{n} \cdot S \geqslant K_0 \tag{12-4}$$

式中 K——评定段的压实度代表值；

k——检验评定段内各测点压实度的平均值；

t_a——分布表中随测点数和保证率（或置信度 a）而变的系数，$t_a/\sqrt{n}$ 值见表 12-12；

S——检测值的标准差；

n——检测点数；

K_0——压实度标准值。

表 12-12 $t_a/\sqrt{n}$ 值

检测点数 n	99%	95%	90%	检测点数 n	99%	95%	90%
1	22.501	4.465	2.176	21	0.552	0.376	0.289
2	4.021	1.686	1.089	22	0.537	0.367	0.282
3	2.270	1.177	0.819	23	0.523	0.358	0.275
4	1.676	0.953	0.686	24	0.510	0.350	0.269
5	1.374	0.823	0.603	25	0.498	0.342	0.264
6	1.188	0.734	0.544	26	0.487	0.335	0.258
7	1.060	0.670	0.500	27	0.477	0.328	0.253
8	0.966	0.620	0.466	28	0.467	0.322	0.248
9	0.892	0.580	0.437	29	0.458	0.316	0.244
10	0.833	0.546	0.414	30	0.449	0.310	0.239
11	0.785	0.518	0.393	40	0.383	0.266	0.206
12	0.744	0.494	0.376	50	0.340	0.237	0.184
13	0.708	0.473	0.361	60	0.308	0.216	0.167
14	0.678	0.455	0.347	70	0.285	0.199	0.155
15	0.651	0.438	0.335	80	0.266	0.186	0.145
16	0.626	0.423	0.324	90	0.249	0.175	0.136
17	0.605	0.410	0.314	100	0.236	0.166	0.129
18	0.586	0.398	0.305	>100	2.326 5	1.644 9	1.281 5
19	0.568	0.387	0.297				

采用的保证率如下：对高速公路、一级公路，基层、底基层为 99%，路基、路面面层为 95%；对其他公路，基层、底基层为 95%，路基、路面面层为 90。

路基、基层和底基层：$K \geqslant K_0$，且单点压实度 K_i 全部大于等于规定值减 2 个百分点时，评定路段的压实度合格率为 100%；当 $K \geqslant K_0$，且单点压实度全部大于等于规定极值时，按测定值不低于规定值减 2 个百分点的测点数计算合格率；$K < K_0$ 或某一单点压实度 K_i 小于规定极值时，该评定路段压实度为不合格，相应分项工程评为不合格。路堤施工段落短时，分层压实度应符合要求，且样本数不少于 6 个。

沥青面层：当 $K \geqslant K_0$ 且全部测点大于等于规定值减 3 个百分点时，评定路段的压实度合格率为 100%；当 $K \geqslant K_0$ 时，按测定值不低于规定值减 1 个百分点的测点数计算合格率。

$K < K_0$ 时，评定路段的压实度为不合格，相应分项工程评为不合格。

二、路面结构层厚度评定

路面结构层厚度按代表值和单个合格值的允许偏差进行评定。其评定方法按规定频率，采用挖验或钻取芯样测定厚度，按照数理统计方法计算厚度代表值。厚度代表值的计算方法与压实度代表值计算方法和参数选用相同。

当厚度代表值大于等于设计厚度减去代表值允许偏差时，则按单个检查值的偏差不超过单点合格值来计算合格率；当厚度代表值小于设计厚度减去代表值允许偏差时，相应分项工程评为不合格。代表值和单点合格值的允许偏差见《公路工程质量检验评定标准》（JTG F80/1—2004）第 7 章各节实测项目表。

沥青面层一般按沥青铺筑层总厚度进行评定，高速公路和一级公路分 2 ~ 3 层铺筑时，还应进行上面层厚度检查和评定。

三、水泥混凝土抗折强度评定

混凝土弯拉强度试验方法应使用标准小梁法或钻芯劈裂法，试件使用标准方法制作，标准养生时间 28 d。按《公路工程质量检验评定标准》（JTG F80/1—2004）中水泥混凝土面层实测项目所列检查频率，高速公路和一级公路每工作班制作 2 ~ 4 组：日进度大于 1 000 m取 4 组，大于等于 500 m 取 3 组，小于 500 m 取 2 组。其他公路每工作班制作 1 ~ 3 组：日进度大于 1 000 m 取 3 组，大于等于 500 m 取 2 组，小于 500 m 取 1 组。每组 3 个试件的平均值作为一个统计数据。

（1）试件组数多于 10 组时，平均弯拉强度合格判断下式：

$$f_{cs} \geqslant f_r + K\sigma \tag{12-5}$$

式中 f_{cs}——混凝土合格判定平均弯拉强度，MPa；

f_r——设计弯拉强度标准值，MPa；

K——合格判定系数，见表 12-13；

σ——强度标准差。

表 12-13　合格判定系数

试件组数 n	11 ~ 14	15 ~ 19	≥20
K	0.75	0.70	0.65

当试件组数为 11 ~ 19 组时，允许有一组最小弯拉强度小于 $0.85f_r$，但不得小于

$0.80f_r$。当试件组数大于20组时，其他公路允许有一组最小弯拉强度小于$0.85f_r$，但不得小于$0.75f_r$；高速公路和一级公路均不得小于$0.85f_r$。

（2）试件组数等于或少于10组时，试件平均强度不得小于$1.10f_r$，任一组强度均不得小于$0.85f_r$。

当标准小梁合格判定平均弯拉强度f_{cs}和最小弯拉强度f_{min}中有一个不符合上述要求时，应在不合格路段每千米每车道钻取3个以上ϕ150 mm的芯样，实测劈裂强度，通过各自工程的经验统计公式换算弯拉强度，其合格判定平均弯拉强度f_{cs}和最小值f_{min}必须合格；否则，应返工重铺。

实测项目中，水泥混凝土弯拉强度评为不合格时相应分项工程评为不合格。

四、半刚性基层和底基层材料强度评定方法

半刚性基层和底基层材料强度，以规定温度下保湿养生6 d、浸水1 d后的7 d无侧限抗压强度为准。在现场按规定频率取样，按工地预定达到的压实度制备试件。每2 000 m^2或每工作班制备1组试件：不论稳定细粒土、中粒土或粗粒土，当多次偏差系数$C_v \leqslant 10\%$时，可为6个试件；$C_v = 10\% \sim 15\%$时，可为9个试件；$C_v > 15\%$时，则需13个试件。

试件的平均强度R应满足式（12-6）要求：

$$R \geqslant R_d/(1 - Z_a C_v) \tag{12-6}$$

式中 R_d——设计抗压强度，MPa；

C_v——试验结果的偏差系数（以小数计）；

Z_a——标准正态分布表中随保证率而变的系数，高速公路、一级公路：保证率95%，$Z_a = 1.645$，其他公路：保证率90%，$Z_a = 1.282$。

评定路段内半刚性材料强度评为不合格时相应分项工程为不合格。

思考题

1. 试述路基质量控制的标准和主要方法。
2. 简述水泥稳定粒料（碎石、砂砾或矿渣等）基层与底基层质量控制的标准和内容。
3. 沥青路面施工准备阶段质量控制有哪些内容？
4. 热拌沥青混合料施工质量控制的要点有哪些？
5. 水泥混凝土路面铺筑试验路段的目的是什么？
6. 简述水泥混凝土路面的质量控制标准及方法要点。
7. 简述工程质量评分方法和等级评定方法。
8. 简述路基、路面的压实度评定的方法。

实训题

1. 某一级公路路基填方路段，下路床0～0.3 m压实层按照检测频率进行压实度检验，得到一组压实度实测值K_i（%）如下：

96.7，96.8，96.4，94.1，97.1，98.6，98.5，98.3，97.3，98.2，99.1，92.8，98.3，95.7，

96.2,96.5,96.4,97.2,98.8,99.2,97.5,96.3,93.2,92.9,92.5,97.1,97.3,98.2,99.1,98.5,97.6,96.8,99.2,97.2,98.3,98.8,98.5,96.5,97.5,99.0,97.4,94.3。

试对该路基检测单元进行压实度质量评定。

2. 某填土路堤工程的一个评定单元,经质量检验和初步计算,基本情况如下:基本项目检查符合标准规定;各实测项目的合格率分别为:压实度96.8%,弯沉100%,纵断高程95.5%,中线偏位97.2%,宽度98.2%,平整度93.2%,横坡95%,边坡95.2%;经检查取土坑个别部位外观不整齐。个别指标的检查记录不完整,其他资料完善齐全。试计算该路堤分项工程得分值,并进行质量等级评定。

附录

附表1　路基临界高度参考值

自然区划	砂性土								
	地下水			地表长期积水			地表临时积水		
	临界高度			临界高度			临界高度		
	H_1	H_2	H_3	H_1	H_2	H_3	H_1	H_2	H_3
Ⅱ$_1$									
Ⅱ$_2$									
Ⅱ$_3$	1.9～2.2	1.3～1.6							
Ⅱ$_4$									
Ⅱ$_5$									
Ⅲ$_1$	1.1～1.5	0.7～1.1							
Ⅲ$_2$									
Ⅲ$_3$	1.3～1.6	1.1～1.3	0.9～1.1	1.1～1.3	0.9～1.1	0.6～0.9	0.9～1.1	0.6～0.9	0.4～0.6
Ⅲ$_4$	1.3～1.6	1.1～1.3	0.9～1.1	1.1～1.3	0.9～1.1	0.6～0.9	0.9～1.1	0.6～0.9	0.4～0.6
Ⅲ$_{1a}$									
Ⅲ$_{2a}$									
Ⅳ$_1$、Ⅳ$_{1a}$	1.4～1.7	1.0～1.3							
Ⅳ$_2$									
Ⅳ$_3$									
Ⅳ$_4$	1.0～1.1	0.7～0.8							
Ⅳ$_6$	1.0～1.1	0.7～0.8							
Ⅳ$_{6a}$									
Ⅳ$_7$				0.9～1.0	0.7～0.8	0.6～0.7			
Ⅴ$_1$	1.3～1.6	1.1～1.3	0.9～1.1	1.1～1.3	0.9～1.1	0.6～0.9	0.9～1.1	0.6～0.9	0.4～0.6
Ⅴ$_2$、Ⅴ$_{2a}$（紫色土）									
Ⅴ$_3$									
Ⅴ$_2$、Ⅴ$_{2a}$（黄壤土，现代冲积土）									
Ⅴ$_4$、Ⅴ$_5$、Ⅴ$_{5a}$									
Ⅵ$_1$	(2.1)	(1.7)	(1.3)	(1.8)	(1.4)	(1.0)	0.7	0.3	
Ⅵ$_{1a}$	(2.0)	(1.6)	(1.2)	(1.7)	(1.3)	(1.0)	(1.0)	(0.5)	
Ⅵ$_2$	1.4～1.7	1.1～1.4	0.9～1.1	1.1～1.4	0.9～1.1	0.6～0.9	0.9～1.1	0.76～0.9	0.4～0.6
Ⅵ$_3$	(2.1)	(1.7)	(1.3)	(1.9)	(1.5)	(1.1)			
Ⅵ$_4$	(2.2)	(1.8)	(1.4)	(1.9)	(1.5)	(1.2)	0.8		
Ⅵ$_{4a}$	(1.9)	(1.5)	(1.1)	(1.6)	(1.2)	(0.9)	(0.5)		
Ⅵ$_{4b}$	(2.0)	(1.6)	(1.2)	(1.7)	(1.3)	(1.0)			
Ⅶ$_1$	(2.2)	(1.9)	(1.6)	(2.1)	(1.6)	(1.3)	(0.8)	(0.4)	
Ⅶ$_2$									
Ⅶ$_3$	1.5～1.8	1.2～1.5	0.9～1.2	1.2～1.5	0.9～1.2	0.6～0.9	0.9～1.2	0.7～0.9	0.4～0.6
Ⅶ$_4$	(2.1)	(1.6)	1.3	(1.8)	(1.4)	1.0	(0.9)		
Ⅶ$_5$	(3.0)	(2.4)	1.9	(2.0)	(2.0)	1.6	(1.5)	(1.1)	(0.5)

续附表 1

自然区划	黏性土								
	地下水			地表长期积水			地表临时积水		
	临界高度			临界高度			临界高度		
	H_1	H_2	H_3	H_1	H_2	H_3	H_1	H_2	H_3
Ⅱ$_1$	2.9	2.2							
Ⅱ$_2$	2.7	2.0							
Ⅱ$_3$	2.5	1.8							
Ⅱ$_4$	2.4~2.6	1.9~2.1	1.2~1.4						
Ⅱ$_5$	2.1~2.5	1.6~2.0							
Ⅲ$_1$									
Ⅲ$_2$									
Ⅲ$_3$	2.2~2.75	1.7~2.2	1.3~1.7	1.75~2.2	1.3~1.7	0.9~1.3	1.3~1.75	0.9~1.3	0.45~0.9
Ⅲ$_4$	2.1~2.5	1.6~2.1	1.2~1.6	1.6~2.1	1.2~1.6	0.9~1.2	1.2~1.6	0.9~1.2	0.55~0.9
Ⅲ$_{1a}$									
Ⅲ$_{2a}$									
Ⅳ$_1$、Ⅳ$_{1a}$	1.7~1.9	1.2~1.3	0.8~0.9						
Ⅳ$_2$	1.6~1.7	1.1~1.2	0.8~0.9						
Ⅳ$_3$	1.5~1.7	1.1~1.2	0.8~0.9	0.8~0.9	0.5~0.6	0.3~0.4			
Ⅳ$_4$	1.7~1.8	1.0~1.2	0.8~1.0						
Ⅳ$_5$	1.7~1.9	1.3~1.4	0.9~1.0	1.0~1.1	0.6~0.7	0.3~0.4			
Ⅳ$_6$	1.8~2.0	1.3~1.5	1.0~1.2	0.9~1.0	0.5~0.6	0.3~0.4			
Ⅳ$_{6a}$	1.6~1.7	1.1~1.2	0.7~0.8						
Ⅳ$_7$	1.7~1.8	1.4~1.5	1.1~1.2	1.0~1.1	0.7~0.8	0.4~0.5			
Ⅴ$_1$	2.0~2.4	1.6~2.0	1.2~1.6	1.6~2.0	1.2~1.6	0.8~1.2	1.2~1.6	0.8~1.2	0.45~0.8
Ⅴ$_2$、Ⅴ$_{2a}$（紫色土）	2.0~2.2	0.9~1.1	0.4~0.6						
Ⅴ$_3$	1.7~1.9	0.8~1.0	0.4~0.6						
Ⅴ$_2$、Ⅴ$_{2a}$（黄壤土，现代冲积土）	1.7~1.9	0.7~0.9	0.3~0.5						
Ⅴ$_4$、Ⅴ$_5$、Ⅴ$_{5a}$	1.7~1.9	0.9~1.1	0.4~0.6						
Ⅵ$_1$	(2.3)	(1.9)	(1.6)	(2.1)	(1.7)	(1.3)	0.9	0.5	
Ⅵ$_{1a}$	(2.2)	(1.9)	(1.5)	(2.0)	(1.6)	(1.2)	(0.9)	(0.5)	
Ⅵ$_2$	2.2~2.75	1.65~2.2	1.2~1.65	1.65~2.2	1.2~1.65	0.75~1.2	1.2~1.65	0.75~1.2	0.45~0.75
Ⅵ$_3$	(2.4)	(2.0)	(1.6)	(2.1)	(1.7)	(1.4)	(0.8)	(0.6)	
Ⅵ$_4$	2.4	2.0	1.6	(2.2)	(1.7)	(1.3)	1.0	0.6	
Ⅵ$_{4a}$	(2.2)	(1.7)	(1.4)	(1.9)	(1.4)	(1.1)	0.7		
Ⅵ$_{4b}$	(2.3)	(1.8)	(1.4)	(2.0)	(1.6)	(1.2)	(0.8)		
Ⅶ$_1$	2.2	(1.9)	(1.5)	(2.1)	(1.6)	(1.2)	(0.9)	(0.5)	
Ⅶ$_2$	(2.3)	(1.9)	(1.6)	1.8	1.4	1.1	0.8	0.4	
Ⅶ$_3$	2.3~2.85	1.75~2.3	1.3~1.75	1.75~2.3	1.3~1.75	0.75~1.3	1.3~1.75	0.75~1.3	0.45~0.75
Ⅶ$_4$	(2.1)	(1.6)	(1.3)	(1.8)	(1.4)	(1.1)	(0.7)		
Ⅶ$_5$	(3.3)	(2.6)	(2.1)	(2.4)	(2.0)	(1.6)	(1.5)	(1.1)	(0.5)
Ⅶ$_{6a}$	(2.8)	2.4	1.9	(2.5)	2.0	1.6	1.4	(0.8)	

续附表 1

自然区划	粉性土								
	地下水			地表长期积水			地表临时积水		
	临界高度			临界高度			临界高度		
	H_1	H_2	H_3	H_1	H_2	H_3	H_1	H_2	H_3
Ⅱ$_1$	3.8	3.0	2.2						
Ⅱ$_2$	3.4	2.6	1.9						
Ⅱ$_3$	3.0	2.2	1.6						
Ⅱ$_4$	2.6~2.8	2.1~2.3	1.4~1.6						
Ⅱ$_5$	2.4~2.9	1.8~2.3							
Ⅲ$_1$	2.4~3.0	1.7~2.4							
Ⅲ$_2$	2.4~2.85	1.9~2.4	1.4~1.9	1.9~2.4	1.0~1.9	1.0~1.4	1.4~1.9	1.0~1.4	0.5~1.0
Ⅲ$_3$	2.3~2.75	1.8~2.3	1.4~1.8	1.8~2.3	1.4~1.8	1.0~1.4	1.4~1.8	1.0~1.4	0.55~1.0
Ⅲ$_4$	2.4~3.0	1.7~2.4							
Ⅲ$_{1a}$	2.4~3.0	1.7~2.4							
Ⅲ$_{2a}$	2.4~3.0	1.7~2.4							
Ⅳ$_1$、Ⅳ$_{1a}$	1.9~2.1	1.3~1.4	0.9~1.0						
Ⅳ$_2$	1.7~1.9	1.2~1.3	0.8~0.9						
Ⅳ$_3$	1.7~1.9	1.2~1.3	0.8~0.9	0.9~1.0	0.6~0.7	0.3~0.4			
Ⅳ$_4$									
Ⅳ$_5$	1.79~2.1	1.3~1.5	0.9~1.1						
Ⅳ$_6$	2.0~2.2	1.5~1.6	1.0~1.1						
Ⅳ$_{6a}$	1.8~2.0	1.3~1.4	0.9~1.1						
Ⅳ$_7$									
Ⅴ$_1$	2.2~2.65	1.7~2.2	1.3~1.7	1.7~2.2	1.3~1.7	0.9~1.3	1.3~1.7	0.9~1.3	0.55~0.9
Ⅴ$_2$、Ⅴ$_{2a}$(紫色土)	2.3~2.5	1.4~1.6	0.5~0.7						
Ⅴ$_3$	1.9~2.1	1.3~1.5	0.5~0.7						
Ⅴ$_2$、Ⅴ$_{2a}$(黄壤土,现代冲积土)	2.3~2.5	1.4~1.6	0.5~0.7						
Ⅴ$_4$、Ⅴ$_5$、Ⅴ$_{5a}$	2.2~2.5	1.4~1.6	0.5~0.7						
Ⅵ$_1$	(2.5)	(2.0)	(1.6)	(2.3)	(1.8)	(1.3)	(1.2)	0.7	0.4
Ⅵ$_{1a}$	(2.5)	(2.0)	(1.5)	(2.2)	(1.7)	(1.2)	0.6		
Ⅵ$_2$	2.3~2.15	1.85~2.3	1.4~1.85	1.85~2.3	1.4~1.85	0.9~1.4	1.4~1.85	0.9~1.4	0.5~0.9
Ⅵ$_3$	(2.6)	(2.1)	(1.6)	(2.4)	(1.8)	(1.4)	(1.3)	(0.7)	
Ⅵ$_4$	(2.6)	(2.2)	1.7	2.4	1.9	1.4	1.3	0.8	
Ⅵ$_{4a}$	(2.4)	(1.9)	1.4	2.1	1.6	1.1	1.0	0.5	
Ⅵ$_{4b}$	(2.5)	1.9	1.4	(2.2)	(1.7)	(1.2)	1.0	0.5	
Ⅶ$_1$	(2.5)	(2.0)	(1.5)	(2.4)	1.8	1.3	1.1	0.6	
Ⅶ$_2$	(2.5)	(2.1)	(1.6)	(2.2)	(1.6)	(1.1)	0.9	0.4	
Ⅶ$_3$	2.4~3.1	2.0~2.4	1.6~2.0	(2.0~2.4)	(1.6~2.0)	(1.0~1.6)	(1.6~2.0)	1.0~1.6	0.55~1.0
Ⅶ$_4$	(2.3)	(1.8)	(1.3)	(2.1)	(1.6)	(1.1)			
Ⅶ$_5$	(3.8)	(2.2)	(1.6)	(2.9)	(2.2)	(1.5)		(1.3)	(0.5)
Ⅶ$_{6a}$	(2.9)	(2.5)	1.8	(2.7)	2.1	1.5	1.6	1.1	

附表2　二级自然区划各土组土基回弹模量参考值　（单位：MPa）

区划	土组	稠度										
		0.80	0.90	1.00	1.05	1.10	1.15	1.20	1.30	1.40	1.70	
II_1	黏质土	19.0	22.0	25.0	26.5	28.0	29.5	31.0				
	粉质土	18.5	22.5	27.0	29.0	31.5	33.5					
II_2	黏质土	19.5	22.5	26.0	28.0	29.5	31.5	33.5				
	粉质土	20.0	24.5	29.0	31.5	34.0	36.5					
II_{2a}	粉质土	19.0	22.5	26.0	27.5	29.5	31.0					
II_3	土质砂	21.0	23.5	26.0	27.5	29.0	30.0	31.5				
	黏质土	23.5	27.5	32.0	34.5	36.5	39.0	41.5	34.5	37.0	45.5	
	粉质土	22.5	27.0	32.0	34.5	37.0	40.0					
II_4	黏质土	23.5	30.0	35.5	39.0	42.0	45.5	50.5	57.0	65.0		
	粉质土	24.5	31.5	39.0	43.0	47.0	51.5	56.0	66.0			
II_5	土质砂	29.0	32.5	36.0	37.5	39.0	41.0	42.5				
	黏质土	26.5	32.0	38.5	41.5	45.0	48.5	52.0	46.0	49.5	59.0	69.0
	粉质土	27.0	34.5	42.5	46.5	51.0	56.0					
II_{5a}	粉质土	33.5	37.5	42.5	44.5	46.5	49.0					
III_1	粉质土	27.0	36.5	48.0	54.0	61.0	68.5	76.5				
III_2	土质砂	35.0	38.0	41.5	43.0	44.5	46.0	47.5	50.5	53.5		
	黏质土	27.0	31.5	36.5	39.0	41.5	44.0	46.5	52.0	57.5	62.0	70.0
	粉质土	27.0	32.5	38.5	42.0	45.0	48.5	51.5	59.0			
III_{2a}	土质砂	37.0	40.0	43.0	44.5	46.0	47.5	49.0	52.0	54.5	62.5	70.0
III_3	土质砂	36.0	39.0	42.5	44.0	45.5	47.0	48.5	51.5	54.5		
	黏质土	26.0	30.0	34.5	36.5	38.5	41.0	46.0	47.5	52.0	63.0	71.0
	粉质土	26.5	32.0	37.0	40.0	43.0	46.0	49.0	55.0			
III_4	粉质土	25.0	34.0	45.0	51.5	58.5	66.0	74.0				
IV_1	黏质土	21.5	25.5	30.0	32.5	35.0	37.5	40.5				
IV_{1a}	粉质土	22.0	26.5	32.0	35.0	37.5	40.5					
IV_2	黏质土	19.5	23.0	27.0	29.0	31.0	33.0	35.0				
	粉质土	31.0	36.5	42.5	45.5	48.5	51.5					
IV_3	黏质土	24.0	28.0	32.5	35.0	37.5	39.5	42.0				
	粉质土	24.0	29.5	36.0	39.0	42.5	46.0					
IV_4	土质砂	28.0	30.5	33.5	35.0	36.5	38.0	39.5				
	黏质土	25.0	29.5	34.0	36.5	38.5	41.0	43.5	42.0	45.0	53.0	61.0
	粉质土	23.0	28.0	33.5	36.0	39.0	42.0					

续附表 2

区划	土组	稠度 0.80	0.90	1.00	1.05	1.10	1.15	1.20	1.30	1.40	1.70	2.00
Ⅳ$_{5}$	土质砂	24.0	26.0	28.0	29.0	30.0	30.5	31.5	33.5	35.0	40.0	44.5 皖、浙、赣
	黏质土	22.0	27.0	32.5	33.5	38.5	41.5	44.5				
	黏质土	28.5	34.0	39.5	42.5	45.5	48.5	51.5				
	粉质土	26.5	31.0	36.5	39.0	42.0	45.0					
Ⅳ$_{6}$	土质砂	33.5	37.0	41.0	43.0	44.5	46.5	48.5	52.0	55.5	66.5	77.0
	黏质土	27.5	33.0	38.0	41.0	44.0	46.5	50.5				
	粉黏土	26.5	31.5	36.5	39.0	42.0	45.0					
Ⅳ$_{6a}$	土质砂	31.5	35.0	38.5	40.0	42.0	43.5	45.0	48.5	52.0	62.0	72.0
	黏质土	26.0	31.0	35.5	38.0	40.5	43.5	46.0				
	粉质土	28.0	34.5	41.0	44.5	48.5	52.0					
Ⅳ$_{7}$	土质砂	35.0	39.0	43.0	45.0	47.0	49.0	51.0	55.0	59.0	70.5	82.0
	黏质土	24.5	29.5	34.5	37.0	40.0	42.5	44.5				
	粉质土	27.5	33.5	40.0	43.5	47.5	51.0					
Ⅴ$_{7}$	土质砂	27.5	31.5	35.5	37.5	39.5	41.5	43.5	58.0	52.0	65.0	78.5
	黏质土	27.0	32.0	37.0	39.0	42.5	45.5	48.0	54.0	60.0		
	粉质土	28.5	34.0	40.0	43.0	46.0	49.5	52.5	59.5			
Ⅴ$_{1}$	紫色黏质土	22.5	26.0	30.0	32.0	34.0	36.0	38.0				
Ⅴ$_{2}$	紫色粉质土	22.5	27.5	33.5	36.5	40.0	43.0					
	黄壤黏质土	25.0	29.0	33.0	35.5	37.5	40.0	42.0				
Ⅴ$_{2a}$	黄壤粉质土	24.5	30.5	37.5	41.0	45.0	49.0					
Ⅴ$_{3}$	黏质土	25.0	29.0	33.0	35.5	37.5	39.5	42.0				
	粉质土	24.5	30.5	37.5	41.0	45.0	48.5					
Ⅴ$_{4}$（四川）	红壤黏质土	27.0	32.0	38.0	41.0	44.0	47.0	50.5				
	红壤粉质土	22.0	27.0	32.5	35.5	38.5	41.5					
Ⅵ	土质砂	51.0	54.0	57.0	58.5	60.0	61.0	62.0	64.5	67.0	73.5	80.0
	黏质土	33.5	37.0	41.0	42.5	44.0	45.5	47.2	50.5			
	粉质土	34.0	38.0	42.0	44.0	46.0	48.0	50.0				
Ⅵ$_{1a}$	土质砂	52.5	55.0	58.0	59.0	60.5	61.5	62.5	65.0	67.0	73.0	79.0
	黏质土	27.0	31.0	34.5	36.0	38.0	40.0	42.0	45.5			
	粉质土	31.5	36.5	41.5	44.0	46.5	49.0	51.5				
Ⅵ$_{2}$	土质砂	42.0	45.5	49.0	50.5	52.0	53.5	55.5	58.5	61.5	69.0	78.0
	黏质土	27.0	30.5	33.5	35.0	37.0	38.0	40.0	43.0	46.5		
	粉质土	25.5	30.5	35.5	38.0	41.0	43.5	46.0	52.0			

续附表 2

区划	土组	稠度										
		0.80	0.90	1.00	1.05	1.10	1.15	1.20	1.30	1.40	1.70	2.00
Ⅵ$_3$	土质砂	46.0	50.0	53.5	55.0	56.5	58.5	60.0	63.0			
	黏质土	29.5	33.5	37.5	39.5	44.0	44.0	46.8	50.0	66.0	75.0	83.0
	粉质土	29.5	35.0	41.0	43.5	49.5	49.5	52.5				
Ⅵ$_4$	土质砂	51.0	53.5	56.5	57.5	59.0	60.0	61.0	63.5			
	黏质土	28.5	32.0	36.0	37.5	39.5	41.5	43.5	47.5	65.5	72.0	77.5
	粉黏土	30.5	34.5	39.0	41.0	43.5	45.5	48.0				
Ⅵ$_{4a}$	土质砂	45.5	49.0	52.5	54.0	56.0	57.5	59.0	62.0			
	黏质土	31.0	34.5	38.0	40.0	42.0	44.0	45.5	49.5	65.0	73.5	81.5
	粉质土	33.0	38.5	44.0	47.0	50.0	52.0	56.0				
Ⅵ$_{4b}$	土质砂	49.5	52.5	55.5	57.0	58.5	59.5	61.0	63.5			
	黏质土	30.0	33.0	36.5	38.0	39.5	41.0	42.5	45.5	65.5	72.5	78.5
	粉质土	31.0	35.5	40.5	43.0	45.5	48.5	51.0				
Ⅶ$_1$	土质砂	52.0	55.0	58.0	59.5	61.0	62.0	63.5	66.0			
	黏质土	26.5	31.5	36.5	39.5	42.0	45.0	48.0	54.0	69.0	76.0	82.5
	粉质土	30.5	37.0	44.0	47.5	51.5	55.0	59.0				
Ⅶ$_2$	土质砂	48.0	51.0	54.0	55.0	56.5	58.0	59.0	61.5			
	黏质土	25.5	29.5	33.0	35.0	37.0	39.0	41.5	45.5	64.0	71.0	77.0
	粉质土	28.0	33.5	39.0	42.0	45.0	48.5	51.5				
Ⅶ$_3$	土质砂	42.5	45.5	49.0	50.5	52.5	53.5	55.0	58.0			
	黏质土	20.5	24.5	28.5	30.5	32.5	35.0	37.0	41.5	60.5	68.5	76.5
	粉质土	23.5	28.0	33.0	36.0	38.5	41.0	44.0				
Ⅶ$_4$	土质砂	47.0	50.0	53.0	54.5	56.0	57.0	58.5	61.0	63.5	70.5	77.0
Ⅶ$_5$	土质砂	45.5	49.0	52.0	53.0	54.5	56.0	57.5	60.0			
	黏质土	30.0	33.0	37.5	39.5	41.5	43.5	45.0	49.0	62.5	70.0	76.5
	粉质土	32.5	38.0	43.5	46.0	49.0	51.5	54.5				
Ⅶ$_{6a}$	黏质土	22.0	25.5	29.0	30.5	32.5	34.5	36.0	40.0			
	粉质土	27.5	32.5	37.5	40.5	43.0	46.0	49.0				

附表3　路基回弹模量经验参考值

土组	取值范围(MPa)	代表值(MPa)
级配良好砾(GW)	240～290	250
级配不良砾(GP)	170～240	190
含细粒土砾(GF)	120～240	180
粉土质砾(GM)	160～270	220
黏土质砾(GC)	120～190	150
级配良好砂(SW)	120～190	150
级配不良砂(SP)	100～160	130
含细粒土砂(SF)	80～160	120
粉土质砂(SM)	120～190	150
黏土质砂(SC)	80～120	100
低液限粉土(ML)	70～110	90
低液限黏土(CL)	50～100	70
高液限粉土(MH)	30～70	50
高液限黏土(CH)	20～50	30

附表4　路基回弹模量湿度调整系数

土组	路床顶距地下水位的距离(m)					
	1.0	1.5	2.0	2.5	3.0	4.0
细粒质砾(GF) 土质砾(GM、GC)	0.81～0.88	0.86～1.00	0.91～1.00	0.96～1.00	—	—
细粒质砂(SF) 土质砂(SM、SC)	0.80～0.86	0.83～0.97	0.87～1.00	0.96～1.00	0.94～1.00	—
低液限粉土(ML)	0.71～0.74	0.75～0.81	0.78～0.89	0.82～0.97	0.86～1.00	0.94～1.00
低液限黏土(CL)	0.70～0.73	0.72～0.80	0.74～0.88	0.75～0.95	0.77～1.00	0.81～1.00
高液限粉土(MH) 高液限黏土(CH)	0.70～0.71	0.71～0.75	0.72～0.78	0.73～0.82	0.73～0.86	0.71～0.94

注:1. 小于0.075 mm颗粒含量大和塑形指数高时,调整系数取低值;反之,调整系数取高值。

2. 当表中调整系数最大值为1.00时,调整系数取高值。

附表 5　粒料类基层和底基层材料弹性模量经验参考值　　（单位：MPa）

材料类型	取值范围	代表值
级配碎石（基层）	200～400	300
级配碎石（底基层）	180～250	220
未筛分碎石	180～220	200
级配砾石（基层）	150～300	250
级配砾石（底基层）	150～220	190
天然砂砾	105～135	120

参 考 文 献

[1] 中华人民共和国交通部. JTG D30—2004 公路路基设计规范[S]. 北京:人民交通出版社,2004.

[2] 中华人民共和国交通部. JTG F10—2006 公路路基施工技术规范[S]. 北京:人民交通出版社,2006.

[3] 中华人民共和国交通部. JTG E40—2007 公路土工试验规程[S]. 北京:人民交通出版社,2007.

[4] 中华人民共和国交通部. JTJ 034—2000 公路路面基层施工技术规范[S]. 北京:人民交通出版社,2000.

[5] 中华人民共和国交通部. JTG D50—2006 公路沥青路面设计规范[S]. 北京:人民交通出版社,2006.

[6] 中华人民共和国交通部. JTG F40—2004 公路沥青路面施工技术规范[S]. 北京:人民交通出版社,2004.

[7] 中华人民共和国交通运输部. JTG D40—2011 公路水泥混凝土路面设计规范[S]. 北京:人民交通出版社,2011.

[8] 中华人民共和国交通部. JTG F30—2003 公路水泥混凝土路面施工技术规范[S]. 北京:人民交通出版社,2003.

[9] 中华人民共和国交通部. JTG F80/1—2004 公路工程质量检验评定标准[S]. 北京:人民交通出版社,2004.

[10] 邓学均. 路基路面工程[M]. 2 版. 北京:人民交通出版社,2005.

[11] 李伟勋. 路基路面工程[M]. 北京:机械工业出版社,2005.

[12] 陆鼎中,程家驹. 路基路面工程[M]. 2 版. 上海:同济大学出版社,1999.

[13] 郭英兰. 路基路面工程[M]. 北京:化学工业出版社,2012.

[14] 田万涛. 路基路面工程[M]. 北京:中国水利水电出版社,2007.

[15] 颜海. 公路工程质量事故分析[M]. 北京:机械工业出版社,2006.

[16] 李浩宇. 路基施工技术[M]. 北京:北京理工大学出版社,2010.

[17] 方福森. 路面工程[M]. 2 版. 北京:人民交通出版社,1999.

[18] 栗振锋,李素梅. 路基路面工程[M]. 2 版. 北京:人民交通出版社,2008.